高等职业教育本科化妆品类专业规划教材

化妆品仪器分析

（供化妆品工程技术及相关专业用）

主　审　黄朝辉（宁波市药品检验所）

主　编　曾平莉

副主编　孙洁胤　王乐健

编　者　（以姓氏笔画为序）

王　东（浙江药科职业大学）

王乐健（浙江药科职业大学）

王赛群（浙江省药品检查中心）

孙洁胤（浙江药科职业大学）

杨小明（欧诗漫生物股份有限公司）

杨雪超（浙江药科职业大学）

周丽萍（浙江省药品检查中心）

周俊慧（浙江药科职业大学）

曹　杰（珀莱雅化妆品股份有限公司）

龚皖波（浙江雅颜生物科技有限公司）

曾平莉（浙江药科职业大学）

中国健康传媒集团

中国医药科技出版社

内 容 提 要

《化妆品仪器分析》以化妆品质量检验检测中常用的仪器分析技术为核心内容，以项目化的职业教育模式编写。全书包括课程导学和电化学分析法、紫外 – 可见吸收光谱法、红外吸收光谱法、高效液相色谱法等十个项目。每个项目内容将具体的分析方法原理、仪器操作与化妆品的实际应用结合，同时体现法律、法规、强制性国家标准、技术规范的具体要求。每个项目包含"学习目标""岗位情景模拟""知识链接""目标检测""项目小结"等模块，让学生的学习目的更明确，同时有利于回顾和归纳。本书还配套 PPT 课件、题库、微课等数字化资源，方便学生利用碎片化的时间进行学习，满足学习者多样化的需求，同时有利于进行线上线下相结合的教学模式。

本教材主要供职业本科化妆品工程技术及相关专业师生教学使用，也可作为应用化工、精细化工、制药工程等专业的教材，还可作为化妆品行业培训及职业资格证书考证培训教材，以及从事化妆品研发、生产、检验、评价等工作的技术人员的参考用书。

图书在版编目（CIP）数据

化妆品仪器分析/曾平莉主编. —北京：中国医药科技出版社，2024.1

高等职业教育本科化妆品类专业规划教材

ISBN 978 – 7 – 5214 – 4358 – 5

Ⅰ.①化… Ⅱ.①曾… Ⅲ.①化妆品 – 仪器分析 – 高等职业教育 – 教材 Ⅳ.①TQ658

中国国家版本馆 CIP 数据核字（2023）第 252318 号

美术编辑　陈君杞

版式设计　友全图文

出版　**中国健康传媒集团** | 中国医药科技出版社

地址　北京市海淀区文慧园北路甲 22 号

邮编　100082

电话　发行：010 – 62227427　邮购：010 – 62236938

网址　www.cmstp.com

规格　889mm × 1194mm $\frac{1}{16}$

印张　14 $\frac{1}{2}$

字数　422 千字

版次　2024 年 1 月第 1 版

印次　2024 年 1 月第 1 次印刷

印刷　北京金康利印刷有限公司

经销　全国各地新华书店

书号　ISBN 978 – 7 – 5214 – 4358 – 5

定价　**49.00 元**

获取新书信息、投稿、为图书纠错，请扫码联系我们。

数字化教材编委会

随着经济水平和人民生活水平的提高，人们对化妆品的消费需求日益增加。作为与人民健康息息相关的日用化工产品，广大民众越来越关注化妆品的质量与安全，国家也出台了一系列法律、法规、强制性国家标准、技术规范，旨在加强化妆品监督管理，保证化妆品质量安全，保障消费者健康，促进化妆品产业健康发展。

对化妆品进行质量分析检验、功效和安全评价是监测化妆品质量与安全最有效的方法，在进行质量检验、安全和功效评价过程中，使用仪器分析是最直接最常用的保障手段。为了发展和培养化妆品检验检测方面的专门人才，我们深入知名化妆品生产企业、检测机构等充分调研分析化妆品检验检测人员的典型工作任务，参考了大量文献和相关书籍，结合化妆品相关专业的人才培养目标和化妆品检验检测人才的知识和技能需求，采用职业教育的项目化教学模式，编写了本书。

全书共包含课程导学和电化学分析法、紫外－可见吸收光谱法、红外吸收光谱法、原子吸收光谱法、原子荧光光谱法、色谱分析技术导学、气相色谱法、高效液相色谱法、离子色谱法、质谱分析法10个项目。在内容编排上紧跟化妆品新法规、新技术、新标准，特别是《化妆品安全技术规范》（2015版）的要求，充分考虑化妆品检验检测人员的实际需求和高等职业院校人才的培养特点，教材内容突出基础理论与实践技能的有机融合，采用项目化任务驱动教学法，激发学生学习的主动性，启迪学生的创新思维，拓展学生的专业视野，满足创新型人才培养需求。

本教材由浙江药科职业大学、浙江省药品检查中心、宁波市药品检验所、珀莱雅化妆品股份有限公司、欧诗漫生物股份有限公司、浙江雅颜生物科技有限公司的一线教师及工作人员共同编写而成。黄朝辉任主审，曾平莉任主编，孙洁胤、王乐健任副主编。课程导学、项目5由曾平莉编写；项目1、项目2由周俊慧、周丽萍编写；项目3、项目7由杨雪超、王赛群编写；项目4、项目8由王乐健、曹杰编写；项目6、项目9由王东、龚皖波编写；项目10由孙洁胤、杨小明编写。全书由曾平莉、黄朝辉、王东统稿和审阅定稿。本教材可作为高等院校化妆品相关职业本科专业和专科专业，以及应用化工、精细化工、制药工程等专业本科和专科教材，也可作为化妆品行业培训及职业资格证书考证培训教材，也可供从事化妆品研发、生产、检验、评价等工作的技术人员作为参考。

在本教材的编写过程中，得到各位编者的大力支持，在此一并深表谢意！

仪器分析技术发展日新月异，分析检测方法不断更新，受编者水平所限，书中难免存在不足之处，恳请各位专家、读者批评指正。

编 者
2023 年 9 月

CONTENTS 目录

课程导学

学习目标

【知识目标】

1. 掌握仪器分析实验室的规则。

2. 熟悉仪器分析的内容、应用范围及其特点；仪器分析实验室用水的要求；仪器分析实验报告书写要求及实验数据记录、处理的方法。

3. 了解仪器分析技术的发展趋势及其在化妆品分析检测中的地位。

【技能目标】

1. 能够遵守实验室的规则。

2. 学会仪器分析的一般检测步骤。

3. 能够安全、规范地完成实验。

4. 能正确、规范地记录和处理实验数据、书写仪器分析实验报告。

5. 能够运用正确的方法学习本课程。

【素质目标】

1. 培养化妆品相关专业学生的产品质量意识、安全意识、和规范意识。

2. 培养科学严谨的态度。

3. 培养探索新知识、学习新技能的积极性和主动性。

4. 培养学习本课程的兴趣。

岗位情景模拟

情景描述 化妆品质量控制中常涉及重金属含量检测、禁用原料检测、限用原料检测，以及对防腐剂、防晒剂、着色剂、染发剂的种类和含量进行检测。如果您是一名化妆品质量检验人员，请思考以下问题。

讨论 1. 您会遵循何种标准或者规范去对化妆品进行质量检测？

2. 您会采用什么样的方法获得更加高效、准确的检测结果？

任务一　初识化妆品仪器分析技术

仪器分析是以测量物质的物理和物理化学性质为基础的现代分析方法，通过测量物质的某些物理或物理化学性质的参数及其变化来获取物质的化学组成、成分含量及化学结构等信息。在这类分析过程中通常需要采用比较复杂或特殊的仪器设备，因而得名"仪器分析"。

20 世纪 40 年代后，分析化学突破了以经典化学分析为主的局面，开创了仪器分析的新时代。

现代使用的仪器分析方法中，每一类方法都与若干项诺贝尔奖紧密相连，而一系列重大的科学发现，也为仪器分析的建立和发展奠定了基础。1922 年，J. Heyrovsky 提出极谱法，获得 1959 年诺贝尔化学奖；J. P. Martin 和 R. L M. Synge 建立了气相色谱分析法，获得 1952 年诺贝尔化学奖；F. Bloch 和 E. M. Purcell建立了核磁共振测定方法，获得 1952 年诺贝尔物理学奖。

　　著名分析化学家梁树权先生认为"化学分析和仪器分析同是分析化学的两大支柱，两者唇齿相依，相辅相成，彼此相得益彰"。

一、仪器分析方法的分类

　　仪器分析技术的内容繁多、各成体系。仪器分析方法很多，其方法原理、仪器结构、操作、适用范围等各不相同。根据其分析检测原理一般将仪器分析方法分为四大类，包括：利用物质电化学特征参数进行定性、定量分析的电化学分析法，利用物质光谱特征进行定性、定量分析的光学分析法，利用色谱技术分离分析的色谱分析法，以及其他分析法。每类方法又包含多种具体的分析检测方法。

　　1. 光学分析法　光学分析法是以光的辐射为分析信号，根据物质发射的辐射能或辐射能与物质相互作用而建立起来的仪器分析方法。根据光信号谱区的不同，可分为紫外、可见、红外分析等；根据光与物质相互作用的方式，可分为吸收、发射、散射、衍射、旋转等光学分析。根据光与物质的分子或原子的相互作用的不同，又可分为分子吸收或原子吸收、分子发射或原子发射分析等。

　　2. 电化学分析法　电化学分析法是根据物质的电学及电化学性质所建立的分析方法。它通常是将电极与待测试样溶液构成一个化学电池，通过研究或测量化学电池的电学性质或电学性质的突变等来确定试样的含量。根据测量的电学性质，可分为电位分析、电流分析、电量分析以及电导分析等。

　　3. 色谱分析法　简称色谱法，是一种高效的分离分析技术，它利用物质在固定相和流动相之间分配系数的不同，对混合物进行分离的分析方法，主要有气相色谱、液相色谱、超临界流体色谱、毛细管电泳以及毛细管电色谱等方法。

　　4. 其他仪器分析方法　主要包括质谱法、放射化学分析法、热分析法等。质谱法是物质在离子源中被电离形成带电离子，在质量分析器中按离子质荷比（m/z）进行测定。放射化学分析法是利用放射性同位素及核辐射测量对元素进行微量和痕量分析的方法。热分析法是通过制定控温程序控制样品的加热过程，并检测加热过程中产生的各种物理、化学变化的方法，常见的有热导法、热熔法等。常见的仪器分析方法分类见表1。

表1　仪器分析方法常见分类

方法分类	主要分析方法	特征性质
光学分析法	原子发射光谱法（AES）（X 射线、原子荧光），分子发射光谱法（分子荧光、分子磷光），化学发光法	辐射的发射
	分子吸收光谱法［紫外 – 可见（UV – Vis）、红外（IR）］，原子吸收光谱法（AAS），核磁共振波谱法（NMR），电子自旋共振波谱法	辐射的吸收
	浊度法，拉曼光谱法	辐射的散射
	折射法，干涉法	辐射的折射
	X 线衍射法，电子衍射法	辐射的衍射
	偏振法，旋光色散法，圆二色谱法	辐射的旋转
电化学分析法	电位分析法，电位滴定法	电位
	极谱法，伏安法，电流滴定	电流 – 电压
	电导法	电导
	库仑法（恒电位、恒电流）	电量

续表

方法分类	主要分析方法	特征性质
色谱法	气相色谱法（GC），高效液相色谱法（HPLC），平面色谱法，超临界流体色谱法，毛细管电色谱	两相间的分配
其他分析方法	毛细管电泳法	电场中的迁移率
	热性质	热导法，热燃法
	质荷比	质谱法
	放射性	放射化学分析法

二、仪器分析的任务和特点

1. 仪器分析的任务　现代仪器分析的任务不仅限于测定物质的组成和含量，还要对物质的形态（氧化 – 还原态、络合态、结晶态）、结构（空间分布）、微区、薄层及化学和生物活性等进行瞬时追踪，开展无损和在线监测以及过程控制等。由于各种仪器分析方法的特点和内在规律不同，适用于不同的分析检测情况。仪器分析技术可以应用到生活、生产、科研等多个方面。仪器分析的任务见表2。

表2　仪器分析的任务

技术	任务		
仪器分析	化学学科方面	新化合物的结构表征、混合组分的定性与定量分析等	
	经济建设方面	在农业生产中	土壤成分和性质测定，化肥、农药的分析等
		在工业生产中	油田、煤矿等资源的勘探，工业原料的选择，成品检验等
	社会生活方面	体育（兴奋剂），食品（违法添加、农药残留量、新鲜度），环境污染实时检测，法庭化学（DNA 技术、物证鉴定分析等）	
	医疗卫生方面	临床检验、疾病诊断等	
	药学方面	新药研制、药品质量全面控制、中草药有效成分的分离和测定、药物代谢和药物动力学研究、制剂的稳定性、生物利用度和生物等效性研究等	
	化妆品质量与安全控制	化妆品中禁用物质和限用物质检测，化妆品中重金属的检测，化妆品中防腐剂、防晒剂、着色剂等的含量测定，化妆品原料的结构鉴定和杂质分析等	

在化妆品生产与质量控制领域，仪器分析广泛应用于化妆品生产的过程控制、原料与产品杂质分析等。例如，采用原子吸收光谱法对化妆品原料和产品中的重金属铅、砷、汞、镉进行检测分析，采用气相色谱法或高效液相色谱法进行化妆品原料和产品中禁限用物质的定量分析，采用紫外 – 可见分光光度法测定化妆品中甲醛的含量，采用离子色谱法测定化妆品中硼酸和硼酸盐的含量，采用电位滴定法测定直发化妆品中游离氢氧化物的含量，采用荧光分析法测定去屑洗发类化妆品中二硫化硒中硒（Ⅳ）的含量，采用气相色谱 – 质谱联用的方法测定化妆品中二噁烷的含量，采用高效液相色谱 – 质谱联用的技术测定化妆品中甲基异噻唑啉酮等23 种防腐剂的含量，采用红外光谱法对化妆品原料进行结构鉴定和杂质分析等。

2. 仪器分析的特点　仪器分析法是随着现代科技的进步，迅速发展起来的一种分析方法，其特点主要体现在以下几方面。

（1）优点

1）灵敏度高，可用于微量、痕量组分的分析，绝对灵敏度可达 10^{-14}g。

2）分析速度快，自动化程度高，通过与计算机联机、程序化控制，可实现批量样品的快速分析。

3）选择性好，适用于复杂组分的试样分析，也可进行多组分的同时测定。

4）应用范围广，方法多样且功能各不相同，不仅可以用于定性和定量分析，也可用于结构、形态、空间分布、微观分布以及表面分析、微区分析、遥测分析等；分析所需试样量很少，有时只需数微克甚至是无损分析；因此广泛应用于工农业生产和科学研究，特别是化学、物理、生物、医药（化妆品）、食品、环保等领域。

（2）缺点

1）相对误差较大，通常为 3%~5%；在进行常量和高含量组分的分析时，其准确度就不如化学分析高（一般相对误差小于 0.3%）。

2）仪器复杂，价格贵，分析成本较高。

另外，在进行仪器分析之前，通常要进行样品处理，使样品达到适宜测定的状态。总之，仪器分析与化学分析各有优缺点。仪器分析与化学分析的比较见表3。

表3　仪器分析与化学分析的比较

特点	化学分析	仪器分析
优点	仪器简单 结果准确，误差小于千分之几 应用广泛	灵敏度高，检出限量低 选择性好 简便、快速，可自动化 应用广泛
缺点	分析效率相对较低 难测极微量杂质	误差大 分析成本高

三、仪器分析的发展趋势

分析化学的发展经历了三次变革。第一次变革发生在 20 世纪初期，由于物理化学的发展，为分析技术提供了理论基础，建立了溶液四大平衡理论，分析化学从此由一门操作技术上升为一门科学。第二次变革发生在第二次世界大战前后至 20 世纪 60 年代，物理学、电子学、半导体及原子能工业的发展促使了仪器方法的大发展，使以经典化学分析为主的分析化学进入仪器分析的新时代，核磁共振、极谱分析法、气相色谱法等都是在这个时期发展起来的。20 世纪 70 年代末以来，以计算机应用为主要标志的信息时代的来临，给科学技术带来了巨大的活力，分析仪器更加灵敏、准确，数据采集和处理更加智能化，分析化学也进入了第三次变革时期，仪器分析成为一门建立在化学、物理学、数学、计算机科学、精密仪器制造学等学科上的综合性科学。现代科学技术的发展、生产的需要和人民生活水平的提高，对分析化学提出了新的要求，特别是近几年来环境科学资源调查、医药卫生、生命科学和材料科学的发展和深入研究，对分析化学提出更为苛刻的要求，为适应科学发展仪器分析，随之也将逐渐出现以下发展趋势。

1. 创新方法　进一步发展高精密度、高灵敏度、高分辨率的高效仪器和测量方法，以满足现代高新技术、环境科学和生命科学对单个原子或分子水平杂质的检测；同时要求在测定低至 10^{-6}~10^{-9} 量级的微量样品的超痕量分析时排除体系其他复杂成分对目标成分的干扰，以此满足单个原子或分子水平杂质的检测。

2. 分析仪器自动化与智能化　包括过程控制分析、人工智能及专家系统。自动化与智能化将代替繁琐的手工操作，减少主观因素对测定结果的干扰，加快获取和解析检测信息的速度，提高分析结果的准确度。

3. 新型动态分析检测和非破坏性检测　运用先进的技术和分析原理，研究建立有效而实用的实时在线和高灵敏度、高选择性的新型动态分析检测和破坏性检测，将是21世纪仪器分析发展的主流，例如酶传感器、免疫传感器、DNA传感器、细胞传感器等生物传感器不断涌现，纳米传感器的出现给活体分析带来了机遇，从而瞬时、直接、准确地反映生产实际和生命环境的情景实况，及时控制生产、生态和生物过程。

4. 多种方法的联合使用　联用分析技术已成为当前仪器分析的重要方向，多种仪器分析方法的联合使用可以使每种方法扬长避短。

5. 扩展时空多维信息　随着环境科学、宇宙科学、能源科学、生命科学等学科的发展，现代仪器分析的发展，已不再局限于将外侧组分分离出来进行表征和测量，而是成为一门为物质提供尽可能多的化学信息的科学。

6. 分析仪器微型化及微环境的表征与测定　包括微区分析、表面分析、固体表面和深度分布分析、生命科学中的活体分析和单细胞检测、化学中的催化与吸附研究等。分析仪器的微型化，特别适于现场快速分析。

此外，发展有毒物质的非接触分析方法和遥测技术，对于研究区域大气污染物在地面和大气不同高度的跟踪监测及确定污染源、周围环境、气象条件对污染物的影响是一种经济而有效的方法；而生物大分子及生物活体物质的表征与测定则是生命科学的重要组成部分。总之，仪器分析正朝着高敏、高选择性、快速、在线、原位分析、活体、无损分析等方向发展。仪器分析技术在化妆品分析检测和质量控制方面的应用也越来越广泛和重要。

📎 **知识链接**

21世纪分析科学的仿生化和智能化

分析科学的发展可以概括为：20世纪50年代仪器化，60年代电子化，70年代计算机化，80年代智能化，90年代信息化。21世纪将是仿生化和进一步智能化，在化学传感器和生物传感器上表现得尤为突出，化学传感器逐渐向小型化、仿生化方向发展，如生物芯片，化学和物理芯片，嗅觉（电子鼻）、味觉（电子舌）、鲜度和食品检测传感器等。生物传感器大体有5种，包括酶传感器、组织传感器、微生物传感器、免疫传感器、场效应生物传感器等。其原理都是基于电化学、光学、热学等构成的。其探头均由两个主要部分组成，一是对被测定物质（底物）具有高选择性的分子识别能力的膜所构成的"感受器"；二是能把膜上进行的生物化学反应中的消耗或生成的化学物质或产生的光和热转变为电信号的"换能器"。"感受器"所得的信号经"换能器"电子技术处理，即可在仪器上显示和记录下来。21世纪分析仪器的核心是信号传感。

任务二　仪器分析实验规则及安全知识

仪器分析实验是学习仪器分析课程的重要教学实践活动。通过仪器分析实验的实践训练，学生才能加深对知识和原理的理解，掌握仪器分析的方法和技能，学会合理选择实验条件、正确使用分析仪器、正确记录处理实验数据和准确表达实验结果，从而培养学生严谨求实的工作态度和独立自主的工作能力。

仪器分析实验室通常仪器设备比较贵重，分析检测前处理需要使用各种化学试剂，包括有毒有害试剂，还需要使用到气体钢瓶等，要求学生必须遵守相关的规章制度，掌握一定的安全知识和实践技能，才能保障学生安全、有效地完成仪器分析实践技能训练，养成较高的分析检测和质量控制的职业素养，为今后的学习和工作打下坚实的基础。

一、学生实践应遵守的规定

1. 仪器分析实验室中仪器须经实验室管理人员同意后方可使用。

2. 学生在实验前，应认真预习有关内容，明确实验目的和要求，了解实验步骤及注意事项。

3. 学生必须经过培训，详细了解仪器性能、使用范围及安全防范措施，熟练掌握仪器的操作方法，或在教师指导下方可进行实际操作。

4. 仪器开机前，应首先检查仪器是否清洁卫生，仪器各部件是否完好无损。接通电源后，检查是否正常运行，发现异常及时报告指导教师或实验室管理人员。

5. 使用时要严格按照《仪器操作规程》进行操作，防止损坏仪器或发生安全事故。违反仪器操作规程造成仪器损坏的，按有关规定赔偿。

6. 仪器设备使用完毕，须立即取出样品，做好仪器内外的清理工作，各按钮恢复原位，切断电源；填写仪器使用记录；清洗器皿，摆放整齐，经指导教师检查确认后方可离开。

7. 仪器设备不得擅自挪动，如情况特殊确需搬动者，必须经管理人员同意，方可挪动；使用完毕，立即放回原处，并经管理人员检查。

8. 保持实验室安静、整洁，禁止大声喧哗、打闹和乱扔杂物，自觉爱护实验仪器和相关用品，节约使用各种试剂，未经教师同意不得擅自动用其他仪器。

9. 严禁在实验内饮食、抽烟，严禁将食物等实验室违禁物品带入实验室。离开实验室要洗净双手。

10. 实验结束，应做好实验室清洁卫生工作，最后离开实验室者应关好水、电、门、窗。

二、仪器分析实验室安全知识

仪器分析实验室安全包括人身安全、实验室安全及仪器设备安全。仪器分析人员必须经过系统的安全相关知识技能培训，熟悉化学药品的物理化学性质，仪器、设备性能、操作方法及安全注意事项，掌握强酸、强碱、有毒试剂泄漏、灼伤时的应急处理预案，主动预防可能发生的火灾、爆炸等安全事故。

1. 一般安全知识

（1）仪器分析实验室内应备有防护用品（护目镜、胶皮手套、防毒面具等）。操作强酸、强碱、强腐蚀性物质时必须戴好护目镜、胶皮手套等防护用具。操作高温样品时必须戴上相应手套以防烫伤。

（2）所有试剂、药品、样品贴有醒目的标签，标明名称、浓度、配制日期等，字迹清楚。

（3）禁止用手直接接触化学药品和危险性物质，禁止用口尝或用鼻嗅的方法鉴别物质。

（4）涉及易燃、有毒、浓酸等操作时，必须在通风橱内进行，操作者应佩戴相应的防护用具。

（5）当易挥发或易燃的液体贮瓶贮放在温度较高的场所或当瓶内温度较高时，不得立即开启。

（6）禁止进行分析规定或试验方案以外的任何项目的试验。

（7）在加热化学药品时必须把器皿放置平稳，禁止将瓶口或管口对着人。

（8）停电、停水时，要及时切断电源、关闭水阀及气源等。

（9）高温、易燃、易爆和可能产生化学反应的药品的物质不得和强氧化剂存放在一起，浓酸浓碱应分开存放。严禁将能发生化学反应而产生有毒、易燃试剂、废液直接排放或倒在一起。

（10）分析结束后，应及时切断电源、关闭水阀、气瓶阀门，仪器、器具要清洗干净。溶液试剂和仪器应放回规定的地方。

（11）分析室设有消防器材，发生泄漏易燃、易爆气体时，应停止动火，切断气源并开门窗通风。

（12）严禁将食物及其他违禁物品带入分析室，严禁将分析无关的物品放入冰箱、烘箱等分析用具内。

2. 用电安全

（1）使用电气设备时，要检查电源电压是否与设备电压相符。保险丝容量必须符合规定。

（2）不得使用绝缘不合格、导线破损及漏电的电气设备。对年限接近报废、设备老化的电气设备或仪器应停止使用，防止电源失控导致电器火灾发生。

（3）电气设备应严防受潮，禁止用湿布擦电源开关，手上有水时禁止拉闸，发现有人触电时应迅速切断电源并立即进行抢救。

（4）电源插座、电气线路上的负载应核准固定；电气设备的线路发热、温度超过规定、电气设备发生故障应立即切断电源，并联系电工检查和修理。

（5）仪器设施需要检修时应切断电源后才能检修作业。

（6）当室内有易燃易爆气体和蒸气时，必须经通风或分析合格后，方能给电气设备和仪器送电。实验人员在操作过程中发现油气味较浓时不得随意"关、开"电源，防止闪爆。

3. 用火安全

（1）电炉、明火周围禁放易燃易爆物，加热或蒸馏易挥发、有毒有害物质时，必须到通风橱内操作。

（2）加热易燃液体时，实验人员不得离开操作现场，须具备处理一般着火事故的能力。

（3）禁止在通电的情况下移动电炉。禁止液体喷淋到电炉，以免着火、电炉受损或漏电。

（4）发生大量泄漏易燃易爆气体事故时，应立即停用电炉等加热设施。

4. 易燃易爆物质的使用

（1）严禁在火源附近进行易燃易爆物品的操作。易燃物操作都必须在通风橱内进行。

（2）加热易燃易爆液体时，必须在有冷却回流装置的烧瓶中进行。

（3）气相色谱所用载气（氢气）尾气应排放到室外，应经常检查气瓶压力下降是否正常，如发现氢气泄漏必须找到泄漏点，若钢瓶泄漏则应启用备用钢瓶。

5. 有毒有害物质的使用

（1）能释放出有毒有害气体或蒸气的工作，必须在通风橱内进行，并佩戴防毒面具进行操作。

（2）盛装有毒物质容器上的标签应注明"有毒"或"剧毒"字样的醒目标志。

（3）在领用、使用剧毒物质时，如氰化物、三氧化二砷等必须一人操作一人监护和佩戴防护用具。

（4）禁止将剧毒物质擅自挪用或带出分析室。发现丢失或被盗应及时报告。

（5）使用水银的操作应在专用房间内进行，盛有水银的容器必须放在带有折边的木盘或瓷盘中，撒落在地面、桌面上的水银必须用吸球、小匙、刷子等专用工具收拾干净，并撒上硫黄粉，禁止直接用手收取。

6. 腐蚀性物质的使用

（1）腐蚀类刺激性药品，如强酸、强碱、浓氨水、浓过氧化氢、氢氟酸和冰醋酸等，取用时必须戴上防酸手套和防护眼镜、面罩等。

（2）稀释硫酸时必须在烧杯等耐热容器内进行，而且必须在玻璃棒不断搅拌下，仔细地将硫酸缓慢加入水中，禁止将水注到硫酸中去。稀释应缓慢进行，若温度过高应待其冷却后再继续进行，不得将容器摇晃及在平面上滚动。

（3）在溶解氢氧化钠、氢氧化钾等发热化学药品或稀释此类溶液时，必须在耐热容器内进行，并防沸腾溅出。在处理发烟酸和强腐蚀物品时，要特别谨慎，防止中毒和灼伤。

（4）当酸碱溶液、化学试剂灼伤皮肤和溅眼睛时，应迅速用大量清水冲洗灼伤部位15分钟。眼部冲洗，应避免水直接冲洗角膜，然后根据灼伤具体情况，用3%碳酸氢钠溶液和3%硼酸溶液或1%醋酸清洗，经上述处理后应立即送医院。

（5）酸碱应按指定地点摆放，岗位上应尽可能少存放酸碱，盛装酸碱的容器必须盖好。岗位上应设置"酸碱危险"字样的警告牌，并指定专人负责管理。

（6）废酸、废碱、有机溶剂，必须经过中和或其他方法妥善处理后，方可倾倒至指定地点。

7. 气瓶使用安全

（1）高压气瓶的贮存必须在指定的通风、避雨、防晒地点，并远离火源。各类高压气瓶及堆放必须有明显标志，房内配有灭火器材，存放符合安全规定。

（2）严禁对气瓶进行敲击、碰撞、曝晒或置之于环境温度超过40℃的地方。

（3）氢气瓶和氧气瓶分库存放。氧气瓶严禁沾染油脂。

（4）高压气瓶内的气体在表压到0.5MPa前需要更换。色谱用钢瓶必须保持在1.0MPa以上。

（5）气瓶连接后应检查各连接点是否有泄漏。岗位人员定时检查钢瓶的压力并记录。

（6）气瓶与仪器的连接管要经常检查防止泄漏，避免气体聚集在室内。

（7）当气体用量超过正常量时，要对气路进行全面检查。

（8）采样钢瓶必须在使用期限内定期校验。

任务三 化妆品仪器分析实验相关标准

《化妆品安全技术规范》（2015年版）规定了化妆品禁用原料、限用原料、防腐剂、防晒剂、着色剂、染发剂以及其他原料的理化检验方法的相关要求。本部分适用于化妆品产品中禁用原料、限用原料、防腐剂、防晒剂、着色剂、染发剂以及其他原料的检验。

一、相关定义

1. 检出限 被测物质能被检出的最低量。《化妆品安全技术规范》（2015年版）对各类检验方法的检出限的定义如表4。

2. 定量下限 能够对被测物质准确定量的最低浓度或质量，称为该方法的定量下限。《化妆品安全技术规范》（2015年版）对各类检验方法定量下限的定义如表4。

表4 检出限及定量下限的定义

	检出限（对应的质量、浓度）	定量下限（对应的质量、浓度）
AAS/AFS/ICP	3SD[1]	10SD
GC	3倍空白噪音	10倍空白噪音
HPLC	3倍空白噪音	10倍空白噪音
分光光度法	0.005A[2]	0.015A
容量法	X[3]+3SD	X[3]+10SD

注：（1）SD为20份空白的标准偏差，AAS/AFS/ICP的检出限为3倍空白值的标准偏差相对应的质量或浓度。

（2）A为吸收强度，分光光度法检出限为吸收强度为0.005时所对应的质量或浓度。

（3）X为在终点附近出现可察觉变化的最小试剂体积的平均值。

3. 检出浓度　按《化妆品安全技术规范》（2015 年版）理化检验方法操作时，方法检出限对应的被测物浓度。

4. 最低定量浓度　按《化妆品安全技术规范》（2015 年版）理化检验方法操作时，定量下限对应的被测物浓度。

二、所用试剂

《化妆品安全技术规范》（2015 年版）指出：凡未指明规格者，均为分析纯（AR）。当需要其他规格时将另作说明。但指示剂和生物染料不分规格。试剂溶液未指明用何种溶剂配制时，均指用纯水配制。

除另有规定外，盐酸含 HCl 应为 36% ~ 38%（g/g）；硫酸含 H_2SO_4 应为 95% ~ 98%（g/g）；高氯酸含 $HClO_4$ 应为 70% ~ 72%（g/g）；乙酸指含 $C_2H_4O_2$ 大于 99.0% 的冰醋酸、冰乙酸；磷酸指含 H_3PO_4 大于 85%（g/g）。氨水含 NH_3 应为 25% ~ 28%（g/g），过氧化氢含 H_2O_2 应为 30%（g/g）。

未明确标示分子式的固体试剂，均不含结晶水。

三、化妆品仪器分析的实验用水

《化妆品安全技术规范》（2015 年版）明确指出：凡未指明规格者均指纯水。它包括下述的蒸馏水或去离子水等，纯水应符合 GB/T 6682 规定的一级水。有特殊要求的纯水，则另作具体说明。

1. 蒸馏水　用蒸馏器蒸馏制备的水。

2. 去离子水　通过阴、阳离子树脂交换床制备的水。

3. 蒸馏去离子水　将蒸馏水通过阴、阳离子树脂交换床制备的水。

国家标准（GB/T 6682）中明确规定了实验室用水的级别、主要技术指标及检验方法。国家标准（GB/T 6682）要求的指标及检验方法见表 5。

表 5　实验用水要求指标及检测方法

名称	一级	二级	三级	检测方法
pH 范围（25℃）	—	—	5.0 ~ 7.5	仪器法
电导率（25℃）/(mS/m)	≤0.01	≤0.10	≤0.50	仪器法
可氧化物质含量 [以（O）计]（mg/L）	—	≤0.08	≤0.4	高锰酸钾限量法
吸光度（254nm，1cm 光程）	≤0.001	≤0.01	—	紫外 - 分光光度法
蒸发残渣（105℃±2℃）/(mg/L)	—	≤1.0	≤2.0	重量法
可溶性硅（以 SiO_2 计)/(mg/L)	≤0.01	≤0.02	—	硅钼蓝比色法

注：1. 由于在一级、二级水的纯度下，难以测定其真实的 pH，因此，对一级水、二级水的 pH 范围不作规定
2. 由于在一级水的纯度下，难以测定其可氧化物质和蒸发残渣，因此对其限量不作规定，可用其他条件和制备方法来保证一级水的质量

四、浓度表示

1. 物质 B 的浓度 c_B　物质 B 的物质的量除以混合物的体积：$c_B = \dfrac{n_B}{V}$；常用单位：mol/L。

2. 物质 B 的质量浓度 p_B　物质 B 的质量除以混合物的体积：$p_B = \dfrac{m_B}{V}$；常用单位：g/L，mg/L，µg/L。

3. 物质 B 的质量分数 ω_B　物质 B 的质量与混合物的质量之比：$\omega_B = \dfrac{m_B}{m}$；无量纲单位，可用 % 表示浓度值，也可用 mg/kg，µg/g 等表示。

4. 物质 B 的体积分数 Φ_B　物质 B 的体积除以混合物的体积：$\Phi_B = \dfrac{V_B}{V}$；无量纲单位，常以 % 表示浓度值。

5. 体积比浓度　两种液体分别以 V_1 与 V_2 体积相混。凡未注明溶剂名称时，均指纯水。两种以上特定液体与水相混合时，必须注明水。例如：HCl（1 + 2），甲醇 + 四氢呋喃 + 水 + 高氯酸（250 + 450 + 300 + 0.2）。

6. 气相色谱法的固定液使用的质量比　指固定液与载体之间的质量比。

五、量具的检定与校正

天平、容量瓶、滴定管、无分度吸管、刻度吸管等按国家有关规定及规程进行校准。

六、检验方法的选择

同一个项目如果有两个或两个以上的检验方法时，可根据设备及技术条件选择使用。

七、化妆品产品的检测

在一般情况下，新开发的化妆品产品，在投放市场前应根据产品的类别进行相应的检验以评定其安全性。

八、化妆品样品的取样

化妆品样品的取样过程应尽可能顾及样品的代表性和均匀性，以便分析结果能正确反映化妆品的质量。实验室接到样品后应进行登记，并检查封口的完整性。在取样品前，应观察样品的性状和特征，并使样品混匀。打开包装后，应尽可能快地取出所要测定部分进行分析。如果样品必须保存，容器应该在充惰性气体下密闭保存。如果样品是以特殊方式出售，而不能根据以上方法取样或尚无现成取样方法可供参考，则可制定一个合理的取样方法，并按实际取样步骤予以记录附于原始记录之中。

1. 液体样品　主要是指油溶液、醇溶液、水溶液组成的化妆水、润肤液等。打开前应剧烈振摇容器，取出待分析样品后封闭容器。

2. 半流体样品　主要是指霜、蜜、凝胶类产品。细颈容器内的样品取样时，应弃去至少 1cm 最初移出样品，挤出所需样品量，立刻封闭容器。广口容器内的样品取样时，应刮弃表面层，取出所需样品后立刻封闭容器。

3. 固体样品　主要是指粉蜜、粉饼、口红等。其中，粉蜜类样品在打开前应猛烈的振摇，移取测试部分。粉饼和口红类样品应刮弃表面层后取样。

4. 其他剂型样品　可根据取样原则采用适当的方法进行取样。

任务四　化妆品仪器分析课程的学习方法

一、化妆品仪器分析课程的学习

仪器分析技术广泛应用到不同领域的不同分析对象，每种方法都有其核心技术和核心原理。我们可以将仪器分析过程大致分成样品前处理、使用仪器分析进行数据采集、计算或处理数据、最后得出结果四大步骤。要学好化妆品仪器分析课程，在化妆品分析检测和质量控制中熟练运用仪器分析技术，必须做到理论和实践相结合，达到下列要求。

1. 及时关注化妆品分析检测与质量控制技术更新动态，熟悉相关法律法规要求和标准。

2. 利用好国家精品课程网站、国家教学资源库等相关的课程网络资源，多参阅其他参考书，作为课堂之外的知识补充和学习拓展。

3. 利用碎片化的时间进行线上学习和线下课堂学习的有机结合，做到课前有预习、课中有重点、课后有温习与巩固。

4. 注重理论与实践相结合，认真对待实践技能训练，利用好仿真软件，真正掌握各类分析方法的原理和操作技术。

二、分析检测原始记录书写细则

分析检测原始记录是出具检验报告的重要依据，是进行科学研究和技术总结的原始资料。为了保证化妆品分析检验工作的科学性、准确性和规范性，原始记录必须做到及时、真实、完整、书写清晰规范。

1. 检验记录的基本要求

（1）原始检验记录应边实验、边记录，严禁事后补记或转抄。原始记录应在检验过程中，可按检验顺序依次记录各检验项目，内容包括：项目名称、检验日期、操作方法、实验条件（如实验温度、湿度、仪器名称型号和校正情况等）、观察到的现象（不要照抄标准，而应简要记录检验过程中观察到的真实情况；若遇反常现象，则应详细记录，并鲜明标出，以便进一步研究）、实验数据计算（注意有效数字和数值的修约及其运算）和结果判断等。

（2）记录的规范性

1）人员签名　原始记录所有签名必须由本人完成，不能代签。

2）项目结论　每个实验项目开始前应首先记录该实验的项目或目的。实验结束后也应对结果进行分析，并得出明确的结论。检验或实验结果，无论成败（包括必要的复试），均应详细记录、保存。对废弃的数据或失败的实验，应及时分析其可能的原因，并在原始记录上注明。

3）记录书写　原始记录的书写应字迹清晰、用字规范，所有的记录须用蓝黑色字迹的钢笔或签字笔书写（显微绘图可用铅笔），不得使用铅笔或其他易褪色的书写工具书写。原始记录应使用规范的专业术语，不要出现不确定量（如1～2滴，5～10ml等），计量单位应采用国际计量单位，有效数字的取舍应符合试验要求；常用的外文缩写（包括试验试剂的外文缩写）应符合规范，首次出现时必须用中文加以注释；属外文译文的应注明其外文全称。

4）记录修改　原始记录不得随意删除、修改或增减数据。如必须修改，可用单线划去并保持原有的字迹可辨，不得涂改；应在修改处签名盖章，以示负责。必要时注明修改时间及原因。

5）试验依据　检验记录中，应先写明检验的依据。凡按中国药典、部（局）等颁布的标准的，应列出标准名称、版本、页数或标准批准文号。

（3）记录的可追溯性

1）常用的溶液　有标准滴定液、标准 pH 缓冲液、标准比色液、标准铅溶液、标准溶液等等。使用到这些溶液时，要在原始记录中注明其来源，并应能在另外的记录本中追溯到配制、标定等记录。

2）仪器　实验过程中应做好仪器的使用记录，原始记录应与仪器的使用登记相对应。

3）一些特殊试剂（毒、麻、精、放）的领用　登记应与试验原始记录相对应。

4）对照品　应记录其来源、批号和使用前的处理；用于含量（或效价）测定的，应注明其含量（或效价）和干燥失重（或水分）。

5）实验中的照片　应粘贴在实验原始记录的相应位置上，底片或电子版应妥善保存。拍照时应做好标识记录，可以在旁边放一小纸条，把相应的名称、简要信息等一起拍下来保存。

6）图谱、表格　随着分析仪器的进步，数据采集和处理软件的功能越来越多，每次检测，系统可以记录下很多信息，一般选择项目包括：样品编号、采集时间、存盘路径、打印时间、方法、操作者等信息。打印出来后应剪贴于记录的适宜处，并有操作者签名；不宜粘贴的，另行整理装订成册，并加以编号，同时在记录本上相应处注明。用热敏纸打印的记录，为防止日久褪色难以识别，应以蓝黑墨水或碳素笔将主要数据记录于记录纸上，或复印后保存。

三、实验数据处理方法

1. 列表法　列表法是以表格的形式表示数据的方法，具有直观、简明的特点。记录实验数据多用此法。列表需标明表格名称，表格的纵列一般为实验编号或因变量，横列为自变量。首行或首列应写上名称和量纲。名称尽量用符号表示，单位的写法采用斜线制，如该列的数据是表示体积 V，则该列首应写成 "V/ml"。记录数据应符合有效数字的规定。书写时应整齐统一，小数点要上下对齐，以利于数据的比较分析。表中的某个数据需特殊说明时，可在数据上做标记，再在表格的下方加注说明。

2. 图解法　图解法是将实验数据按自变量与因变量的对应关系绘成图形，能够把变量间的变化趋势更加直观地显示出来，便于分析研究，从而在图上找出所需数据或发现某种规律等。在各种仪器中广泛使用记录仪或计算机工作软件直接获得测量图形，快速得到分析结果。

常用的图解法有：①标准曲线法，求未知物浓度；②连续标准加入法，作图外推求组分含量；③用滴定曲线的折点求电位滴定的终点；④用图解积分法求色谱峰面积等。绘制图形时，应注意以下几点。

（1）坐标纸的选择一般情况下选用直角毫米坐标纸，有时也用对数和半对数坐标纸。

（2）坐标标度的选择用 x 轴代表可严格控制的自变量（如溶液的浓度、滴定体积等），y 轴代表因变量（如仪器的响应值）。坐标轴应标明名称和单位，单位的写法采用斜线制。坐标轴的分度应与仪器的精度一致，以便于从图上读取任一点的数据。直角坐标的两个变量变化范围在两轴上表示的长度应该相近，以便于正确反映图形特征。直线图应处在坐标分角线附近，不必一定以坐标原点为分度的零点。若一张图上要绘制多条曲线，各组数据点应选用不同符号标记，需要标明时尽量用阿拉伯数字或英文字母标注。在图的下方标明图名和必要的图注。若变量之间的关系为非线性，尽可能通过数据变换将其变为线性关系。

3. 数学方程表示法　在仪器分析中，绝大多数情况下都是相对测量，需要标准或标准曲线进行定量分析。由于测量的误差不可避免，所有的数据点都处在同一直线上是较难的，特别是测量误差较大的方法，用简单的方法很难绘制出合理的曲线，在这种情况下以数学方程表示法来描述自变量和因变量的关系较为合适。

4. 计算机软件应用　用计算机进行实验数据的处理、画图已经是一门比较成熟的技术，其快速准确的特点是其他方法无法替代的，现已广泛地应用于科研和教学中。

这些方法在本课程中都将有计划地安排到整个教学过程中进行学习、强化和应用。

四、实验报告格式与要求

实验完毕，应用专门的实验报告本或实验报告纸，根据实验中的现象及数据记录等，及时、认真、规范地书写实验报告。仪器分析实验报告一般包括的内容如下。

1. 实验目的　该部分要求学生明白实验或任务要达到的目标。

2. 实验原理　该部分要求学生简要地用文字或化学反应式对实验进行说明。例如，紫外－可见分光光度定量实验需要说明根据朗伯－比耳定律计算含量等；对于滴定分析，通常应有标定和滴定的反应方程式、基准物质和指示剂的变色原理以及计算公式等。对特殊仪器的实验装置，应画出实验装置图，以及复杂设备的简要结构示意图、复杂操作的简要流程图等。

3. 仪器与试剂　实验所需的主要仪器和试剂要求学生列出仪器的型号、规格、生产厂家等，以及实验中用到的主要试剂（试剂名称、级别、有效期）。

4. 实验步骤与操作方法　要求学生简明扼要地写出实验步骤、方法流程及仪器测试条件等。

5. 数据记录与处理　要求学生应用文字、表格、图形等形式将测量数据及实验结果表示出来，尽可能地将记录数据表格化。根据实验结果要求，对测量数据进行适当的数据处理，计算出分析结果，给出实验误差大小及精密度评价等。

6. 问题讨论　该部分需要学生结合相关理论知识对实验中观察到的现象、测量产生的误差以及试验结果等进行分析、讨论和评价，同时包括解答实验后的思考题。通过问题讨论，培养学生发现问题、分析问题、解决问题的能力，为以后解决实际工作中的问题打下良好的基础。

上述各项内容的具体取舍，应根据不同实验的具体情况而定，以思路清晰、内容精练、表达准确、格式规范为原则完成实验报告的撰写。有些内容要求在实验前预习时完成，其他内容可在实验过程中或试验后填写、计算完成。

目标检测

答案解析

一、填空题

1. 研究物质的_____、_____和_____的科学，称为分析化学。

2. 分析化学一般可分为_____和_____。

3. _____是利用待测组分的光学性质进行分析测定的一类仪器分析方法。

4. 光学分析法通常分为_____和_____两类。

5. 光谱法是基于物质吸收外界能量时，物质的原子或分子内部发生能级之间的跃迁，产生_____光谱或_____光谱进行分析的。

二、简答题

1. 仪器分析有哪些特点?
2. 仪器分析的发展趋势如何?

书网融合……

项目小结　　习题

项目一　电化学分析法

岗位情景模拟

　　情景描述　在化妆品领域，pH 是一个重要的指标，因为它可以影响产品的质地、稳定性和对皮肤的刺激程度。如果提供了一种新开发的面部洁面产品，并要求您确定其 pH 是否在合理的使用范围。

　　讨论　1. 您会选择什么方法、依据什么标准去进行测定？

　　　　　　2. 不同的化妆品测定 pH 的方法相同吗？

任务一　初识电化学分析法

PPT

一、电化学分析法概述

　　电化学分析法是应用电化学的基本原理，根据物质的电化学性质测定物质成分或含量的分析方法。相比滴定分析法，电化学分析法具有灵敏度高、仪器简单、操作方便、分析速度快、选择性好等优点，在生产、科研、医药卫生、化妆品化学等领域有广泛的应用。

　　电化学分析法种类很多，根据测定的电化学参数不同，可分为电位法、电解法、电导法和伏安法。

1. 电位法   是通过测定原电池的电动势或电极电势，利用电极电势与浓度的关系来测定物质含量的一种分析方法。电位法分为直接电位法和电位滴定法两类，根据测定电极电势测定值直接求出物质含量，称为直接电位法；根据滴定过程中电极电势的变化值确定滴定终定，称为电位滴定法。

2. 电解法   是根据通电时，待测物质在电池电极上发生定量作用，确定待测物质含量的一种分析方法。电解法包括电重量法、库仑法和库仑滴定法。

3. 电导法   是通过测定溶液的电导或电导的改变值，确定待测物质含量的一种分析方法。电导法分为直接电导法和电导滴定法，通过测量组分的电导值确定其含量的方法称为直接电导法；在滴定分析中，通过测量试液电导的变化来确定滴定终点的方法称为电导滴定法。

4. 伏安法   是根据电解过程中，根据电流和电位变化曲线，对待测物质定量的一种方法。如电流滴定法，在固定电压下，根据滴定过程中电流的变化确定终点的方法。永停滴定法属于电流滴定法，根据滴定过程中双铂电极的电流变化以确定滴定终点的电流滴定法。

本部分主要介绍直接电位法、电位滴定法和永停滴定法。

二、电位法基本原理

电位法需要测定原电池的电动势或电极电势，它的理论基础是能斯特（Nernst）方程，来获得待测溶液浓度与电极电势关系：

$$\varphi = \varphi^{\theta} + \frac{RT}{nF} \ln \frac{c_{O_x}}{c_{Red}} \tag{1-1}$$

原电池由两种性能不同的电极、电解质溶液组成，通过测定该原电池的电动势，可以确定被测离子的浓度。使用的电极分别称为指示电极和参比电极。电极电势随溶液中被测离子浓度（或活度）的变化而改变的电极称为指示电极；电极电势不随溶液中被测离子浓度（或活度）的变化而改变的电极称为参比电极。如下所示：

$$M \mid M^{n+} \parallel 参比电极$$
$$E = \varphi_+ - \varphi_-$$
$$\varphi_{M^{n+}/M} = \varphi^{\theta}_{M^{n+}/M} + \frac{RT}{nF} \ln c_{M^{n+}} \tag{1-2}$$

1. 指示电极   在电位分析中，指示电极应该电极响应快、重现性好、结构简单方便实用。指示电极分为金属基电极和离子选择电极。

（1）金属基电极   以金属为基体的电极，可分为金属－金属离子电极、金属－难溶盐电极、惰性金属电极，都是基于电子转移反应的电极。

1）金属－金属离子电极   电极金属与电解液中的该金属离子达成平衡的电极，用 M∣M⁺ 表示。这类电极只有一个界面，又称为第一类电极，如银电极 Ag∣Ag⁺。

$$电极反应：Ag^+ + e = Ag$$
$$\varphi = \varphi^{\theta}_{Ag^+/Ag} + 0.0592 \lg a_{Ag^+} \tag{1-3}$$

该电极的电极电势与金属离子浓度有关，可用于测定金属离子。

2）金属－难溶盐电极   电极是由金属及其难溶化合物与含有该难溶化合物阴离子的电解液组成，用 M∣M_mM_n∣X^{m-} 表示。这类电极有两个界面，又称为第二类电极，如表面覆盖有氯化银的多孔金属银浸在含 Cl⁻ 的溶液中构成的电极。氯化银电极可表示为：

Ag∣AgCl（s）∣Cl⁻。

电极反应：$AgCl + e = Ag + Cl^-$

$$\varphi = \varphi^\theta_{Ag^+/Ag} + \frac{RT}{nF}\ln a_{Ag^+} = \varphi^\theta_{Ag^+/Ag} + 0.0592\lg a_{Ag^+} = \varphi^\theta_{Ag^+/Ag} + 0.0592\lg\frac{K_{sp,AgCl}}{a_{Cl^-}} \tag{1-4}$$

该类电极的电极电位随溶液中阴离子浓度发生变化，可用于测定金属难溶盐阴离子。

3）惰性金属电极 铂、金等惰性金属与含有同一元素的氧化态和还原态离子的溶液组成的电极，用 $Pt \mid M^{m+}$，M^{n+} 表示。惰性金属本身不参与氧化还原反应，只起传递电子的作用，又称零电极。例如，将铂丝插入 Fe^{3+} 和 Fe^{2+} 混合溶液中所构成的电极，可表示为：$Pt \mid Fe^{3+}$，Fe^{2+}。

电极反应：$Fe^{3+} + e = Fe^{2+}$

$$\varphi = \varphi^\theta_{Fe^{3+}/Fe^{2+}} + 0.0592\lg\frac{a_{Fe^{3+}}}{a_{Fe^{2+}}} \tag{1-5}$$

其电极电位随着溶液中氧化还原电对的活度比值发生变化。

（2）离子选择性电极 离子选择性电极又称为膜电极，是一类利用膜电势测定溶液中离子的活度或浓度的电化学传感器，当它和含待测离子的溶液接触时，在其敏感膜和溶液的相界面上产生与该离子活度直接有关的膜电势。电极的核心部件是电极尖端的感应膜。按构造可分为固体膜电极、液膜电极和隔膜电极。该类电极由敏感膜以及电极帽、电极杆、内参比溶液和内参比电极等部分组成，膜电势与有关离子浓度的关系符合 Nernst 方程式，膜电势的产生是由于离子交换和扩散的结果，而没有电子迁移。

这类电极由于具有选择性好、平衡时间短的特点，是电位分析法用得最多的指示电极。

⟡ 知识链接 ----------------------------------

离子选择性电极的发展

玻璃电极是最早使用的离子选择性电极。1906 年，M. Cremer 首先发现玻璃电极可用于测定。1909 年，F. Haber 对其进行系统的实验研究。19 世纪 30 年代，玻璃电极测定 pH 的方法成为最方便的方法（通过测定分隔开的玻璃电极和参比电极之间的电位差）。19 世纪 50 年代，由于真空管的发明，很容易测量阻抗为 100MΩ 以上的电极电位，因此其应用开始普及。19 世纪 60 年代，对 pH 敏感膜进行了大量而系统的研究，发展了许多对 K^+、Na^+、Ca^{2+}、F^-、NO_3^- 响应的膜电极并市场化。

2. 参比电极 作为参比电极，要求电极电势恒定、重现性好、装置简单实用，常用的参比电极有甘汞电极和银-氯化银电极。

（1）饱和甘汞电极（SCE） 甘汞电极由金属汞、Hg_2Cl_2（甘汞）以及饱和 KCl 溶液组成（图 1-1）。可用电极符号 $Hg \mid Hg_2Cl_2(s) \mid KCl$（饱和）表示。属于金属-难溶盐电极。电极由内外两个套管组成，内管上端封接一根铂丝，铂丝上部与电极引线相连，铂丝下部插入厚 0.5～1cm 的汞层中。汞层下部是汞和甘汞的糊状物，内玻璃管下端用石棉或纸浆类多孔物堵塞。外玻璃管内充饱和 KCl 溶液，下端用素烧瓷片封紧，既能将电极内外溶液隔开，又可提供内外溶液离子通道，起到盐桥作用。

电极反应：$Hg_2Cl_2(s) + 2e \rightleftharpoons 2Hg(l) + 2Cl^-$

$$\varphi = \varphi^\theta_{Hg_2Cl_2/Hg} - \frac{RT}{nF}\ln a_{Cl^-} \tag{1-6}$$

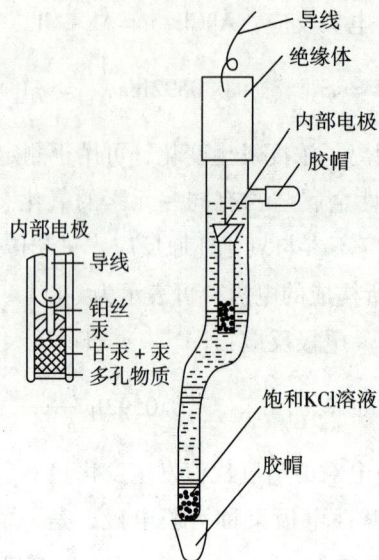

图 1 - 1　饱和甘汞电极结构示意图

　　甘汞电极的电极电位与温度和 KCl 溶液的浓度有关，当温度一定时，KCl 溶液一定，电极电势也有定值，其中 KCl 浓度达到饱和是常用的参比电极。25℃时，不同浓度 KCl 溶液甘汞电极电位见表 1 - 1。

表 1 - 1　不同浓度 KCl 溶液甘汞电极电位（25℃）

名称	0.1mol/L 甘汞电极	标准甘汞电极	饱和甘汞电极
C_{KCl}（mol/L）	0.1	1	饱和
φ（V）	0.3337	0.2801	0.2412

　　（2）银 - 氯化银电极　氯化银电极是由表面覆盖有氯化银的多孔金属银浸在含 Cl^- 的溶液中构成的电极。属于金属 - 难溶盐电极。氯化银电极电势稳定，重现性很好，也是常用的参比电极。与甘汞电极相比，优点是在升温的情况下比甘汞电极稳定，但使用寿命略短。银 - 氯化银电极见图 1 - 2。

　　25℃时，该电极的标准电极电势为 + 0.2224V，电极电位随溶液中 Cl^- 发生变化，通常有 0.1mol/L KCl，1mol/L KCl 和饱和 KCl 三种类型。25℃时，不同浓度 KCl 溶液银 - 氯化银电极电极电位见表 1 - 2。

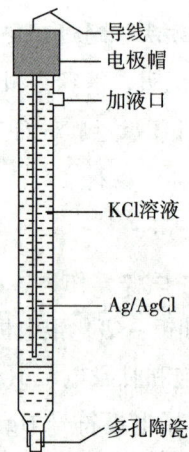

图 1 - 2　银 - 氯化银电极结构示意图

表 1 - 2　不同浓度 KCl 溶液银 - 氯化银电极电位（25℃）

名称	0.1mol/L 甘汞电极	标准甘汞电极	饱和甘汞电极
C_{KCl}（mol/L）	0.1	1	饱和
φ（V）	0.2880	0.2223	0.2221

　　银 - 氯化银电极用于含氯离子的溶液时，在酸性溶液中会受痕量氧的干扰，在精确工作中可通氮气保护。当溶液中有 HNO_3 或 Br^-、I^-、NH_4^+、CN^- 等离子存在时，则不能应用。此外，还可用作某些电极（如玻璃电极、离子选择性电极）的内参比电极。

任务二 直接电位法

直接电位法是选择合适的参比电极和指示电极，浸入待测溶液中组成原电池，测量原电池的电动势，利用原电池的电动势与待测离子浓度之间的函数关系确定待测离子浓度的方法。直接电位法可用于溶液 pH 的测定和其他离子浓度的测定。

一、溶液 pH 的测定

测定溶液 pH 常用的参比电极是饱和甘汞电极，指示电极是 pH 玻璃电极。

1. 玻璃电极构造 pH 玻璃电极一般由内参比电极、内参比溶液、玻璃膜球、高度绝缘的导线和电极插头组成（图 1 - 3）。电极关键的部分是敏感玻璃膜球，厚度约为 0.1mm，膜内充 pH 7 或 4 的 KCl 溶液作为内参比溶液，内参比电极是 Ag｜AgCl。

电极导线都是高度绝缘的，以防漏电和静电干扰。

2. 响应机制 玻璃电极仅对 H^+ 响应，主要原因与玻璃电极膜的组成有关。普通的玻璃电极膜是硅酸盐结构，由 72.2% SiO_2、21.4% Na_2O、6.4% CaO 组成，硅酸晶格中 Na^+ 是可以自由移动的。玻璃膜球外壁与待测溶液接触后，溶液中 H^+ 可以与硅酸晶格中 Na^+ 进行交换，经过一段时间渗透，H^+ 与 Na^+ 的交换达到平衡，会在玻璃膜的表面形成一个厚度为 $0.01 \sim 10\mu m$ 的界面，构成单独的一相，称为水化硅胶层，简称水化层。玻璃膜球的中间部分没有 H^+ 与 Na^+ 的交换，全部为 Na^+，称为干玻璃层，厚度约 $102\mu m$。

水化层表面可视作阳离子交换剂。待测溶液中 H^+ 经水化层扩散至干玻璃层，溶液中 H^+ 活度（$a_{外}$）与水化层中 H^+ 活度（$a'_{外}$）不同，形成活度差，使玻璃球膜外表面与待测溶液间形成双电层，产生电位差称为外相界电位，其电极电势为：

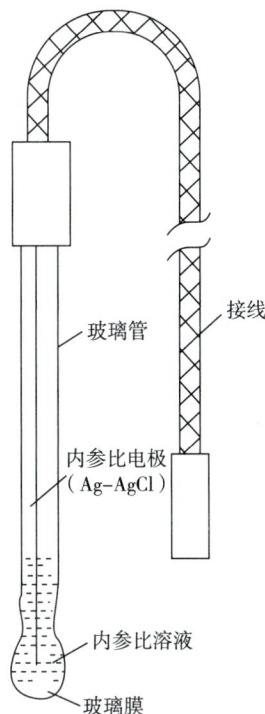

图 1 - 3 玻璃电极结构示意图
1—玻璃管；2—内参比电极（Ag - AgCl）；
3—内参比溶液；4—玻璃膜；5—接线

$$\varphi_{外} = K_1 + \frac{RT}{F}\ln\frac{a_{外}}{a'_{外}} = K_1 + 0.0592\lg\frac{a_{外}}{a'_{外}} \tag{1-7}$$

经过扩散，玻璃膜球内表面与内参比溶液间 H^+ 活度（$a_{内}$）与水化层中 H^+ 活度（$a'_{内}$）也不同，产生电位差称为内相界电位，其电极电势为：

$$\varphi_{内} = K_2 + \frac{RT}{F}\ln\frac{a_{内}}{a'_{内}} = K_1 + 0.0592\lg\frac{a_{内}}{a'_{内}} \tag{1-8}$$

K_1、K_2 是由玻璃膜外、内表面性质决定的常数。由于玻璃膜内、外表面的性质基本相同，则 $K_1 = K_2$。

由于待测溶液和内参比溶液中 H^+ 活度不同，在整个玻璃膜内外产生电位差，称为膜电位，用 $\varphi_{膜}$ 表示：

$$\varphi_{膜} = \varphi_{外} - \varphi_{内} = (K_1 + \frac{RT}{F}\ln\frac{a_{外}}{a'_{外}}) - (K_2 + \frac{RT}{F}\ln\frac{a_{内}}{a'_{内}}) = \frac{RT}{F}(\ln\frac{a_{外}}{a'_{外}} - \ln\frac{a_{内}}{a'_{内}})$$

当玻璃膜内外表面结构相同时，则有：

$$a'_{外} = a'_{内}$$

$$\varphi_{膜} = \frac{RT}{F}\ln\frac{a_{外}}{a_{内}} \tag{1-9}$$

由于内参比溶液中的 H^+ 活度（$a_{内}$）是固定的，则有：

$$\varphi_{膜} = K' + \frac{RT}{F}\ln a_{外} = K' + \frac{2.303RT}{F}\lg a_{外} \tag{1-10}$$

整个玻璃电极的电极电势：

$$\varphi = \varphi_{内参} + \varphi_{膜}$$

$$= \varphi^{\theta}_{Ag^+/Ag} + (K' + \frac{2.303RT}{F}\lg a_{外})$$

$$= (\varphi^{\theta}_{Ag^+/Ag} + K') - \frac{2.303RT}{F}pH$$

$$= K - \frac{2.303RT}{F}pH \tag{1-11}$$

式（1-11）中，K 称为电极常数，与玻璃电极的性能有关，在一定温度下，玻璃电极的电极电势与溶液 pH 呈线性关系，符合 Nernst 方程，可据此测定溶液的 pH。

3. 玻璃电极的性能

（1）电极斜率　当溶液的 pH 变化一个单位时，引起玻璃电极的电极电势变化称为电极斜率，用 S 表示。

$$S = \frac{\Delta\varphi_{玻}}{\Delta pH}$$

S 是 φ - pH 曲线的斜率，与温度有关，298K 时电极斜率为 59mV。通常玻璃电极斜率的实际值稍小于理论值，不超过 2mV。玻璃电极长期使用会老化，S 会偏离理论值过大。

（2）钠差（碱差）和酸差　普通玻璃电极的电极电势与 pH 在一定范围内呈线性关系。在酸度过高的溶液中测得溶液的 pH 偏高，这种误差称为"酸差"。在碱度过高的溶液中，由于 H^+ 太小，其他阳离子在溶液和界面间可能进行交换而使得 pH 偏低，尤其是 Na^+ 的干扰较显著，这种误差称为"碱差"或"钠差"。现在常使用的商品 pH 玻璃电极中，231 型 pH 玻璃电极在 pH > 13 时才发生较显著碱差，其使用 pH 范围是 1~13；221 型 pH 玻璃电极使用 pH 范围则为 1~10。因此应根据被测溶液具体情况选择合适型号的 pH 玻璃电极。

（3）不对称电位　由式（1-9）可知，玻璃电极的膜电位外、内相界电位之差，即：

$$\varphi_{膜} = \varphi_{外} - \varphi_{内} = \frac{RT}{F}\ln\frac{a_{外}}{a_{内}}$$

从理论上讲，若内参比溶液和外参比溶液中，H^+ 的活度完全相同，则玻璃电极的膜电位应该为零，但实际上它并不等于零。仍有 1~3mV 电位差。这一电位称为不对称电位 $\varphi_{不}$。它主要是由于玻璃膜的电极膜内外两个表面的结构和性能不完全一致所造成的。它对 pH 测定的影响，只能用标准缓冲溶液来进行校正，即对电极电位进行定位的办法来加以消除。仪器上的"定位、调节"即为此目的而设置的。

（4）电极的内阻　玻璃电极和一般的离子选择性电极的内阻都很高，通常达 50~500MΩ，所以其电极电位不能使用一般的电位差计或伏特计进行测量，否则会引入较大的测量误差。因此，在使用 pH

玻璃电极或离子选择性电极测量溶液 pH 和离子活度时，应该使用具有高输入阻抗的 pH 计或离子计以减小测量误差。

玻璃电极响应范围广，如 231 型 pH 玻璃电极在 pH 1～13 的范围内有良好的线性响应；准确度高；玻璃电极不受氧化剂和还原剂的影响，也不污染待测溶液；可用于有色、浑浊或胶体溶液的 pH 的测量，也可用于酸碱滴定中作指示电极。但玻璃电极易损坏，且不能用于含氟离子的溶液。

4. 测定原理和方法 直接电位法测定溶液 pH 时，将玻璃电极和饱和甘汞电极浸入被测溶液中组成原电池，可用下式表示：

（－）玻璃电极｜待测 pH 溶液‖饱和甘汞电极（＋）

$$E = \varphi_{甘} - \varphi_{玻} = \varphi_{甘} - (K - 0.0592pH) = K' + 0.0592pH \tag{1-12}$$

式（1-12）表明，在一定温度下，原电池的电动势 E 和溶液的 pH 呈线性关系。故通过测定原电池的电动势即可求得溶液的 pH。但实际上公式中的常数 K 很难确定，每支玻璃电极的不对称电势也不相同，也就很难计算溶液的 pH。因此在具体测定时常采用"两次测定法"，以消除玻璃电极的不对称电势和公式中的常数项。其方法为：

先测定已知标准溶液（pH_s）构成的原电池的电动势（E_s）：

$$E_s = K' + 0.0592pH_s$$

然后再测定待测溶液（pH_x）构成的原电池的电动势（E_x）：

$$E_x = K' + 0.0592pH_x$$

将两式相减并整理得：

$$pH_x = pH_s + \frac{E_x - E_s}{0.0592} \tag{1-13}$$

测定溶液的 pH 时，选用同一对指示电极和参比电极，且选用的标准缓冲溶液的 pH_s，与待测溶液的 pH_x 应该尽可能地接近，一般要求 $\Delta pH < 3$。

实验室常用 pH 计是用来测定溶液酸碱度值。pH 计是利用原电池原理，原电池的电动势和氢离子浓度之间存在对应关系，符合 Nernst 方程。在 pH 测定过程中，应考虑待测溶液温度及离子强度等因素，对于每 1℃ 的温度升高，将引起电位 0.2mV 变化。因此，测定时须对温度变化进行补偿，调节仪器显示的温度至被测溶液的温度。

测定前，电极需在蒸馏水浸泡 24 小时，再使用标准缓冲溶液对仪器进行校准，以消除不对称电势的影响。除测定 pH 外，仪器还可以作为电位计直接测定电池电动势。

5. pH 复合电极 为了使用方便，人们研制出 pH 复合电极，将玻璃电极和饱和甘汞电极组合在一起，构成单一电极体（图 1-4）。pH 复合电极具有体积小，使用方便，坚固耐用，被测试样用量少，可用于狭小容器中测试等优点，广泛应用在溶液的 pH 测定。

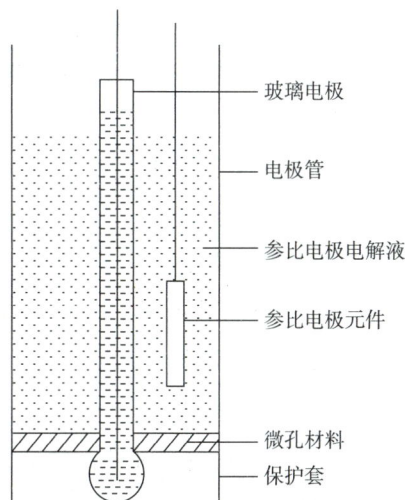

玻璃电极
电极管
参比电极电解液
参比电极元件
微孔材料
保护套

图 1-4 pH 复合电极结构示意图

二、其他离子浓度的测定

直接电位法测定其他离子浓度常用的指示电极是离子选择性电极，是一类利用膜电势测定溶液中离子的活度或浓度的电化学传感器，这类电极有一层特殊的电极膜，电极膜对特定的离子具有选择性响应，电极膜的电位与待测离子含量之间存在定量关系。

1. 离子选择性电极基本结构　离子选择性电极主要由电极膜、电极管、内充溶液和内参比电极组成（图 1 - 5）。电极的敏感膜固定在电极管的顶端，管内装有内充溶液，其中插入内参比电极（通常为 Ag｜AgCl 电极），内充溶液的作用在于保持膜内表面和内参比电极电势的稳定。

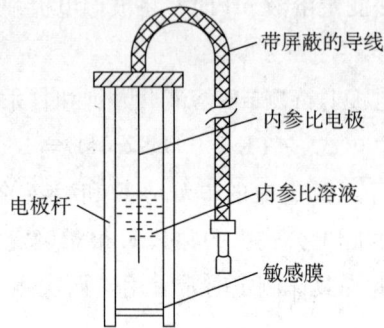

带屏蔽的导线
内参比电极
内参比溶液
电极杆
敏感膜

图 1 - 5　离子选择性电极结构示意图
1 - 内参比电极；2 - 内充溶液；3 - 电极管；4 - 电极膜

当电极浸入溶液后，电极膜和含待测离子的溶液接触时，电极膜和溶液的相界面上产生与该离子活度直接有关的膜电势，他们之间的关系符合 Nernst 方程：

$$\varphi = b \pm \frac{2.303RT}{nF}\log a = b' \pm \frac{2.303RT}{nF}\log c \qquad (1 - 14)$$

式中，b 和 b′ 分别为常数；响应离子是阳离子取 " + "，阴离子取 " - "。

通过测量电势直接计算离子的活度或浓度，其准确度不高，且受到离子价态的限制。理论计算表明，对于一价离子，1mV 的测量误差会导致产生 ±4% 的浓度相对误差。离子价态增加，误差也成倍增加。此外，电极在不同浓度范围有相同的准确度，因此它较适用于低浓度组分的测定。

2. 离子选择性电极分类　按照电极膜的组成、结构、响应机制不同，离子选择性电极分为原电极和敏化电极。

（1）原电极　原电极指用于直接测定离子活度（浓度）的电极，又称基本电极；分为晶体电极和非晶体电极。

1）晶体电极　电极膜由电活性物质的难溶盐晶体制成的一类膜电极。若电极膜是单晶、多晶或混晶难溶盐混合均匀制成称为均相膜电极；电极膜由难溶盐均匀分布在憎水材料（如硅胶）中，经加热后制成的电极称为非均相膜电极。如氟离子选择电极属于单晶膜电极，敏感膜由 LaF_3 的单晶膜、Ag - AgCl 内参比电极和 NaCl - NaF 内充溶液组成。LaF_3 晶体缺陷的大小、形状和电荷分布只允许 F^- 进入，因此电极对 F^- 有很高的选择性；测定的有效 pH 在 5 ~ 7 之间，线性范围一般在 $10^{-6} \sim 10^{-1}$mol/L，检测限量 10^{-7}mol/L。

2）非晶体电极　电极膜由非晶体活化化合物均匀分布在惰性支持物中制成。其中，电极膜由玻璃吹制而成的电极称为刚性基质电极；电极膜由惰性微孔支持体浸有液体离子交换剂或中性配位剂的有机溶剂的载体制成的电极称为流动载体电极。

（2）敏化电极　通过界面反应，将离子活度（浓度）转化为可供基本电极响应，间接测定有关离子活度（浓度）的离子选择性电极，可分为气敏电极和酶电极。

1）气敏电极　该电极由透气膜、内充溶液（中介溶液）、指示电极及参比电极等部分组成。在原电极敏感膜上覆盖一层透气薄膜，在透气薄膜和原电极之间有内充溶液（中介溶液）。将指示电极（离子选择性电极）与参比电极装入同一个套管中制成的复合电极，实际上是一个化学电池。待测气体通过透气膜进入内充溶液发生化学反应，产生指示电极响应的离子或使指示电极响应离子的浓度发生变化，通过电极电位变化反映待测气体的浓度。

2）酶电极　将一种或一种以上的生物酶涂布在通常的离子选择性电极的敏感膜上，通过酶的催化作用，试液中待测物向酶膜扩散，并与酶层接触发生酶催化反应，引起待测物质活度发生变化，被电极响应。测量时，样品中的待测物质向膜面扩散，在酶的催化作用下发生反应，生成物为离子电极所响应，通过测定相应的电位，即可求出样品中待测物的浓度。酶电极具有选择性、测量速度快、使用方便、不破坏样品等优点，特别是能用于生物溶液活体组织中某组分的连续监控，从而在生化研究、生物监测等方面可发挥重要的作用。

3. 测量方法

（1）计算依据　以待测离子的选择性电极为指示电极，饱和甘汞电极为参比电极，浸入待测溶液组成原电池，通过测量电池电动势，计算待测离子浓度。原电池表示为：

（ - ）离子选择性电极│试液‖KCl（饱和），Hg_2Cl_2（s）│Hg（ + ）

电动势为：

$$E = \varphi_{SCE} - \varphi_i = \varphi_{SCE} - \left(K' \pm \frac{2.303RT}{nF} \lg c_i \right) \tag{1 - 15}$$

式（1 - 15）中，K′应为常数，在实际测定中要求溶液中离子强度稳定且足够大，同时控制溶液的pH，掩蔽干扰离子以达到准确的测定结果，需要加入总离子强度调节剂（TISAB）。例如用氟电极测定氟离子时，可加入硝酸钾、枸橼酸钠、HAc - NaAc混合体系作为TISAB。

（2）定量方法

1）标准曲线法　在离子选择性电极允许的线性范围内，测量从稀到浓不同浓度标准溶液的电动势，绘制$E - \lg c$或$E - pc$标准曲线，根据二者的数值建立回归方程；根据样品溶液的电动势，利用回归方程准确计算供试品溶液浓度，称为标准曲线法。

标准曲线法可测浓度范围广，适合于大批量试样的定量测定，但不适合分析组成复杂的样品。使用时要求标准溶液和样品溶液的组成相近，温度一致，因此测量过程中，需要加入总离子强度调节剂（TISAB），可固定离子强度、调节pH、保持液接电势稳定。

2）标准比较法　又称标准对照法。若绘制的标准曲线线性好，可用此法。

在相同的条件下配制样品溶液（x）和标准溶液（s），分别加入等量的TISAB，分别测定它们的电动势E_x及E_s，根据标准溶液的浓度c_s可计算出样品溶液中被测物质的浓度c_x。即：

$$E_x - E_s = \pm \frac{2.303RT}{nF} (\lg c_x - \lg c_s) \tag{1 - 16}$$

标准对照法比较简单，应用一般要求标准溶液与样品溶液的浓度尽量接近，才能得到较为准确的实验结果，否则会引起较大的误差。

3）标准加入法　若试样溶液的离子强度很大加入TISAB不能起作用；或试样溶液基质复杂且变动性较大时，采用标准加入法。可先测量浓度为c_x、体积为V_x的试样溶液的电动势E_x，然后向此溶液中加入浓度c_s（约$100c_x$）、体积为V_s（约$V_x/100$）的标准溶液，再测量混合溶液的电动势，则：

$$E_1 = b' \pm \frac{2.303RT}{nF} \lg c_x$$

$$E_2 = b' \pm \frac{2.303RT}{nF} \lg \frac{c_x V_x + c_s V_s}{V_x + V_s}$$

式中，b' 为常数，令 $S = \pm \dfrac{2.303RT}{nF}$

$$\Delta E = E_2 - E_1 = \pm S \lg \frac{c_x V_x + c_s V_s}{(V_x + V_s) c_x}$$

由于 $V_x >> V_s$，可认为 $V_x + V_s \approx V_x$，可得到：

$$c_x = \frac{c_s V_s}{V_x} (10^{\Delta E/S} - 1)^{-1} \tag{1-17}$$

标准加入法不需绘制标准曲线，不需添加 TISAB，操作简单、快速、准确度较高。

实训一　化妆品 pH 的测定

人体皮肤最外层的角质层的成分是角蛋白，pH 5.5 ~ 6.2，其吸水性强，与酸碱结合易变质，因此，人体用的化妆品的 pH 应接近 7 或者与皮肤的 pH 相近，防止皮肤角质层的化学变质。本方法规定了用酸度计测定化妆品 pH。多家实验室对 19 种市售化妆品样品，用稀释法进行 6 ~ 22 次平行测定，其相对标准偏差为 0.16% ~ 1.94%。

【试剂和材料】

本方法所用试剂除另有说明外，均为优级纯试剂。所用水指不含 CO_2 的去离子水。

（1）苯二甲酸氢钾标准缓冲溶液　称取在 105℃ 烘干 2 小时的苯二甲酸氢钾（$KHC_8H_4O_4$）10.12g 溶于水中，并稀释至 1L，储存于塑料瓶中。此溶液 20℃ 时，pH 为 4.00。

（2）磷酸盐标准缓冲溶液　称取在 105℃ 烘干 2 小时的磷酸二氢钾（KH_2PO_4）3.40g 和磷酸氢二钠（Na_2HPO_4）3.55g，溶于水中，并稀释至 1L，储存于塑料瓶中。此溶液 20℃ 时，pH 为 6.88。

（3）硼酸钠标准缓冲溶液　称取四硼酸钠（$NaB_4O_7 \cdot 10H_2O$）3.81g，溶于水中，稀释至 1L，储存于塑料瓶中。此溶液 20℃ 时，pH 为 9.22。

【仪器和设备】

精密酸度计（精 0.02），复合电极或玻璃电极和甘汞电极；磁力搅拌器（附有加温控制功能）；烧杯（50ml）；天平。

【分析步骤】

1. 样品处理

（1）直测法　将适量包装容器中的样品放入烧杯中待用或将小包装去盖后直接将电极插入其中。（此法不适用于粉类、油基类及油包水型乳化体化妆品）

（2）稀释法　称取样品 1 份（精确到 0.1g），加不含 CO_2 的去离子水 9 份，加热至 40℃，并不断搅拌至均匀，冷却至室温，作为待测溶液。

如为含油量较高的产品，可加热至 70 ~ 80℃，冷却后去油块待用；粉状产品可沉淀过滤后待用。

2. 测定

（1）电极活化　复合电极或玻璃电极在使用前应放入水中浸泡 24 小时以上。

（2）校准仪器　选用与样品 pH 相接近的两种标准缓冲溶液在所规定的温度下进行校准或在温度补偿条件下进行校准。

（3）样品测定　用水洗涤电极，用滤纸吸干后，将电极插入被测样品中，启动搅拌器，待酸度计读数稳定 1 分钟后，停止搅拌器，直接从仪器上读出 pH 值。测试两次，误差范围 ±0.1，取其平均读数值。测定完毕后，将电极用水冲洗干净，其中玻璃电极浸在水中备用。

任务三　电位滴定法

一、电位滴定法的原理与特点

电位滴定法是以指示电极、参比电极与试液组成原电池，然后滴加滴定剂，通过测量滴定过程中电动势变化以确定滴定终点的方法，其装置如图 1-6 所示。与直接电位法相比，电位滴定法不需要准确的测量电极电位值，因此，温度、液体接界电位的影响并不重要，其准确度优于直接电位法。普通滴定法是依靠指示剂颜色变化来指示滴定终点，如果待测溶液有颜色或浑浊时，指示终点就比较困难，或者根本找不到合适的指示剂。电位滴定法是借助指示电极电势的突变确定滴定终点，因此不受溶液颜色、浑浊等限制。

电位滴定法的特点如下。

1. 滴定突跃不明显或试液有色，用指示剂指示终点有困难或无合适指示剂时，可采用电势滴定法。

2. 准确度高，相对误差可低至 0.2%。

3. 可以用于非水溶液的滴定。

4. 能用于连续滴定和自动滴定，并适用于微量分析。

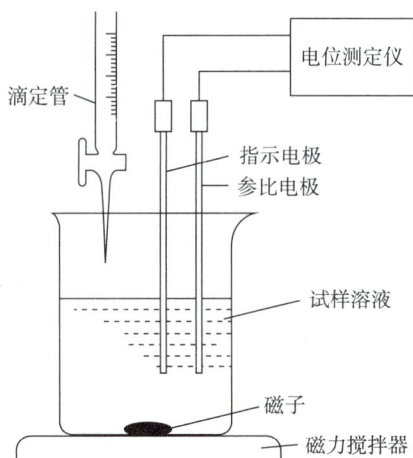

图 1-6　电位滴定装置示意图

二、确定滴定终点的方法

进行电位滴定过程中，从滴定管中逐步滴入标准溶液，并边滴定边记录加入标准溶液的体积 V（ml）和相应的电势计读数 E。在化学计量点附近，每加 0.05 ~ 0.10ml 标准溶液记录一次电动势数据。

电位滴定确定终点的方法有图解法和二阶微商内插法。根据作图的方法不同，图解法分为 $E-V$ 曲线法、$\frac{\Delta E}{\Delta V}-\bar{V}$ 曲线法、$\frac{\Delta^2 E}{\Delta^2 V}-V$ 曲线法。

1. $E-V$ 曲线法　以标准溶液的加入体积 V 作为横坐标，电动势 E 为纵坐标，绘制 $E-V$ 曲线如图

1 - 7（a）所示，曲线上的转折点对应的体积即为滴定终点体积。若突跃不明显，可绘制一级微商曲线来确定。

2. $\frac{\Delta E}{\Delta V} - \overline{V}$ **曲线法** 又称一阶微商法。$\frac{\Delta E}{\Delta V}$ 表示滴定剂单位体积的变化值引起电动势的变化值，$\overline{V}$ 表示相邻两次加入滴定剂体积的算术平均值。以 $\overline{V}$ 为横坐标，$\frac{\Delta E}{\Delta V}$ 为纵坐标绘制 $\frac{\Delta E}{\Delta V} - \overline{V}$ 曲线如图 1 - 7（b），曲线最高点即为滴定终点，由最高点引横轴的垂线，交点就是消耗滴定剂的体积。

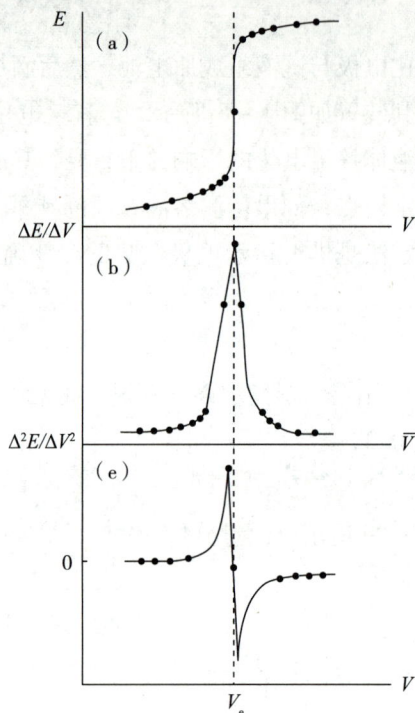

图 1 - 7 电位滴定曲线图

3. $\frac{\Delta^2 E}{\Delta^2 V} - V$ **曲线** 又称一阶 $\frac{\Delta E}{\Delta V} - \overline{V}$ 微商法。$\frac{\Delta^2 E}{\Delta^2 V}$ 表示滴定剂单位体积变化值引起 $\frac{\Delta E}{\Delta V}$ 的变化值。以滴定剂体积 V 为横坐标，$\frac{\Delta^2 E}{\Delta^2 V}$ 为纵坐标绘制 $\frac{\Delta^2 E}{\Delta^2 V} - V$ 曲线如图 1 - 7（c），$\frac{\Delta^2 E}{\Delta^2 V} = 0$ 所对应的体积即为滴定终点体积。

三、电位滴定应用

按照滴定反应的类型，电位滴定可用酸碱滴定、沉淀滴定、配位滴定、氧化还原滴定。在不同的电位滴定时，使用不同的指示电极。

1. 酸碱滴定时使用 pH 玻璃电极为指示电极，饱和甘汞电极为参比电极，用 pH 计测定滴定过程中溶液 pH 的变化，可以绘制滴定曲线，确定滴定终点。

（1）在醋酸介质中用 $HClO_4$ 滴定吡啶。

（2）在乙醇介质中用 HCl 溶液滴定三乙醇胺。

（3）在异丙醇和乙二醇混合溶液中 HCl 溶液滴定苯胺和生物碱。

（4）在二甲基甲酰胺介质中可滴定苯酚。

（5）在丙酮介质中可以滴定高氯酸、盐酸、水杨酸混合物。

2. 在沉淀滴定中，可以用银电极作指示电极，饱和甘汞电极为参比电极，用硝酸银标准溶液可滴定卤素离子。

3. 在氧化还原滴定中，可以用铂电极作指示电极，参比电极为甘汞电极，使用高锰酸钾标准溶液可滴定 I^-、NO_3^-、Fe^{2+}、$C_2O_4^{2-}$ 等；使用 $K_2Cr_2O_7$ 标准溶液可滴定 Fe^{2+}、Sn^{2+}、I^-、Sb^{3+} 等。

4. 在配合滴定中，若用 EDTA 作滴定剂，可以用汞电极作指示电极，参比电极为甘汞电极，使用标准溶液 EDTA 可测定 Cu^{2+}、Zn^{2+}、Ca^{2+}、Mg^{2+}、Al^{3+}；还可使用钙离子选择性电极作指示电极，可滴定 Ca^{2+}。

电位滴定法测定简便快速，适用于大量样品的常规分析，并可实现自动化和连续测定。因此用途十分广泛。可应用于酸碱滴定、氧化还原滴定、沉淀滴定、配位滴定等各类滴定分析中。

实训二　电位滴定法测直发产品中游离氢氧化物的含量

本方法规定了电位滴定法测定化妆品中游离氢氧化物（氢氧化钠和氢氧化钾均以氢氧化钠计）的含量。适用于各种不同类型直发产品中游离氢氧化物的测定。

样品中的氢氧化物与盐酸发生中和反应，电极电位发生变化，滴定终点确定为 pH 9.2，根据盐酸标准溶液的用量，计算样品中氢氧化物的含量。

本方法对氢氧化物的检出限为 0.20mg，取样量为 2g 时，最低检出浓度为 0.01%。

【试剂和材料】

盐酸标准溶液（$c = 0.100mol/L$）。

【仪器和设备】

精密酸度计（复合电极或玻璃电极与饱和甘汞电极）；磁力搅拌器；天平；酸式微量滴定管。

【分析步骤】

1. 定性检验

（1）样品处理　称取 1g（精确到 0.001g）加入 9ml 水，置于 25ml 烧杯中，加入一个搅拌子，在磁力搅拌器上搅拌至样品均匀地分散在水中（如不均匀，再超声分散样品 5～10 分钟）作为 pH 定性检测溶液。

（2）pH 测定　用校准的 pH 计测定待测溶液，如果 pH≥11，则进行下述定量测定。

2. 定量测定　称取样品 1～2g（精确到 0.001g）于 150ml 烧杯中，如果含有氨味，加入几粒小的浮石或小玻璃珠，置于真空干燥器中，用真空泵抽 3 小时（若用水泵抽，约需 4 小时）直至样品不再有氨味，加入水 100ml，加入搅拌子，在磁力搅拌器上搅拌至样品均匀地分散在水中（如不均匀，再在超声清洗器上，超声分散样品 5～10 分钟）待测，边搅拌边用盐酸标准溶液滴定（滴定速度不宜快），当 pH 接近 9.6 时滴定要慢，多搅拌，当 pH 到 9.2 时停止搅拌，准确读取盐酸标准溶液的用量。

3. 分析结果的表述

$$\omega = \frac{40 \times c \times V \times 100}{m \times 1000}$$

式中，ω—样品中氢氧化物的质量分数,%；c—盐酸标准溶液的浓度，mol/L；V—滴定所消耗盐酸标准溶液的体积，ml；m—样品取样量，g；40—氢氧化物的摩尔质量，g/mol。

任务四 永停滴定法

一、永停滴定法的原理与特点

永停滴定法又称双安培滴定法或双电流滴定法，是根据滴定过程中电流的变化确定滴定终点的方法，属于电流滴定法。电流滴定法与电位滴定法不同：电位滴定法是建立在原电池基础上的电化学分析方法，而电流滴定法是建立在电解池基础上的电化学分析方法。

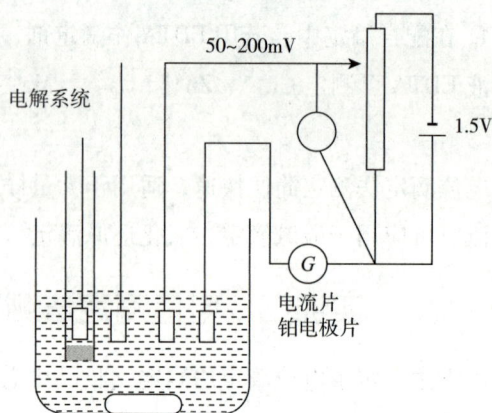

图 1-8 永停滴定法装置示意图

永停滴定法的装置如图 1-8 所示。将两支相同的铂电极插入待测溶液，在电极间加一低电压（例如 50mV），并在线路中串联一个电流计组成电解池。在搅拌过程中进行滴定，观察滴定过程中电流计的指针变化情况判断终点。也可以记录加入标准溶液的体积（V）和相应的电流（I），绘制 I-V 滴定曲线（图 1-9）来确定滴定终点。

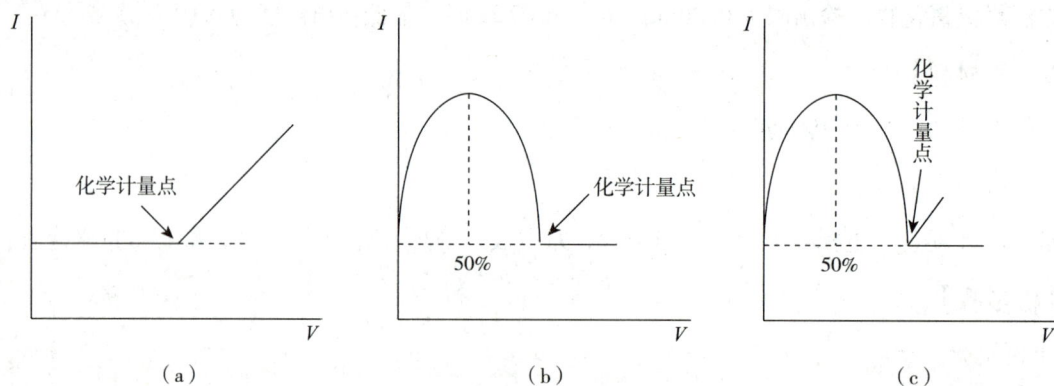

图 1-9 永停滴定曲线

（a）滴定剂为可逆电对，待测物为不可逆电对　（b）滴定剂为不可逆电对，待测物为可逆电对
（c）滴定剂、被测物均为可逆电对

铂电极属于惰性电极，其电极电势取决于溶液中氧化还原电对的浓度比。氧化还原电对分为可逆电对和不可逆电对。

1. 可逆电对　在氧化还原反应的任一瞬间都能建立起氧化还原平衡，其电极电势符合 Nernst 方程，这样的电对称为可逆电对。如 I_2/I^- 组成的电对，其溶液与双铂电极组成电解池，当给予很小的外加电压时，接正极端的铂电极发生氧化反应：

$$2I^- - 2e = I_2$$

接负极端的铂电极发生还原反应：

$$I_2 + 2e = 2I^-$$

两个电极上同时发生反应，电池有电流通过。电流的大小取决于浓度较低的氧化态或还原态，当氧化态和还原态的浓度相等时，电流最大。

2. 不可逆电对　在氧化还原反应的任一瞬间不能建立起氧化还原平衡，其电极电势与 Nernst 方程理论电位相差较大，溶液与双铂电极组成电解池，当给予很小的外加电压时不能发生电解，无电流通过，这样的电对称为不可逆电对。如 $S_4O_6^{2-}/S_2O_3^{2-}$、MnO_4^-/Mn^{2+}、$Cr_2O_7^{2-}/Cr^{3+}$ 等。

如 $S_4O_6^{2-}/S_2O_3^{2-}$ 组成的电对，其溶液与双铂电极组成电池，当给予很小的外加电压时，接正极端的铂电极发生氧化反应：

$$2S_2O_3^{2-} - 2e = S_4O_6^{2-}$$

接负极端的铂电极不发生还原反应，因此无电流产生。

永停法就是依据在很小的外加电压时，溶液中有可逆电对产生电流，没有可逆电对没有电流，电流的突变点就是滴定终点。

二、滴定类型

1. 可逆电对滴定不可逆电对　滴定开始至化学计量点前，溶液中只有不可逆电对，因此无电解反应，无电流产生，电流表指针在零位置几乎不动；化学计量点后，加入稍过量的滴定剂，反应不再进行，溶液中出现可逆电对，电极上发生电解反应产生电流，随着滴定剂过量体积增多，电流逐渐增大，滴定过程中 I–V 曲线见图 1–9（a）。电流的转折点对应的体积为滴定终点的体积。

2. 不可逆电对滴定可逆电对　滴定开始至化学计量点前，溶液中有可逆电对存在，因此有电解反应，有电流产生，随着滴定剂的加入，被滴定物质浓度也来越小，可逆电对产生的电流逐渐变小。达到化学计量点时，反应刚好完成，电流为零。化学计量点后，加入稍过量的滴定剂，反应不再进行，溶液中出现不可逆电对，电极上没有电解反应，电流仍旧为零，滴定过程中 I–V 曲线见图 1–9（b）。电流的转折点对应的体积为滴定终点的体积。

3. 可逆电对滴定可逆电对　滴定开始前，溶液中只有一种价态没有形成电对，故无电流产生；滴定开始后，溶液中出现了可逆电对，产生电流，随着滴定进行，电流逐渐增大；当氧化态和还原态的浓度相等时，电流最大。继续滴定至化学计量点时，被测溶液反应完全，电流降至最低点；化学计量点后，滴定液体积增多又出现可逆电对，电极上发生电解反应产生电流，随着滴定剂过量体积增多，电流逐渐增大，滴定过程中 I–V 曲线见图 1–9（c）。电流的转折点对应的体积为滴定终点的体积。

永停滴定法装置简单，准确度高，终点容易观察，已成为氧化还原滴定中重氮化滴定及卡氏水分测定等确定终点的重要方法，并广泛应用于药物分析中。

目标检测

答案解析

一、选择题

1. 电位分析法中的参比电极应满足的要求是
   A. 其电位值与温度无关　　　　　　　B. 其电位值与待测组分浓度无关
   C. 其电位值为零　　　　　　　　　　D. 无液接电位

2. 电位分析法中指示电极的关键部位是
   A. 内参比电极　　　B. 内参比溶液　　　C. 敏感膜　　　D. 电极支持体

3. 在测量 pH 时，常用的指示电极和参比电极分别是
   A. 玻璃电极，银电极　　　　　　　　B. 玻璃电极，银/氯化银电极
   C. Pt 电极，甘汞电极　　　　　　　　D. Pt 电极，银/氯化银电极

4. 甘汞电极的电极电位与哪种有关

A. 氯离子　　　　　　　B. 氢离子　　　　　　　C. 氯化银　　　　　　　D. Cl_2分压

5. pH玻璃电极在使用前必须在水中浸泡的原因是

A. 消除液接电位　　　　　　　　　　B. 减小液接电位

C. 减小不对称电位，使电极稳定　　　D. 清洗电极

6. 关于离子选择电极的选择性系数，下列叙述中正确的是

A. 选择性系数Kij越大，则离子选择性电极的选择性越好

B. 可以用选择性系数Kij来校正测量误差

C. 可以用选择性系数估量测定过程中由于干扰离子引起的误差

D. Kij可以通过理论计算得到

7. 离子选择电极中，氟电极属于

A. 晶体膜电极　　　　B. 刚性基质电极　　　　C. 液膜电极　　　　D. 敏化电极

8. 一价离子选择性电极与二价离子选择性电极相比

A. 直接测量误差更小　　　　　　　　B. 灵敏度更高

C. 响应更快　　　　　　　　　　　　D. 线性范围更广

9. 有关电位滴定，下列说法错误的是

A. 比指示剂指示终点更客观

B. 比指示剂终点指示方法适用试样范围更广泛

C. 比直接电位测定法更准确

D. 比直接电位测定法更快速

10. 电位滴定中，确定滴定终点正确的方法是

A. 绘制 E－V 曲线，曲线最高点为滴定终点

B. 绘制一级微商曲线，曲线乖点为滴定终点

C. 计算二级微商，二级微商零点对应的体积数为滴定终点

D. 以上方法都不正确

二、简答题

1. 比较电位滴定和永停滴定法的异同点。

2. 什么是参比电极和指示电极？它们在测定时各起什么作用？

3. 什么是可逆电对和不可逆电对？

三、计算题

1. 25℃时，将 pH 玻璃电极与饱和甘汞电极浸入 pH 6.87 的标准缓冲溶液中，测得电动势为 0.386V，将该电极浸入到待测 pH 溶液中，测得电动势为 0.508V，计算待测溶液的 pH。

2. 用电位滴定法测定苯巴比妥（$C_{12}H_{12}N_2O_3$）含量时，称取样品 0.2201g，加入甲醇 40ml 和 3% 碳酸钠溶液 15ml 溶解，用 0.1002mol/L 硝酸银标准溶液滴定，终点时消耗标准溶液 9.21ml，计算苯巴比妥含量。

书网融合……

项目小结

习题

项目二　紫外 – 可见吸收光谱法

岗位情景模拟

情景描述　甲醛在化妆品中是被禁止使用的。甲醛是一种有害物质，对人体健康有潜在危害，可能引发过敏反应或刺激性问题。二氧化钛是化妆品中最常用的物理防晒剂，但防晒类化妆品中该物质的总使用量不应超过25%。假设您是一名化妆品质量检测人员，需要测定某个化妆品总甲醛的浓度，或是测定防晒产品中物理防晒剂二氧化钛的含量。

讨论　1. 您会采用什么方法进行测定？

　　　　2. 您会依据什么标准确定其含量是否在安全范围内？

任务一　初识紫外 – 可见吸收光谱法

PPT

一、电磁波谱分类

在空间传播着的交变电磁场即电磁波，又称电磁辐射。光是一种电磁波。除可见光外，还有许多肉眼看不到的如紫外光、红外光、X 射线、γ 射线、微波和无线电波等。广义上说，凡是涉及电磁辐射与物质的相互作用的仪器分析都称为光学分析法。

电磁波的范围很广。为了对各种电磁波有全面的了解，人们按照波长或频率、波数、能量的顺序把这些电磁波排列起来，即电磁波谱。

依照波长的长短以及波源的不同，电磁波谱分类见表2-1。

表2-1 电磁波谱

光谱区	波长范围	原子或分子的运动形式
X射线	0.1~10nm	原子内层电子的跃迁
远紫外光	10~200nm	分子中原子外层电子的跃迁
近紫外光	200~380nm	分子中原子外层电子的跃迁
可见光	380~780nm	分子中原子外层电子的跃迁
近红外光	780nm~2.5μm	分子中涉及氢原子的振动
中红外光	2.5~50μm	分子中原子的振动及分子转动
远红外光	50~300μm	分子的转动
微波	0.3mm~1m	电子自旋
无线电波	1~1000m	核磁共振

注：①波长范围的划分并不是很严格，不同文献会有差异。②紫外-可见光区主要指近紫外到可见光区200~780nm光谱区。

根据物质与辐射能作用性质的不同，光学分析法又可分为光谱法和非光谱法两类。本节主要介绍光谱法。

光谱法（spectrometry）是基于物质与电磁辐射作用时，测量由物质内部发生量子化的能级之间的跃迁而产生的发射、吸收或散射辐射的波长和强度进行分析的方法。光谱法可分为原子光谱法和分子光谱法。

原子光谱法是由原子外层或内层电子能级的变化产生的，其表现形式为线光谱。属于这类分析方法的有原子发射光谱法（AES）、原子吸收光谱法（AAS），原子荧光光谱法（AFS）及X射线荧光光谱法（XFS）等。

分子光谱法是由分子中电子能级、振动能级和转动能级的变化产生的，表现形式为带状光谱。属于这类分析方法的有紫外-可见分光光度法（UV-Vis）、红外光谱法（IR）、分子荧光光谱法（MFS）和分子磷光光谱法（MPS）等。

🔗 知识链接

光谱仪的发明为科学家擦亮双眼

1859年，德国著名物理学家本生（Robert Wilhelm Bunsen，1811—899）和基尔霍夫（Gustav Rober Kirehit，1824—1887）合作设计了世界上第一台光谱仪，并利用这台仪器系统地研究各物质产生的光谱，创建了光谱分析法。

1860年他们用这种方法在狄克费姆矿泉水中发现了新元素铯，1861年又用此仪器分析萨克森地方的一种鳞状云彩母矿，发现了新元素铷。从此，光谱分析不仅成为化学家手中重要的检测手段，同时也成为物理学家、天文学家开展科学研究的重要武器。

二、紫外-可见吸收光谱的产生

紫外-可见分光光度法是基于分子内价电子在不同的分子轨道之间跃迁产生的吸收光谱，同时还伴随着分子振动能级和转动能级的跃迁。因此，分子的电子光谱中包含不同振动能级和不同转动能级产生的谱线，形成了连续的吸收带，即带状光谱。本部分主要介绍紫外－可见分光光度法，通过测定被测物质的分子或离子在紫外－可见光波长范围内（200～760nm）物质的吸光度，用于鉴别、杂质检查和定量测定的方法。该法灵敏度高、准确度高、选择性好、操作简便、测定快速、应用广泛。

任务二　紫外－可见吸收光谱法的基本原理

一、紫外－可见光区的电子跃迁

分子中的价电子包括可形成单键的 σ 电子、双键的 π 电子、未成键的 n 电子。两个原子形成分子时，两个原子的原子轨道可线性组合得到与原子轨道数目相等的分子轨道，其中一个分子轨道能量低于组合前的原子轨道称为成键轨道（如 σ、π）；与之相反，高于组合前的原子轨道的分子轨道称为反键轨道（σ^*、π^*），不成键的电子组成非键轨道。π 键的键能低于 σ 键，跃迁时需要的能量低，非键轨道基本保持原有状态的能级，介于成键轨道与反键轨道能量之间。

1. 电子跃迁类型　在紫外－可见光区，有机物的吸收光谱主要有四种电子跃迁类型；无机化合物的跃迁有电荷迁移跃迁和配位场跃迁。

（1）$\sigma \rightarrow \sigma^*$ 跃迁　处于 σ 成键轨道上的电子吸收能量后跃迁到 σ^* 反键轨道。分子中 σ 键较为牢固，跃迁需要较大能量，吸收峰在远紫外区。饱和烷烃的 C—C 键只有 σ 键，发生 $\sigma \rightarrow \sigma^*$ 跃迁，吸收峰波长一般都小于 150nm，如甲烷的 λ_{max} 为 125nm，乙烷 λ_{max} 为 135nm。这类物质在紫外光谱分析中常用作溶剂。

（2）$\pi \rightarrow \pi^*$ 跃迁　处于 π 成键轨道上的电子吸收能量后跃迁到 π^* 反键轨道，所需能量小于 $\sigma \rightarrow \sigma^*$ 跃迁。孤立双键的 $\pi \rightarrow \pi^*$ 跃迁一般发生在波长 200nm 左右，其特征是吸光系数一般大于 10^4，为强吸收。例如 $CH_2=CH_2$ 吸收峰在 165nm，吸光系数为 10^4；具有共轭双键的化合物，相邻的 π 键相互作用使电子容易激发，发生 $\pi \rightarrow \pi^*$ 跃迁需要生物能量减少，如丁二烯的 λ_{max} 为 217nm，共轭键越长，跃迁所需能量越小。

（3）$n \rightarrow \pi^*$ 跃迁　含有杂原子的不饱和基团，如 >C=O、>C=S、—N=N— 等化合物发生此类跃迁，这种跃迁一般发生在近紫外区（200nm～400nm）。吸收强度弱，吸收系数在 10～100。例如丙酮的 λ_{max} 为 279nm，吸收系数为 10～30。

（4）$n \rightarrow \sigma^*$ 跃迁　含有—OH、—NH_2、—X、—S 等基团的饱和化合物，其杂原子中的孤对电子吸收能量发生此类跃迁，这种跃迁吸收峰一般在 200nm 左右。甲醇和甲胺的 λ_{max} 分别为 183nm 和 230nm。

（5）电荷迁移跃迁　不少无机化合物会在电磁辐射的照射下，电子从给予体向接受体相联系的轨道上跃迁，产生电荷转移吸收光谱。配合物的金属中心离子（M）具有正电荷中心，是电子接受体，配位体（L）具有负电荷中心，是电子给予体，当化合物接收辐射能量时，电子由配位体的电子轨道跃迁至金属离子的电子轨道，这种跃迁实质上是配位体与金属离子之间发生分子内的氧化－还原反应。电荷迁移跃迁吸收光谱的谱带较宽，吸收强度大。

（6）配位场跃迁　元素周期表中第四、五周期的过渡金属分别含有 3d 和 4d 原子轨道，镧系和锕系分别含有 4f 和 5f 原子轨道。在与配体形成配合物时，过渡金属 d 轨道的五个简并轨道和 f 轨道的七个简并轨道，分别被分裂成几组能量不等的 d 轨道和 f 轨道。当配合物吸收辐射能量后，处于低能态的 d 电子或 f 电子分别跃迁到高能态的 d 或 f 轨道上，分别成为 d-d 跃迁或 f-f 跃迁。这类跃迁是在配位场作用下才可能发生，因此称为配位场跃迁。配位场跃迁吸光系数一般小于 10^2，位于可见光区。

二、紫外-可见吸收光谱

1. 吸收光谱   可见光波长是在 380～780nm 之间，由紫、蓝、青、绿、黄、橙、红七色光组成。当一束白光通过溶液时，如果溶液中的物质对所有波长的可见光均不吸收，则入射光全部通过，溶液呈无色透明状态；如果溶液选择性地吸收可见光中的某一色光，而让其他未被吸收的色光通过，则溶液会呈现出其互补色。互补色按一定的比例混合得到白光。如蓝光和黄光混合得到的是白光，青光和红光混合得到的也是白光。互补色示意图见图 2-1。

图 2-1   光的互补色示意图

依次将不同波长的光通过某一溶液，测定溶液对不同波长的光的吸收程度为吸光度 （A） （absorbance），以波长 λ 为横坐标，以对应的吸光度 A 为纵坐标绘制曲线，称为吸收光谱曲线，简称吸收光谱 （absorption spectrum） 或吸收曲线 （图 2-2）。通过此曲线可获知物质的最大吸收波长 λ_{max}。一般定量分析应选用 λ_{max} 时进行测定，此时灵敏度最高。同种物质浓度不同时，其最大吸收波长 λ_{max} 及吸收曲线形状不会改变，只是吸光度随浓度的增加而增大。不同的物质结构不同，对相同波长的光吸收程度不一样，因此每种物质都有自己的特征吸收光谱，可初步作为物质定性分析的依据。

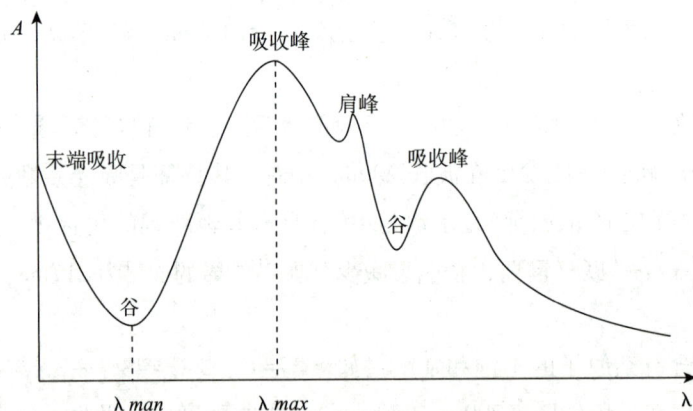

图 2-2   物质的紫外-可见吸收光谱示意图
1—吸收峰；2—谷；3—肩峰；4—末端吸收

2. 有关术语   吸收光谱特征用下列术语描述。

（1） 吸收峰   曲线上吸光度比左右相邻都高的位置称为吸收峰 （数字 1），对应的波长称为最大吸收波长。

（2） 吸收谷   曲线上吸光度比左右相邻都低的位置称为吸收谷 （数字 2），对应的波长称为最小吸收波长。

（3） 肩峰   在吸收峰和吸收谷之间，现状像肩的小曲折称为肩峰 （数字 3）。

（4） 末端吸收   在谱图短波端呈现强吸收而不形成峰形的地方 （数字 4）。

（5） 生色团   分子中含有能对光辐射产生吸收、具有跃迁的不饱和基团及其相关的化学键。某些有机化合物分子中存在含有不饱和键的基团，如 >C=O、>C=S、—N=N—、>C=C< 等，能够在

紫外及可见光区域内产生吸收，且吸收系数较大，这种吸收具有波长选择性，吸收某种波长（颜色）的光，而不吸收另外波长（颜色）的光，从而使物质显现颜色，所以称为生色团，又称发色团。

（6）助色团　含有非成键 N 电子的杂原子饱和基团，如—OH、—NH₂、—OR、—SH、—SR、—Cl、—Br、—I 等。它们本身在紫外 - 可见光范围内不产生吸收，但当它们与生色团或饱和烃相连时，能使该生色团的吸收峰向长波方向移动，并使吸收强度增加的基团。

（7）红移和蓝移　由于化合物的结构改变，使吸收峰向长波方向移动，即波长变长、频率降低，也称长移。

有机化合物的谱带常因取代基的变化和改变溶剂量使最大波长 λ_{max} 和吸收强度发生改变，吸收峰向最短波方向移动时称为蓝移，也称短移。

（8）增色效应和减色效应　由于化合物结构改变或其他原因，使吸收强度增加的效应，称为增色效应或浓色效应；使吸收强度减弱的效应，称为减色效应或淡色效应。

（9）强带和弱带　化合物的紫外 - 可见吸收光谱中，摩尔吸光系数大于 10^4 的吸收峰称为强带，小于 10^2 的吸收峰称为弱带。

三、光吸收基本定律

朗伯 - 比尔（Lambert - Beer）定律是光吸收基本定律，描述了物质对单色光的吸光度与溶液的浓度和液层的厚度之间的关系，是吸收光谱法（包括紫外 - 可见吸收光谱法、红外吸收光谱法、原子吸收光谱法）的定量基础。

1. 朗伯 - 比尔（Lambert - Beer）定律　当一束强度为 I_0 的平行单色光照射厚度为 b 的均匀介质、无散射的吸光物质溶液时，一部分光被吸收，剩余部分从溶液透过，光强度降至 I_t，在入射光的波长、强度以及溶液的温度保持不变的条件下，该溶液的吸光度 A 与溶液的浓度及溶液液厚度的乘积成正比（图 2 - 3）。

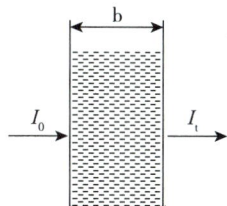

图 2 - 3　光束照射溶液示意图

其数学表达式为：

$$A = \lg \frac{I_0}{I} = -\lg T = Kbc \tag{2-1}$$

式中，透射光的强度 I_t 与入射光的强度 I_0 的比值称为透光率或透光度，用 T 表示，即：$T = \dfrac{I_t}{I_0}$；b 为液层厚度，单位为 cm；K 为吸光系数，c 为溶液浓度。

使用朗伯 - 比尔（Lambert - Beer）定律时有两个基本假设：①入射光是单色光；②吸光粒子是独立的，彼此间无相互作用（一般稀溶液能很好服从该定律）。

朗伯 - 比尔（Lambert - Beer）定律不仅适用于可见光区，也适用于紫外和红外光区，不仅适用于溶液，也适用于气态或固态的均匀非散射的吸光物质。若将它应用于多组分体系，如果各组分吸光物质之间没有相互作用，则体系的总吸光度等于各个组分吸光度之和。

$$A_{总} = A_1 + A_2 + \cdots + A_n = \varepsilon_1 bc_1 + \varepsilon_2 bc_2 + \cdots + \varepsilon_n bc_n \tag{2-2}$$

利用这个关系式可以进行多组分混合物质的分析测定。

2. 吸光系数 吸光系数的物理意义是吸光物质在单位浓度、单位液层厚度时的吸光度。在给定单色光、溶剂和温度等条件下，吸光系数是与 b 和 c 无关的一个物质特性常数。不同的物质，对同一波长的入射光有不同的吸光系数。同一种物质，波长不变，吸光系数就不变。吸光系数愈大，表明该物质的吸光能力愈强，灵敏度愈高。

一般采用物质在最大吸收波长（λ_{max}）时的吸光系数，作为一定条件下衡量反应灵敏度的特征常数。其中所采用的单位决定于 b 和 c 所采用的单位。

（1）摩尔吸光系数 ε 摩尔吸光系数是指当吸光物质的浓度为 1mol/L，吸收池厚度为 1cm，以一定波长的光（单色光）通过时所产生的吸光度，用 ε 表示。此时 Lambert–Beer 定律表达为：

$$A = \varepsilon bc \tag{2-3}$$

摩尔吸光系数 ε 的值是通过实验测定的，但不能直接测得，由于 1mol/L 溶液浓度过高，一般采用准确浓度的稀溶液显色后，测其吸光度，再计算 ε 值。一般认为，$\varepsilon < 10^2$，则反应灵敏度很低；ε 在 $10^4 \sim 10^5$ 属中等灵敏度；$\varepsilon > 10^5$ 属高灵敏度。若 $\varepsilon > 2 \times 10^5$ 溶液的颜色较深，属超高灵敏度。

（2）百分吸光系数 $E_{1cm}^{1\%}$ 百分吸光系数是指在一定波长下，溶液浓度为 1g/100mL，吸收池厚度为 1cm 时的吸光度，用 $E_{1cm}^{1\%}$ 表示。此时 Lambert–Beer 定律表达为：

$$A = E_{1cm}^{1\%} bc \tag{2-4}$$

（3）两种吸光系数之间的关系 同种物质在指定波长条件下，两个吸光系数间可以按下式换算：

$$E_{1cm}^{1\%} = \frac{\varepsilon \times 10}{M} \tag{2-5}$$

式中，M 为吸光物质的摩尔质量。

例 2-1 已知某化合物的相对分子量为 312，将其配成 0.010mmol/L 的溶液后，用 1.00cm 比色皿，在分光光度计 548nm 波长处测得其透光率为 51%，计算百分吸光系数和摩尔吸光系数。

解：化合物的吸光度：

A = -lgT = -lg0.56 = 0.292

$$\varepsilon = \frac{A}{bc} = \frac{0.292}{1.00 \times 0.010 \times 10^{-3}} = 2.92 \times 10^6 \text{L/(mol·cm)}$$

$$E_{1cm}^{1\%} = \frac{\varepsilon \times 10}{M} = \frac{2.92 \times 10^6 \times 10}{312} = 9.36 \times 10^4 \text{cm}^{-1}$$

3. 偏离朗伯–比尔定律的因素 利用朗伯–比尔定律进行定量分析时，液层的厚度 b 是相同的，吸光系数为常数，因此浓度 c 与吸光度 A 之间的关系应是一条通过原点的直线。而事实上，特别是当溶液浓度较高时，会出现偏离标准曲线的弯曲现象（图 2-4），偏离的主要因素表现在光学和化学两个方面。

若溶液的实际吸光度比理论值大，称正偏离 Beer 定律；实际吸光度比理论值小，称负偏离 Beer 定律。

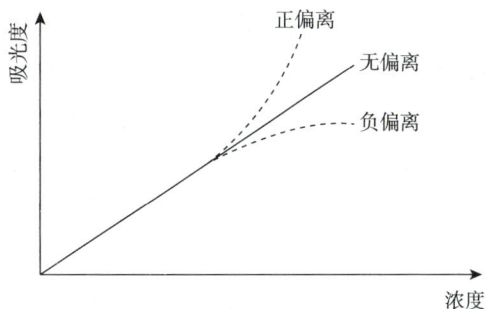

图 2 - 4 偏离 Beer 定律示意图

（1）光学因素

1）非单色光影响　Lambert - Beer 定律要求入射光是单色光，但一般仪器的单色器分离出来的光具有一定谱带宽度，即包含所需波长和附近波长的光，由于物质对不同波长的光吸收系数不同，使吸光度偏离 Lambert - Beer 定律。

2）杂散光　杂散光是指从单色器分离出来不在入射光谱带范围之内，与所选波长相距较远的光。杂散光一般来源于仪器本身的缺陷、仪器的使用不当或光学元件污染侵蚀。杂散光也可以使光谱变形。

3）散射光和反射光　吸光质点的直径大于入射光波长时，微粒质点对入射光有散射作用，入射光在吸收池内外界面之间通过时又有反射作用。散射光和反射光均是入射光谱带宽度内的光，对透射光强度减小，吸光度增大，吸收光谱变形。一般情况下，可用空白对比校准消除。

4）非平行光　通过单色器分离出来的光一般都不是真正的平行光，倾斜光通过吸收池使实际光程变长，增大液层厚度，吸光度增大，吸收光谱变形。

（2）化学因素　Lambert - Beer 定律的使用要求溶液是稀溶液，溶液中溶质会因浓度改变发生解离、缔合，与溶剂相互作用使 A - c 关系偏离。例如 $K_2Cr_2O_7$ 溶液在水中存在转化反应：$Cr_2O_7^{2-} + H_2O \Longleftrightarrow CrO_4^{2-} + H^+$，当溶液稀释 2 倍时，$Cr_2O_7^{2-}$ 因为平衡移动浓度减小超过 2 倍，导致结果偏离 Lambert - Beer 定律。

（3）透光率测量误差　透光率测量误差 $\triangle T$ 是测量中的随机误差，主要来自于仪器噪音。与光信号无关的称为暗噪音；与光信号强弱有关的称为散粒噪声。测量结果浓度与透光率之间的关系为：

$$- \lg T = Ebc$$

$$c = \frac{\lg \frac{1}{T}}{Eb} \qquad (2-6)$$

微分后除以上式，可得浓度的相对误差 $\triangle c/c$ 为：

$$\frac{\triangle c}{c} = \frac{0.434 \triangle T}{T \lg T}$$

任务三　紫外 - 可见分光光度计

一、紫外 - 可见分光光度计的构造

基于 Lambert - Beer 定律的方法称为光度分析法（或吸光分析法），它包括光电比色法和分光光度法。目前，普遍使用的是用分光光度计测量物质的分光分度法。下面重点介绍紫外 - 可见分光光度计的

原理及装置。

分光光度计种类和型号繁多，但其基本结构和原理相似，普通紫外－可见光度计主要部件依次有光源、单色器、吸收池（样品池）、检测器、记录装置（读出装置）五个部分组成。

1. 光源　分光光度计要求有能发射强度足够且稳定的、具有连续光谱的光源。使用双光源，紫外光区常用氘灯或氢灯，可发射 $150 \sim 375nm$ 的连续光谱；可见光区常用钨灯，可发射 $350 \sim 800nm$ 的连续光谱。绝大多数仪器都通过一个动镜实现光源之间的平滑切换，可以平滑地在全光谱范围扫描。

2. 单色器　光源发出的光通过光孔调制成光束，然后进入单色器；单色器的作用是将来自光源的复色光按波长顺序色散，并从中分离出单色光。单色器由狭缝、准直镜及色散元件组成，原理如图 2－5 所示。

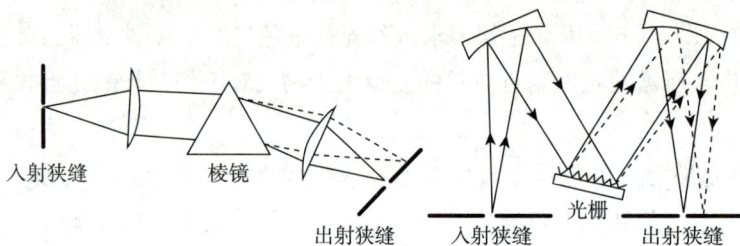

入射狭缝　　　棱镜　　　　　　　出射狭缝　　入射狭缝　　光栅　　出射狭缝

图 2－5　单色器光路示意图

色散元件的作用是使各种不同波长的复合光分散为单色光，常用的色散元件有棱镜和衍射光栅。目前仪器较多的使用光栅，取代了棱镜。

（1）棱镜　棱镜对不同波长的光有不同的折射率。棱镜材料有玻璃和石英两种。玻璃对可见光的色散比石英好，但不能透过紫外光；石英对紫外光有很好的色散作用，在可见光区却不如玻璃。由于棱镜的色散率与入射光的波长有关，所以用棱镜分光所得的光谱其波长是不等距的，长波长区较密，短波长区较疏。

（2）光栅　光栅是一种在玻璃表面上刻有等宽、等距平行条痕的色散元件。其优点在于可用的波长范围比棱镜宽且分光所得的光谱波长是等距的，即在不同波段区光谱线的间隔均相等。

光栅仪器多用单色光谱带宽度显示狭缝宽度，直接表示单色光纯度；棱镜仪器因色散不匀，只能用狭缝实际宽度表示，狭缝宽度影响分光质量。狭缝过宽单色光不纯，使吸光度变值；狭缝宽度过窄，灵敏度降低。

3. 吸收池（样品池）　吸收池用来盛放待测试液。可见光区应选用光学玻璃吸收池，紫外光区选用石英池。用作盛放空白溶液的吸收池与盛放试液的吸收池应互相匹配，即有相同的厚度与相同的透光性。吸收池的规格有 $0.5cm$、$1.0cm$、$2.0cm$、$3.0cm$ 等。使用时应保持吸收池的光洁，特别是透光面，应避免用手直接接触或用粗糙的纸擦拭。

4. 检测器　检测器是将接收到的光信号转变为电信号的装置，常用的检测器有光电池、光电管、光电倍增管、光二极管阵列检测器等。

（1）光电池　也叫太阳能电池，是能在光的照射下产生电动势的元件。用于光电转换、光电探测及光能利用等方面。常用的有硒光电池、硅光电池、硫化银电池等。硒光电池只能用于可见光区；硅光电池可用于紫外区和可见光区。光电池只能用于谱带宽度较大的低档仪器。

（2）光电管　基于外光电效应的基本光电转换器件，可使光信号转换成电信号。光电管的典型结构是将球形玻璃壳抽成真空，在内半球面上涂一层光电材料作为阴极，球心放置小球形或小环形金属作为阳极。当有足够的能量的光照射阴极时，能够发射出电子。若两极间有电位差，发射出的电子流向阳极而产生电流，电流大小取决于光照强度。用作光电阴极的金属有碱金属、汞、金、银等，可适合不同波段的需要。目前国产光电管有紫敏光电管，为铯阴极适用于 200 ~ 625nm；红敏光电管为银氧化铯阴极，用于 625 ~ 1000nm。

（3）光电倍增管　光电倍增管的原理与光电管相似，是将微弱光信号转换成电信号的真空电子器件，用在光学测量仪器和光谱分析仪器中。它能在低能级光度学和光谱学方面测量波长 200 ~ 1200nm 的极微弱辐射功率。

（4）光二极管阵列检测器　光二极管阵列是晶体硅上紧密排列一系列光二极管检测管，当光通过晶体硅时，二极管输出的电信号强度与光强度成正比。例如 HP8452A 型二极管阵列，在 190 ~ 820nm 范围内，由 316 个二极管组成，在 0.1 秒内，每隔 2nm 测定一个信号，可同时并行测得 316 个数据，快速获得全光光谱。

5. 记录装置　信号处理与显示器的作用是将检测器检测到的电信号经过放大以某种方式将测量结果显示出来。显示方式一般有透光率、吸光度，有的还可以转化为浓度、吸光系数等。

二、紫外－可见分光光度计的类型

紫外－可见分光光度计的光路系统，目前一般可分为单光束、双光束、双波长、二极管阵列分光光度计等。

1. 单光束分光光度计　由一束经过单色器的光，轮流通过参比溶液和样品溶液，以进行吸光度测量。这种分光光度计的特点是：结构简单、价格便宜，主要适于做定量分析；缺点是：测量结果受电源的波动影响较大，容易给定量结果带来较大误差，此外，这种仪器操作麻烦，不适于做定性分析。主要有国产的 751 型 721 型英国 UNICAMsp – 500 型等。

2. 双光束分光光度计　其原理是，单光源发出单光束，全程密闭，通过光栅，加入棱镜，把光分为两束，分别照射样品溶液与参比溶液，再将两束光交替照射到光电倍增管检测器，光电管产生一个交变脉冲信号，经过比较放大后，由显示器显示出透光率、吸光度、浓度或进行波长扫描，记录吸收光谱。双光束可以参比和样品同时检测，测量中不需要移动吸收池，可在随意改变波长的同时记录所测量的光度值，便于绘制吸收光谱。缺点是灵敏度下降，全波段分析时间较长。

3. 双波长分光光度计　双波长分光光度计具有两个单色器，产生两束不同波长的单色光，通过切光器，使两束光短时间依次通过同一吸收池，得到的结果是试样对两束单色光吸光度之差。其优点是，在有背景干扰或共存组分干扰的条件下，能提高方法的灵敏度和选择性。

4. 二极管阵列分光光度计　其原理是，光源发出的光，经过消色差聚光镜聚焦后通过吸收池，再聚焦于光栅的入口狭缝上。透过的光经过全息光栅表面色散并投射到二极管阵列检测器上。其优点是，测量一个样品的时间为 12ms，重现性佳，开放式样品室不受环境影响。

任务四　紫外－可见吸收光谱法分析条件的选择

使用紫外－可见分光光度测量时，如果仪器鉴定合格，操作规范，化学方面产生的误差也可控制到最小范围。要得到准确测量结果，使其误差控制在最小范围内，就必须选择最佳的测量条件，可从以下几方面考虑。

1. 选择合适波长的入射光　物质对光有选择性吸收，可先绘制溶液在一定波长范围内的吸收光谱曲线，在吸收光谱曲线上找到被测物质最大吸收波长（λ_{max}），将此波长作为入射光，可使测定结果有较高的灵敏度和准确度。

当有干扰物质存在或最强吸收峰的峰形比较尖锐时，根据"吸收最大、干扰最小"的原则，选用吸收较低、峰形稍平坦的次强峰或肩峰进行测定。

2. 吸光度范围的选择　在不同的吸光度范围内读数，可引入不同程度的误差，这种误差通常以百分透光率引起的浓度相对误差来表示，称为光度误差。为减小光度误差，测定结果的准确度较高，一般应控制被测溶液和标准溶液的吸光度值在 0.20 ~ 0.80 之间，透光率在 15% ~ 65% 之间。实验证明，当 $T = 36.8\%$（$A = 0.434$）时，测量的相对误差最小。

为了使吸光度值在 0.20 ~ 0.80 之间，可从以下方面考虑。

（1）控制溶液的浓度，含量高时，样品量少一些；含量低时，样品可以多用一些，保证适宜浓度。

（2）选择不同厚度的比色皿。如果溶液已经配好，可以通过改变比色皿的厚度来调节吸光度。溶液浓度高使用光程小的比色皿进行测量；反之使用光程大的比色皿。

（3）测定高浓度的溶液时，可采用仪器上附加的中性滤光片调整吸光度值在 0.20 ~ 0.80 之间。但必须强调标准溶液与测定溶液的测量条件完全相同，如果使用中性滤光片，应使用同一块中性滤光片。

3. 参比溶液的选择　参比溶液用来调节仪器工作零点。在测量吸光度时，溶液中其他组分以及吸收池或试剂对光的吸收或反射带来的误差，影响对被测吸光物质的吸光度测量。因此，必须消除或尽量减少这些影响，可以扣除参比溶液（或称空白溶液）在相同条件下的吸光度。具体操作如下：将被测溶液和参比溶液分别装入两个相互匹配的吸收池中，先用参比溶液调整仪器吸光度零点（$T = 100\%$），再将被测溶液放入光路中，测出吸光度即可。参比溶液的组成可根据试样溶液的性质而定。

（1）溶剂参比　溶液中只有被测组分对光有吸收，其他物质均没有吸收，在此情况下，可用溶剂作为参比溶液。溶剂作参比溶液可以消除溶剂、吸收池等因素的干扰。

（2）试剂参比　在相同条件下，不加试样溶液，依次加入各种试剂和溶剂所得到的溶液称为试剂参比溶液。试剂参比溶液是最常用的一种参比溶液。

（3）试样参比　如果试样溶液在测定波长有吸收，而显色剂及其他各种试剂均无色时，可按与显色反应相同的条件，以不加显色剂的试样溶液作为参比溶液，用试样作为参比溶液可以消除样品的干扰。

任务五　紫外 - 可见吸收光谱法的应用

一、定性分析

多数有机物具有吸收光谱的特征，如吸收峰数目、最大吸收波长、吸收峰形状、摩尔吸光系数等。结构完全相同的化合物具有相同的吸收光谱；吸收光谱相同的化合物不一定是同一种化合物。需要采用对比法对化合物进行定性分析。

1. 对比吸收光谱特征数据　最常用于鉴别的光谱特征数据是吸收峰和吸收谷所在的波长；若化合物有数个吸收峰、吸收谷或肩峰，一起作为判定的依据；λ_{max} 处的吸光系数也常用作化合物的定性鉴别。

2. 对比吸光度（或吸光系数）的比值　有两个或两个以上吸收峰的化合物，可使用在不同吸收峰（或吸收谷）处测得的吸光度的比值作为定性鉴别的依据，因为用的是同一浓度的溶液和同一厚度的吸收池，取吸光度比值也就是吸光系数比值，可消去浓度与厚度的影响。

$$\frac{A_1}{A_2} = \frac{E_1 bc}{E_2 bc} = \frac{E_1}{E_2} \tag{2-7}$$

比如 VB_{12} 在 λ_{278}、λ_{361}、λ_{550} 三处最大吸收比值为：

$$\frac{A_{361}}{A_{278}} = 1.7 - 1.88 \qquad\qquad \frac{A_{361}}{A_{550}} = 3.15 - 3.45$$

3. 对比吸收光谱的一致性　将样品与标准品配成浓度相同的溶液，在同一条件下分别绘制吸收光谱，核对其一致性。也可以利用文献查找已知标准品的标准图谱进行核对。只有完全相同的吸收光谱，才可以初步认定是同一种物质。

用紫外吸收光谱数据或曲线进行定性鉴别有一定的局限性。紫外吸收光谱曲线形状变化少，一般只有一个或几个宽吸收带，在很多的有机物中，不相同的有机物可以有很相似或相同的吸收光谱。因此在紫外吸收光谱相同时，应该考虑可能不是同一种物质。如果吸收光谱不同，那必定不是同种物质。

二、纯度检查

1. 杂质检查　如果化合物在紫外 - 可见光区没有明显吸收，杂质有较强吸收，那么含有的少量杂质可以通过光谱检测出来。如乙醇中含有微量杂质苯，则在波长 230~270nm 处会出现苯的吸收带，从而检查乙醇的纯度。

如果化合物有强的吸收峰，杂质在相同波长处没有吸收或吸收很弱，杂质的存在会使化合物的吸光系数值减小；如果杂质在相同波长处吸收更强，杂质的存在会使化合物的吸光系数值增大；有吸收的杂质也会使化合物吸收光谱变形；这些都可以通过光谱检测出来。

2. 杂质的限量检查　在化妆品的质量安全中，重金属含量超标是常见的问题。非法添加或是原料带入都会对使用者造成严重的后果。因此，重金属如铅、锌、汞有使用限量。可通过紫外 - 可见分光光度法对杂质限量进行检查。例如，对重金属铅的检查，可使用 4 - （2 - 吡啶偶氮）间苯二酚作为与重金属络合的显色剂，在 pH 9.18 的缓冲体系且 4 - （2 - 吡啶偶氮）间苯二酚浓度在 10mg/kg 时，可用紫外分光光度法对含量在 0~2.7mg/kg 的重金属铅进行测量。

三、单组分的定量方法

朗伯 - 比尔（Lambert - Beer）定律是紫外 - 可见分光光度法定量的依据，在相应范围内，物质在一定波长下吸光度与浓度成正比，利用吸光度即可求出溶液中物质的浓度和含量。波长通常应选择被测物质最大吸收峰处的波长，以提高灵敏度，减小误差。被测物质如果有多个吸收峰，可选无其他物质干扰的较大吸收峰。一般不选光谱中靠短波长末端的吸收峰。

许多溶剂本身在紫外区有吸收，所以选择的溶剂应不干扰测定。对于不同的溶剂，在紫外测定时有一个可测定范围即溶剂的截止波长，超出范围则溶剂对此辐射产生强烈吸收，在紫外 - 可见分光光度计上表现为吸光度超出，干扰组分测量。因此选择溶剂时，组分的测定波长必须大于溶剂的截止波长。部分溶剂的截止波长见表 2 - 2。

表 2-2　部分溶剂的截止波长

溶剂	波长	溶剂	波长	溶剂	波长
水	200	乙醇	215	四氯化碳	260
环己烷	200	正己烷	220	甲酸甲酯	260
甲醇	205	2,2,4-三甲基戊烷	220	苯	260
异丙醇	210	甘油	230	乙酸乙酯	260
甲基环己烷	210	1,2-二氧己烷	233	吡啶	305
正丁醇	210	二氯甲烷	235	丙酮	330
96%硫酸	210	三氯甲烷	245		

单组分样品可采用吸光系数法、标准曲线法、标准对照法进行定量测定。

1. 吸光系数法　吸光系数是物质的特性常数，许多化合物的吸光系数或百分吸收系数可以从有关手册或文献中查到。只要测定条件（溶液的浓度与酸度、单色光纯度等）未引起 Lambert – Beer 定律偏离，就可根据测得的吸光度求样品溶液的浓度。常用于定量测定的是百分吸光系数 $= \dfrac{1.84 \times 10^3 \times 98\%}{98} = 18.4(\text{mol/L})$，则有：

$$c = \frac{A}{E_{1cm}^{1\%} b} \qquad\qquad (2-8)$$

此法应用的前提是可测得或已知物质的 $E_{1cm}^{1\%}$。如果查不到被测物质的吸收系数，或测定条件与手册、文献中不尽相同，则不能采用吸收系数法进行测定。吸光系数法较简单、方便，但使用不同型号的仪器测定会带来一定的误差。

例 2-2　维生素 C 的水溶液在 254nm 处 $E_{1cm}^{1\%} = 560$，取此溶液盛于 1cm 的吸收池中，测得 A 值为 0.551，求维生素 C 的浓度。

解：使用吸光系数法计算：

$$c = \frac{A}{E_{1cm}^{1\%} b} = \frac{0.551}{560 \times 1} = 4.92\text{g/100ml}$$

例 2-3　精密称取维生素 C 0.015g，溶于 1000ml 的 0.01mol/L 的硫酸溶液中，取此溶液盛于 1cm 的吸收池中，在 $\lambda_{max} = 254$nm 处测得 A 值为 0.551，求维生素 C 试样的含量（$E_{1cm254nm}^{1\%} = 560$）。

解：　$(E_{1cm}^{1\%})_{样品} = \dfrac{A}{cb} = \dfrac{0.451}{0.0015 \times 1} = 300.7$

试样的含量 $= \dfrac{(E_{1cm}^{1\%})_{样品}}{(E_{1cm}^{1\%})_{标准}} \times 100\% = \dfrac{300.7}{560} \times 100\% = 53.7\%$

2. 标准曲线法　标准曲线法又称工作曲线法或校正曲线法，是紫外 – 可见分光光度法中最经典的定量方法，特别适合于大批量试样的定量测定，但不适合分析组成复杂的样品。标准曲线法较简单，在仪器分析中应用广泛，对仪器的精度要求不高，对于同一台仪器，在确定的工作状态和测定条件下，吸光度 A 与溶液浓度 c 之间呈线性关系或近似于线性关系如图 2-6 所示。即 $A = Kc$，此时 K 不是物质的常数，只是具体情况下的条件比例系数，不能互相通用。

（1）标准曲线法具体的测定步骤如下

1）配制一系列不同浓度的对照品溶液（或称标准溶液）及供试品溶液。

2）测定标准系列溶液及供试品溶液的吸光度。

3）以浓度为横坐标，相应的吸光度为纵坐标，绘制标准曲线，根据二者的数值建立回归方程得

$A = bc + a$。

4）根据供试品溶液的吸光度，利用回归方程准确计算供试品溶液浓度。

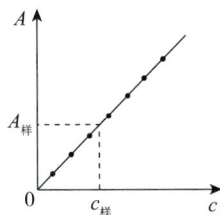

图 2 - 6　标准曲线

（2）采用标准曲线法测定应注意的问题

1）绘制一条标准曲线至少需要 5~7 个点，并不得随意延长。

2）待测溶液浓度应在标准曲线线性范围内。

3）待测溶液和对照品溶液必须在相同条件下进行测定。

根据朗伯 - 比尔定律，理想的标准曲线应该是一条通过原点的直线。实际上，常有标准曲线不通过原点的现象。其原因主要有几方面，如空白溶液的选择不当、显色反应的灵敏度不够、吸收池的光学性能不一致等，应采取适当措施加以改善。

3. 标准对照法　如果绘制的标准曲线是通过原点的，测定试样时也可采用一种简化的方法，即标准对照法，又称标准比较法。

在相同的条件下配制样品溶液（x）和标准溶液（s），在所选波长处使用同台仪器、厚度相同的吸收池中分别测定它们的吸光度 A_x 及 A_s，因为同种物质，E 和 b 相同，因此可由标准溶液的浓度 c_s 可计算出样品溶液中被测物质的浓度 c_x。

根据朗伯 - 比尔（Lambert - Beer）定律，$A_s = Kc_s$，$A_x = Kc_x$，两式相比，得：

$$c_x = c_s \cdot \frac{A_x}{A_s} \tag{2-9}$$

标准对照法比较简单，应用的前提是绘制标准曲线需过原点，且一般要求标准溶液与样品溶液的浓度尽量接近，才能得到较为准确的实验结果，否则会引起较大的误差。

四、多组分定量测定

吸光度的加和性是应用计算分光光度法不经分离测定多组分含量的依据。如果溶液中同时存在两种或两种以上的吸光物质，可根据各组分吸收光谱相互重叠的程度分别考虑测定方法。

1. 若两种被测组分的吸收曲线彼此不重合，即各组分的吸收峰所在波长处其他组分没有吸收，如图 2 - 7（a），可以视作分别测定两种单组分物质含量。

2. 若两种或两种以上被测组分的吸收曲线彼此有部分重合，如图 2 - 7（b），在 a 组分的吸收峰 λ_1 处 b 组分没有吸收，而在 b 组分的吸收峰 λ_2 处 a 组分有吸收，则可先在 λ_1 处按单组分测定组分 a 的浓度 c_a；后再 λ_2 处测得两组分的吸光度之和 $A_总$，根据吸光度的加和性，可计算 b 组分的浓度 c_b，即：

$$A_总 = A_a + A_b = E_a c_a + E_a c_b$$

其中，E_a 和 E_a 需已知。

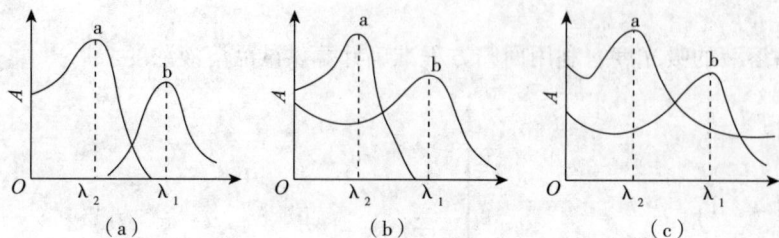

图 2-7 多组分吸收光谱

3. 各组分的吸收曲线相互都有干扰，如图 2-7（c）。先测得 λ_1 和 λ_2 处两组分各自的吸光系数 E 值以及吸光度，当 b = 1cm 时：

$$A_1^{a+b} = A_1^a + A_1^b = E_1^a c_a + E_1^b c_b$$

$$A_2^{a+b} = A_2^a + A_2^b = E_2^a c_a + E_2^b c_b$$

解此线性方程，可求出两组分的浓度分别为：

$$c_a = \frac{A_1^{a+b} E_2^b - A_2^{a+b} E_1^b}{E_1^a E_2^b - E_2^a E_1^b}$$

$$c_b = \frac{A_1^{a+b} E_2^a - A_2^{a+b} E_1^a}{E_1^b E_2^a - E_1^a E_2^b}$$

五、比色法

比色法是以生成有色化合物的显色反应为基础，通过比较或测量有色物质溶液颜色深度来确定待测组分含量的方法。比色法作为一种定量分析的方法，灵敏简便，许多不吸收可见光的无色物质可以用显色反应变成有色物质，被广泛采用。

在比色分析中，将待测组分转变为有色物质的反应称为显色反应；与待测组分可形成有色物质的试剂称为显色剂。

1. 比色分析对显色反应的基本要求

（1）反应具有较高的选择性，即选用的显色剂最好只与待测组分反应，而不与其他干扰组分反应或其他组分的干扰很小。

（2）有确定的计量关系，被测物质与反应生成的有色物质有确定的定量关系。

（3）反应生成的有色化合物有恒定的组分和较高的稳定性。

（4）反应生成的有色化合物有足够的灵敏度，摩尔吸光系数一般应在 10^4 以上。

（5）反应生成的有色化合物与显色剂之间的颜色差别较大，它们的最大吸收波长之差一般应在 60nm 以上。

选用的显色剂可以是一种试剂，也可以是两种不同的试剂。如果待测组分与两种不同的试剂反应生成一种有色化合物，则称为三元络合物显色反应。这类显色反应常常具有更高的灵敏度和选择性，在比色法和紫外-可见分光光度法中应用非常普遍。

2. 显色反应的条件 选择适当的显色反应，研究最合适的反应条件和消除干扰的方法是比色分析的关键问题。溶液的酸度、显色剂的用量、温度、溶剂等对显色反应都有影响。

（1）显色剂的用量 要保证显色反应完全，加入过量的显色剂是必要的。但是显色剂过量太多，有时会引起副反应，或改变有色配合物的配位比，当显色剂本身有色时会增大试剂空白，导致偏离光吸收定律，影响测定结果准确度。在实际工作中，显色剂的适宜用量可通过实验来确定。其方法是固定被测组分浓度和其他条件，取数份溶液，加入不同量的显色剂测定其吸光度，绘制吸光度（A）与显色剂浓度（C_R）关系曲线。一般可得到如图 2 - 8 所示的三种情况。（a）曲线表明，在浓度 a～b 范围内，吸光度出现稳定值，可在 a～b 选择合适的显色剂用量。（b）曲线表明，显色剂浓度在 a′～b′这一较窄的范围内，吸光度值比较稳定，必须严格控制显色剂浓度。（c）曲线表明，随着显色剂浓度增大，吸光度不断增大，必须十分严格地控制显色剂用量。

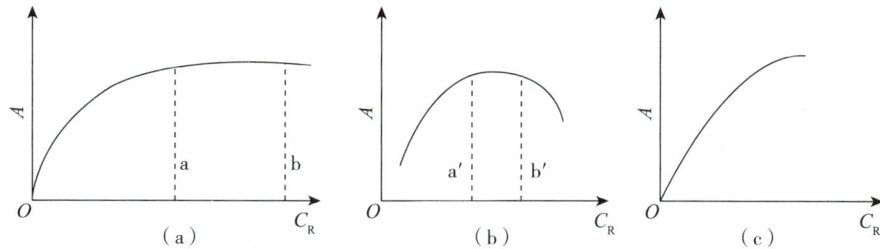

图 2 - 8　吸光度与显色剂浓度的关系曲线

（2）溶液酸度　溶液的酸度对光度测定有显著影响，它影响待测组分的吸收光谱、显色剂的形态、待测组分的化合状态及显色化合物的组成。

1）酸度不同时，显色化合物的组成和颜色可能不同。

2）溶液酸度变化，显色剂的颜色可能发生变化，原因是很多有机显色剂是酸碱指示剂，其颜色随 pH 变化而变化。

3）溶液酸度过高会降低配合物的稳定性，特别是对弱酸型有机显色剂和金属离子形成的配合物影响较大。

4）溶液酸度过低会引起金属离子水解生成氢氧化物沉淀。这种现象常发生在有色配合物的稳定度不是很大，并且被测金属离子所形成的氢氧化物的溶解度又很小的情况下。

由于酸度对显色反应的影响很大，因此，某一显色反应最适宜的酸度必须通过实验来确定。其方法是通过实验作吸光度 A - pH 关系曲线，选择曲线平坦部分对应的 pH 作为应该控制的酸度范围。

3. 温度的影响　大多数的显色反应在室温下即可进行，有些显色反应需加热至一定的温度才能完成，而有些有色配合物在较高的温度下容易分解，因此，对不同的显色反应应通过实验选择其适宜的显色温度。

由于温度对光的吸收及颜色的深浅都有影响，因此在绘制标准曲线和进行样品测定时，应使温度保持一致。

4. 显色时间　显色时间指的是溶液颜色达到稳定时的时间。不少显色反应需要一定时间才能完成，而且形成的有色配合物的稳定性也不一样。因此必须在显色后一定的时间内进行比色测定。通常有以下几种情况。

（1）加入显色剂后，有色配合物立即生成，并且生成的有色配合物很稳定。此时可在显色后较长时间内进行测定。

（2）加入显色剂后，有色配合物的形成需要一定时间，生成的有色配合物也很稳定。对这类反应可在完全显色后放置一定时间内进行测定。

（3）加入显色剂后，有色溶液立即生成，但在放置后又逐渐褪色。对这类反应，应在显色后立即进行测定。

适宜的显色时间和有色溶液的稳定程度可以通过实验来确定。方法是配制一份显色溶液，从加入显色剂起计算时间，每隔几分钟、几十分钟或数小时测定一次吸光度，绘制吸光度（A）–时间（t）曲线，从曲线确定适宜的显色时间。

5. 溶剂　有机溶剂常降低有色化合物的离解度，从而提高显色反应的灵敏度。此外，有机溶剂还可能提高显色反应的速度，影响有色配合物的溶解度和组成等。利用有色化合物在有机溶剂中稳定性好、溶解度大的特点，可以选择合适的有机溶剂，采用萃取光度法来提高方法的灵敏度和选择性。

实训一　乙酰丙酮紫外–可见吸收光谱法测化妆品中甲醛的含量

本方法规定了乙酰丙酮紫外–可见分光光度法测定化妆品中总甲醛的含量。适用于化妆品中甲醛含量的测定，不适用于含甲苯磺酰胺树脂的指甲油中甲醛含量的测定。样品中的甲醛，在过量铵盐存在下，与乙酰丙酮和氨作用生成黄色的3,5–二乙酰基–1,4二氢卢剔啶，根据颜色深浅比色定量。本方法对甲醛的检出限为1.8μg，定量下限为6.0μg。取样量为1g时，检出浓度为18μg/g，最低定量浓度为60μg/g。

【试剂和材料】

除另有规定外，本方法所用试剂均为分析纯或以上规格，水为GB/T 6682规定的一级水。

（1）硫酸　优级纯。

（2）硫酸钠溶液　称取无水硫酸钠25g于烧杯中，加水溶解至100ml。

（3）乙酰丙酮的乙酸铵溶液　称取乙酸铵25g溶于水后，加冰乙酸3ml及乙酰丙酮0.2ml，再加水至100ml，混匀，转移至棕色瓶中，于冰箱内保存可在一个月内稳定。

（4）乙酸铵溶液　称取乙酸铵25g溶于水后，加冰乙酸3ml，再加水至100ml，混匀。

（5）氢氧化钠溶液　称取氢氧化钠4g，用少量水溶解，再加水至100ml，混匀。

（6）硫酸溶液Ⅰ　取硫酸3ml，缓慢加入97ml水中，混匀。

（7）硫酸溶液Ⅱ　取硫酸10ml，缓慢加入90ml水中，混匀。

（8）淀粉溶液　称取可溶性淀粉1g，用水5ml调成溶液后，加入沸水95ml，煮沸，加水杨酸0.1g或氯化锌0.4g防腐。

（9）碘标准溶液　称取碘13.0g和碘化钾35g，加水100ml，溶解后加入盐酸3滴，用水稀释至1L，过滤后转移至棕色瓶中。

（10）重铬酸钾标准溶液［c（1/6 $K_2Cr_2O_7$）=0.1mol/L］　准确称取于（120±2）℃干燥至恒重的重铬酸钾基准物质4.9031g，溶于水转移至1L容量瓶中，定容到刻度，摇匀。

（11）硫代硫酸钠标准溶液　称取硫代硫酸钠（$Na_2S_2O_3 \cdot 5H_2O$）26g或无水硫代硫酸钠16g溶于1L新煮沸放冷的水中，加入氢氧化钠0.4g或无水碳酸钠0.2g，摇匀，储存于棕色玻璃瓶内，放置两周后过滤，并按如下方法标定浓度。

准确量取重铬酸钾标准溶液25.00ml于500ml碘量瓶中，加碘化钾2.0g和硫酸溶液Ⅱ 20ml，立即密塞，摇匀，于暗处放置10分钟。加水150ml，用硫代硫酸钠溶液滴定至溶液显浅黄色时，加入淀粉溶液2ml，继续滴定至溶液颜色由蓝色变为亮绿色。同时做空白试验。按下式计算硫代硫酸钠溶液的浓度：

$$c(Na_2S_2O_3) = \frac{c_{K_2Cr_2O_7} \times 25.00}{(V_1 - V_0)}$$

（12）甲醛标准品。

（13）甲醛标准储备溶液　称取甲醛1g（精确到0.0001g），加水稀释到1L，作为甲醛标准储备溶液（此溶液于冰箱中保存可在三个月内稳定）。按如下方法标定甲醛标准储备溶液中所含甲醛的浓度：

准确量取甲醛标准储备溶液 20.00ml 于 250ml 碘量瓶中，加入碘标准溶液 50.00ml，氢氧化钠溶液 15ml，加塞，摇匀放置 15 分钟，加硫酸溶液 I 20ml，立即塞紧，混匀，于暗处放置 15 分钟，用硫代硫酸钠标准溶液滴定至溶液显淡黄色时，加入淀粉溶液 2ml，继续滴定至溶液的蓝色刚好褪去，记录消耗硫代硫酸钠标准溶液的体积。同时做空白试验。并按下式计算甲醛的浓度：

$$\rho(\text{HCHO}) = \frac{(V_1 - V_0) \times c \times 15 \times 1000}{V}$$

式中，ρ（HCHO）—甲醛溶液的浓度，mg/L；V—甲醛标准储备液取样体积，ml；V_0—滴定空白溶液消耗的硫代硫酸钠标准溶液体积，ml；V_1—滴定甲醛溶液消耗的硫代硫酸钠标准溶液体积，ml；c—硫代硫酸钠溶液的摩尔浓度，mol/L；15—甲醛（1/2HCHO）摩尔质量，g/mol。

【仪器和材料】

分光光度计；天平；离心机；水浴锅。

【分析步骤】

1. 标准系列溶液的制备 取甲醛标准储备溶液适量，用水逐级稀释到所需浓度（1～4mg/L）的标准系列溶液。临用现配。

2. 样品处理 称取样品 1g（精确到 0.001g）于 50ml 具塞比色管中，加硫酸钠溶液 25ml，振摇，加水至刻度，于 40℃ 水浴中放置 1 小时（其间不时振摇）。取出快速冷却，转移至离心管中，离心（3000r/min），过滤。滤液作为待测溶液。

3. 测定 取待测溶液 5.00ml 于 10ml 具塞比色管中，加乙酰丙酮的乙酸铵溶液 5.00ml，摇匀，于 40℃ 水浴中加热 30 分钟，室温下放置 30 分钟。另取待测溶液 5.00ml，加乙酸铵溶液 5.00ml，摇匀，与前者同法加热，作为比色参比溶液。用 1cm 的比色皿在 414nm 波长处测定吸光度，待测溶液和参比溶液的吸光度之差值作为 A。另取甲醛标准溶液及水各 5.00ml，分别加入乙酰丙酮的乙酸铵溶液 5.00ml，与样品同法加热，冷却。以水为参比溶液，测定其吸光度 A_s 及 A_0。为保证测定结果的准确性，样品溶液中甲醛的含量应与标准溶液中的浓度相近。如为含硫化物较多的样品，可在弱碱性条件下加入适量的 10% 乙酸锌溶液，使之生成硫化锌沉淀，过滤去除沉淀物，取滤液测定。

4. 分析结果的表述

$$\omega = \rho \times V \frac{A - A_0}{A_s - A_0} \times \frac{1}{m}$$

式中，ω—样品中甲醛的质量分数，μg/g；m—样品取样量，g。ρ—甲醛标准溶液的质量浓度，mg/L；A—待测溶液与参比溶液吸光度的差值；A_s—以水为参比的甲醛标准溶液的吸光度值；A_0—以水为参比的空白溶液的吸光度值；V—样品定容体积，ml；

实训二 紫外－可见吸收光谱法测定防晒化妆品中二氧化钛的含量

本方法适用于膏霜、乳、液等化妆品中总钛（以二氧化钛计）含量的测定，不适用于配方中同时含有除二氧化钛外其他钛及钛化合物的化妆品测定。样品预处理后，使钛以离子状态存在于样品溶液中，加入抗坏血酸溶液掩蔽干扰，在酸性环境下样品溶液中的钛与二安替比林甲烷溶液生成黄色，用分光光度法在 388nm 处检测，以标准曲线法计算含量。本方法对二氧化钛的检出限为 0.068μg/ml，定量下限为 0.2μg/ml；取样量为 0.1g 时，检出浓度为 0.0068%，最低定量浓度为 0.02%。

【试剂和材料】

除另有规定外，本方法所用试剂均为分析纯或以上规格，水为 GB/T6682 规定的一级水。

（1）抗坏血酸。

（2）硫酸。

（3）盐酸。

（4）二安替比林甲烷（纯度 >97%）

（5）焦硫酸钾　将焦硫酸钾固体块研成粉末。

（6）钛单元素溶液标准物质（100μg/ml）。

（7）硫酸（1+9）　取硫酸 10ml，缓慢加入到 90ml 去离子水中，混匀。

（8）二安替比林甲烷溶液　称取 8g 二安替比林甲烷，加入 10ml 盐酸，加去离子水稀释至 100ml，摇匀，即得。

（9）抗坏血酸溶液（100g/L）　称取 10g 抗坏血酸，加去离子水稀释至 100ml，摇匀，即得。

【仪器和设备】

紫外 – 可见分光光度计；马弗炉；天平；电炉；50ml 瓷坩埚。

【分析步骤】

1. 标准系列溶液的制备　精密量取 5ml 盐酸于 100ml 容量瓶中，精密量取 100μg/ml 钛单元素溶液标准物质 0、0.1、0.2、0.5、1.0、2.0、3.0ml，分别置于 100ml 容量瓶中。精密加入 10ml 抗坏血酸溶液，稍加振摇，置于室温下放置 5 分钟。精密加入 10ml 二安替比林甲烷溶液，用去离子水稀释至刻度，摇匀，放置 45 分钟，得钛标准系列溶液中钛的浓度依次为 0、0.1、0.2、0.5、1.0、2.0、3.0μg/ml。

2. 样品处理　称取样品 0.1g（精确到 0.0001g）置于 50ml 瓷坩埚中，同时做试剂空白，在电炉上小火缓慢炽灼至完全炭化，转移至马弗炉中，逐渐升高温度至 800℃后，灰化 2 小时，取出，置干燥器中，放冷至室温。小心加入 1.8g 焦硫酸钾粉末，使之尽量均匀完全地覆盖样品。坩埚加盖，置 550℃ 马弗炉中熔融约 10 分钟，取出放冷。量取 30ml 硫酸（1+9）置坩埚中，小火加热至溶液澄清，并将坩埚盖上的熔融物用坩埚中的上清液小心洗下，并入坩埚。用滴管吸取上清液转移至 100ml 容量瓶中。

在上述坩埚中添加 5ml 硫酸，加热至剩 2~3ml 硫酸时取下，上清液用吸管吸出，并入容量瓶。再用 10ml 硫酸（1+9）分三次洗涤坩埚及盖，每次小火加热数分钟，用滴管吸取上清液至同一容量瓶中。移取 10ml 去离子水洗涤坩埚和滴管，并入容量瓶。放冷至室温，用去离子水稀释至刻度，摇匀，作为样品溶液备用。

精密量取 5ml 盐酸于 100ml 容量瓶中，精密移取上述样品溶液适量于同一容量瓶中，精密加入 10ml 抗坏血酸溶液，稍加振摇，置于室温下放置 5 分钟。精密加入 10ml 二安替比林甲烷溶液，用去离子水稀释至刻度，摇匀，放置 45 分钟，作为待测溶液（使待测溶液中钛的浓度在 0~3μg/ml 范围内）。

3. 测定　取待测溶液、试剂样品空白、系列浓度标准工作溶液，在波长 388nm 处测定吸光度，以钛吸收值为纵坐标，钛标准系列溶液（μg/ml）浓度为横坐标进行线性回归，建立标准曲线，得到标准曲线。利用标准曲线计算出样品待测溶液中钛的质量浓度（1μg/ml）。计算样品中二氧化钛的含量。

4. 分析结果的表述

$$\omega = \frac{(\rho_1 - \rho_0) \times V \times D \times 1.67}{m \times 10^6} \times 100\%$$

式中，ω—化妆品中二氧化钛的含量，%；ρ_1—待测溶液中钛的质量浓度，μg/ml；ρ_0—空白溶液中钛的质量浓度，$\mu g/ml$；V—样品定容体积，ml；D—稀释倍数（不稀释则为1）；m—样品取样量，g。

　　在重复性条件下获得的两次独立测定结果的绝对差值不得超过算术平均值的10%。

目标检测

答案解析

一、选择题

1. 下列各种颜色的可见光，能量最大的是

　　A. 蓝光　　　　　　　　B. 绿光　　　　　　　　C. 黄光　　　　　　　　D. 紫光

2. 用分光光度计测得某有色溶液的 $\lambda_{max}=592nm$，那么该溶液在白光下呈现

　　A. 蓝色　　　　　　　　B. 绿色　　　　　　　　C. 黄色　　　　　　　　D. 紫色

3. 朗伯－比尔定律表明，与溶液浓度成正比的因素是

　　A. 透射比　　　　　　　　　　　　　　B. 吸光度

　　C. 入射光强度　　　　　　　　　　　　D. 液层厚度

4. 朗伯－比尔定律只适用于

　　A. 单色光和高浓度溶液　　　　　　　　B. 可见光和高浓度溶液

　　C. 单色光和低浓度溶液　　　　　　　　D. 可见光和低浓度溶液

5. 某溶液装在厚度为4cm的吸收池中，测得 A 值为2.0，欲使测定结果的 A 值落在 $0.1\sim0.65$ 范围内，如果其他条件不变，可选用吸收池的厚度为

　　A. 1.0cm　　　　　　　B. 1.5cm　　　　　　　C. 2.0cm　　　　　　　D. 2.5cm

6. 某标准试样为 $10\mu g/ml$，吸光度为0.13，若被测试样吸光度为0.52，则其浓度为

　　A. $5\mu g/ml$　　　　　　B. $10\mu g/ml$　　　　　C. $20\mu g/ml$　　　　　D. $40\mu g/ml$

7. 朗伯－比尔定律表明：与吸光度不成正比的因素是

　　A. 液层厚度　　　　　　B. 溶液浓度　　　　　　C. 吸光系数　　　　　　D. 透射比

8. 某标准试样为 $10\mu g/ml$，吸光度为0.12，若被测试样吸光度为0.48，则其浓度为

　　A. $5\mu g/ml$　　　　　　B. $10\mu g/ml$　　　　　C. $20\mu g/ml$　　　　　D. $40\mu g/ml$

9. 有 A、B 两份不同浓度的有色溶液，A 溶液用 1.0cm 吸收池，B 溶液用 3.0cm 吸收池，在同一波长下测得吸光度值相等，则它们的浓度关系为

　　A. A 是 B 的 1/3　　　　　　　　　　B. A 等于 B

　　C. B 是 A 的 3 倍　　　　　　　　　　D. B 是 A 的 1/3

二、简答题

1. 什么是光的吸收定律？请写出其数学表达式。

2. 什么是紫外－可见分光分析中的吸收曲线？

3. 简述分光光度计的组成与主要部件。

4. 简述朗伯－比尔定律的适用条件。

5. 测量吸光度时，如何选择参比溶液？

三、计算题

1. 精密称取 0.0500g 样品，置 250ml 容量瓶中，加入 0.02mol/L HCl 溶解，稀释至刻度。准确吸取

2.00ml，稀释至100ml。以0.02mol/L HCl为空白，在263nm处用2cm吸收池测得吸光度为0.600，其 $E_{1cm}^{1\%}$ 为1200，请计算该样品的质量分数。

2. 以二苯硫腙光度法测定铜：100ml溶液中含铜50μg，用1.00cm比色皿，在波长550cm处测得其透光率为44.3%，计算铜二苯硫腙配合物在此波长处的吸光度，百分吸光系数和摩尔吸光系数。

3. 有一含 Ca^{2+} 的试液稀释100倍后，测得其吸光度为0.500，同样条件测得 10^{-4} mol/L Cu^{2+} 标准溶液的吸光度为0.200，试求：

（1）原 Ca^{2+} 试液的物质的量浓度为多少？

（2）取30ml原 Ca^{2+} 试液，需用20ml的EDTA溶液才能滴定至终点，那么此EDTA溶液的物质的量浓度为多少？

4. 维生素 B_{12} 注射液的含量测定。精密称取维生素 B_{12} 注射液2.5ml，加水稀释至10ml。另配制 B_{12} 标准液，精密称取 B_{12} 标准品25mg，加水稀释至1000ml。在361nm处，用1cm吸收池，分别测得吸光度为0.508和0.518，求维生素 B_{12} 注射液的浓度以及标示量的百分含量（此维生素 B_{12} 注射液的标示量是100μg/ml；维生素 B_{12} 水溶液在361nm处的 $E_{1cm}^{1\%}$ 值为207）。

书网融合……

项目小结   习题

项目三　红外吸收光谱法

【知识目标】

1. 掌握红外吸收光谱法的基本原理；特征基团频率的分区和各类化合物的特征基团频率。

2. 熟悉红外吸收光谱图的解析方法；红外吸收光谱法对试样的要求；气体、液体及固体样品的制样方法。

3. 了解傅里叶变换红外吸收光谱仪的组成及检测原理；红外吸收光谱法在定性、定量分析中的应用及其在化妆品分析检测中的地位。

【技能目标】

1. 能够遵守红外吸收光谱法的分析原则。

2. 能够根据红外吸收光谱与分子结构的关系，根据红外吸收峰的位置和强度来判断分子所含的官能团和化学键的类型，鉴定具有相同化学组成的不同异构体。

3. 能够根据红外吸收光谱图进行解析，推断出简单化合物的分子结构。

4. 能够正确、规范地对各类红外分析样品进行制样并进行测试，对未知化合物进行定性分析。

5. 能够正确使用傅里叶变换红外光谱仪并能进行简单的日常维护和保养。

【素质目标】

1. 培养学生的安全意识、质量意识和规范意识。

2. 培养学生科学严谨的态度。

3. 培养学生学习的积极性、主动性和创新能力。

岗位情景模拟

情景描述　化妆品的质量安全主要由原料的质量安全决定，如果您是一名化妆品生产企业的原料检验人员，企业新到货一批原料。

讨论　1. 您会采用哪种分析仪器对化妆品的常用原料进行结构确认？

2. 您会采用什么样的方法获得更加高效、准确的结构确认结果？

任务一　初识红外吸收光谱法

一、概述

红外吸收光谱法（infrared spectroscopy，IR）又称红外光谱法、红外分光光度法，是基于物质对红外线的特征吸收而建立的分析方法。红外光谱法适用范围广，特征性强，几乎所有的有机化合物都能在红外光区测得其特征红外吸收光谱，因而被广泛应用于有机化合物的结构分析和定性鉴别中。用红外光谱鉴定化合物的优点是简便、迅速和可靠；样品用量少、可回收；对样品无特殊要求，气体、固体和液体均可以进行检测。在化妆品检验检测中，红外吸收光谱常与其他理化方法联合使用，作为有机化妆品原料鉴别的重要方法之一。尤其对某些化学结构比较复杂或者相互之间化学结构差异较小的有机化妆品原料，红外光谱法更是一种行之有效的鉴别手段。

二、红外线

红外线是由英国科学家弗里德里希·威廉·赫歇尔（Friedrich Wilhelm Hersche）于 1800 年发现，又称红外热辐射，他将太阳光用三棱镜分解开，在不同颜色的色带位置上放置了温度计，试图测量各种颜色光的加热效应。结果发现，位于红光外侧的那支温度计升温最快。因此得到结论：太阳光谱中，红光的外侧必定存在看不见的光线，这就是红外线。

红外线是波长介于微波与可见光之间（$0.75 \sim 1000 \mu m$）的电磁波。习惯上按照波长的不同，可将红外线划分为三个区域：波长 $0.75 \sim 2.5 \mu m$ 为近红外区；波长 $2.5 \sim 25 \mu m$ 为中红外区；波长 $25 \sim 1000 \mu m$ 为远红外区。其中研究最多、应用最为广泛的波长为 $2.5 \sim 25 \mu m$，波数为 $4000 \sim 400 cm^{-1}$ 的区域。

三、红外光谱

当分子中某个基团的振动频率和红外光的频率一定时，分子就吸收红外光的能量，从原来的基态振动能级跃迁到能量较高的振动能级。物质分子吸收中红外区的电磁辐射得到的吸收曲线称为中红外吸收光谱，简称红外吸收光谱或红外光谱。由于红外辐射的能量较低，只能引起分子振动能级跃迁，而振动能级的跃迁会伴随着许多转动能级的跃迁，故红外光谱又称分子振-转光谱。

根据试样的红外光谱进行定性、定量分析和确定分子结构等分析的方法，称为红外光谱分析法。

红外光谱通常用 $T-\sigma$ 或 $T-\lambda$ 曲线表示。纵坐标为透光率（T），表示吸收强度，横坐标为波长 λ（μm）或波数 σ（cm^{-1}），表示吸收峰的位置。

为防止 $T-\sigma$ 曲线在高波数区过分扩张，一般用两种比例尺，多以 $2000 cm^{-1}$ 为界，在大于 $2000 cm^{-1}$ 的高波数区横坐标比例大（密集）。

任务二 红外吸收光谱法的基本原理

一、红外光谱形成的必要条件

红外光谱是由于分子吸收红外辐射导致振动能级和转动能级的跃迁而产生的，但分子不是在任何条件下都能吸收某一频率红外辐射的。分子吸收红外光而产生红外光谱必须满足以下两个条件。

1. 红外辐射的能量恰好等于分子振动－转动能级跃迁所需的能量，即只有红外光的频率与分子振动－转动的频率相匹配时分子才能吸收红外辐射的能量。

2. 分子振动过程中，必须有偶极矩的变化。分子中原子在平衡位置不断振动过程中，正、负电荷的大小不变，而正、负电荷中心的距离则呈现周期性变化。红外吸收是由于振动过程中偶极矩的变化和红外辐射相互作用的结果。即只有偶极矩变化的振动才能引起红外吸收谱带，这种振动称为红外活性振动；反之，不能引起偶极矩发生变化的振动称为非红外活性振动。像 N_2、O_2、Cl_2 等对称分子，由于两原子核外电子云的密度相同，正、负电荷中心重合，偶极矩等于 0，故振动时没有偶极矩的变化，不吸收红外辐射，不能产生红外吸收光谱。

因此，当一定频率的红外光照射分子时，如果分子中的某些基团振动频率和它一致，二者就会产生振动，此时红外辐射的能量通过分子偶极矩的变化而传递给分子，这个基团就吸收一定频率的红外光产生振动跃迁。用连续变化频率的红外光照射分子，由于分子对不同频率的红外光的吸收不同，所以通过分子后的红外光可以在一些范围内被吸收，而在另一些波长范围内不被吸收，从而就可以得到红外吸收光谱。

二、分子的振动和红外光谱

1. 双原子分子的振动　分子振动时，分子中的原子以平衡点为中心，以非常小的振幅作周期性振动，简称简谐振动。双原子分子可以看成是谐振子，双原子分子的振动是简谐振动中一种最简单的例子（图 3 - 1）。

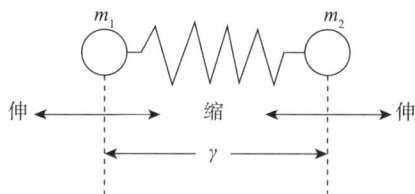

图 3 - 1　谐振子振动示意图

根据经典力学胡克（Hooke）定律可以导出基本振动频率计算公式：

$$\sigma = 1302\sqrt{\frac{K}{\mu}} \tag{3-1}$$

式中，σ 为波数，单位 cm^{-1}；K 为化学键力常数，单位 N/cm；μ 为成键原子的折合相对原子量，m_1、m_2 分别为两个原子的质量，如式（3 - 2）所示：

$$\mu = \frac{m_1 m_2}{m_1 + m_2} \tag{3-2}$$

化学键力常数 K 越大，表明化学键的强度越大。分子的振动频率取决于化学键的强度和原子的折合相对原子质量。化学键越强，原子的折合相对原子质量越小，振动频率越高。

2. 多原子分子的振动　双原子分子中只有一种振动形式，即沿着键轴方向做相对的伸缩振动。而在多原子分子中，随着原子数目的增加，其振动形式要复杂得多。一般将多原子分子的振动形式分为两大类，即伸缩振动和弯曲振动。

（1）伸缩振动　分子中成键原子沿着键轴方向伸缩，使键长发生周期性变化，而键角不变的振动。按其对称与否，其振动形式又分为两种。

1）对称伸缩振动（V_s）　振动时各个键同时伸长或同时缩短。

2）非对称伸缩振动（V_{as}）　振动时有的键伸长，有的键缩短。

（2）弯曲振动　又称变形振动或变角振动，是指基团键角发生周期性变化而键长不变的振动或分子中原子团对其余部分做相对运动，用符号 δ 表示。根据对称性不同，弯曲振动分为对称弯曲振动（δ_s）和不对称弯曲振动（δ_{as}）。根据振动方向是否在原子团所在平面分为面内弯曲振动和面外弯曲振动。

1）面内弯曲振动（β）　振动方向位于键角平面内的振动，可分为剪式振动（δ_s）和面内摇摆振动（ρ）两种。剪式振动（δ_s）是指振动时键角如同剪刀的开和闭，并发生周期性的变化。面内摇摆振动（ρ）是指振动时基团键角无变化，但作为一个整体相对于分子的其余部分在平面内左右摇摆。

2）面外弯曲振动（γ）　在垂直于键角平面方向上进行的一种弯曲振动，可分为卷曲振动（τ）和面外摇摆振动（ω）两种。卷曲振动是指振动时原子离开键角平面，向相反方向来回扭动，又称为扭曲振动。面外摇摆振动（ω）是指基团作为一个整体作垂直于键角平面的前后摇摆，而键角不发生变化的振动。

伸缩振动和变形振动的方式如图 3 - 2 所示。

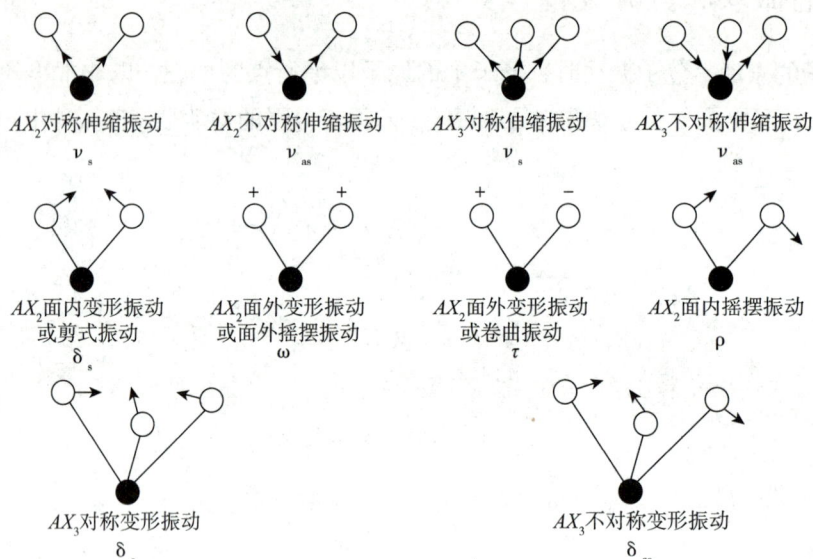

图 3 - 2　伸缩振动和变形振动方式示意图

从理论上讲，每一种振动形式都有其特定的振动频率，在产生跃迁时所需的能量不同，从而选择吸收不同频率的红外光，在红外光谱图上出现相应的吸收峰。如亚甲基，不同的振动形式，对应的红外吸收位置不同。对同一基团而言，一般非对称伸缩振动频率要稍高于对称伸缩振动频率，伸缩振动的频率高于弯曲振动的频率。

3. 振动自由度　分子基本振动的数目，即分子的独立振动数称为振动自由度。通过它可以了解分子红外吸收光谱可能出现的吸收峰的数目。

分子中每一个原子都是沿着三个相互垂直的坐标 x、y、z 的方向运动，即每个原子的运动有三个自由度，故一个含有 N 个原子的分子运动的总自由度为 3N，包括平动、转动和振动。即分子有 3 个平动自由度，非线性分子有 3 个转动自由度，而线性分子有 2 个转动自由度。这样可以得到非线性分子的振动自由度为 3N - 3 - 3 = 3N - 6，线性分子的振动自由度为 3N - 3 - 2 = 3N - 5。

每一个自由度可以看作是分子的一个基本振动形式，有其自身的振动频率。例如 H_2O 为非线性分子，其振动自由度 = 3 × 3 - 6 = 3，即有 3 种基本振动形式；同理可计算 CO_2 分子有 4 中基本振动形式，H_2O 和 CO_2 分子的基本振动形式如图 3 - 3 所示。

从理论上说，每种振动形式都有其特定的振动频率，每种基本振动都能吸收相应波数的红外辐射，在红外光谱图上产生相应的吸收峰。但实际上红外光谱吸收峰数目往往少于振动方式数目，其原因主要有以下几方面。

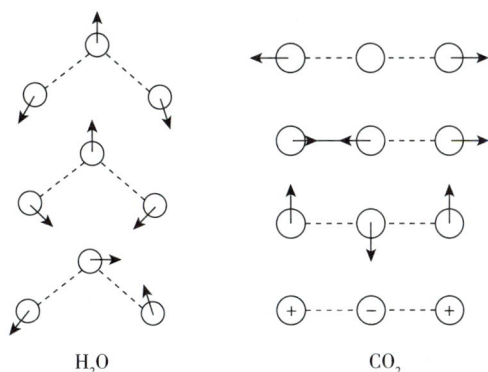

图 3-3　H_2O 和 CO_2 分子的基本振动形式

（1）简并　频率相同的不同振动形式吸收峰重叠，这种现象称为简并。简并是基本振动吸收峰数小于振动自由度的主要原因。例如 CO_2 分子的两种弯曲振动频率均为 $667cm^{-1}$，即发生简并，只出现一个吸收峰。

（2）非红外活性振动　分子振动能否产生吸收峰，与振动分子偶极矩是否发生变化有关。偶极矩不发生变化的振动，称为非红外活性振动，不产生红外吸收。例如 CO_2 分子的对称伸缩振动，由于偶极矩变化为零，不产生红外吸收。

（3）仪器性能限制　有些仪器分辨率低，不能区分频率十分相近的振动。有些仪器灵敏度不够高，对较弱的吸收峰检测不出。还有些仪器的检测范围较窄，部分吸收带落在检测范围外。

任务三　基团频率与特征吸收峰

一、红外吸收峰的类型

1. 基频峰与泛频峰　基频峰是指分子吸收一定频率的红外线，振动能级由基态跃迁至第一激发态时所产生的吸收峰。基频峰的强度一般比较大，峰位的规律性也比较强，最容易识别，是红外吸收光谱中最主要的一类吸收峰。

分子吸收一定频率的红外线后，振动能级从基态直接跃迁至第二激发态、第三激发态等高能级所产生的吸收峰，分别称为二倍频峰、三倍频峰等，总称为倍频峰。三倍频峰及以上的倍频峰，由于跃迁概率小，一般都很弱，常观测不到。此外，由两个或多个基频峰频率的和产生的峰称为合频峰，由两个或多个基频峰频率的差产生的峰称为差频峰。倍频峰、合频峰和差频峰统称为泛频峰。泛频峰多为弱峰，在图谱上一般不易辨认。泛频峰的存在，使红外光谱变得复杂，但却增加了红外光谱的特征性。例如，取代苯的泛频峰出现在 $2000 \sim 1667cm^{-1}$ 之间，主要是苯环上碳氢面外弯曲振动的倍频峰，其特征性很强，可用于确定苯环上的取代情况。

2. 特征峰与相关峰　物质的红外光谱是其分子结构的客观反映，图谱中的吸收峰与分子中各基团的振动形式相对应，同一基团的振动频率总是在一定区域出现。研究表明，组成分子的各个基团，都有自己特定的红外吸收区域，分子的其他部分对其吸收位置影响较小。通常把能够用于鉴别基团（官能团）存在并具有较高强度的吸收峰称为特征吸收峰，其频率称为特征频率。例如羰基的伸缩振动峰在

1870～1650cm^{-1}之间，若某一化合物在1870～1650cm^{-1}之间出现最强的吸收峰，一般可认为是羰基的伸缩振动峰，可鉴定化合物的结构中存在羰基。

实际上，一个基团可能有多个振动形式，而每一个红外活性振动一般均能产生一个吸收峰，有时还能观测到各种泛频峰。由一个基团所产生的一组具有相互依存关系的吸收峰称为相关吸收峰，简称相关峰。

二、影响吸收峰位置的因素

由于化学环境不同，同一基团在不同分子中吸收红外线的频率不同。因此，了解影响分子中基团吸收峰位置的因素，有利于对化合物分子结构做出准确判断。

1. 分子内结构因素

（1）诱导效应（inductive effect）　由于取代基团的吸电子作用，使得被取代基团周围电子云密度降低，吸收峰位置向高频方向移动。如：

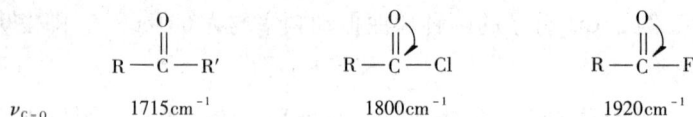

$$\nu_{C=O} \qquad \text{R—C(=O)—R'} \quad 1715cm^{-1} \qquad \text{R—C(=O)—Cl} \quad 1800cm^{-1} \qquad \text{R—C(=O)—F} \quad 1920cm^{-1}$$

（2）共轭效应（conjugative effect）　由于共轭效应的存在使吸收峰向低频方向移动。如：

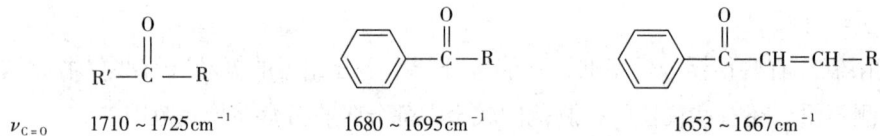

$$\nu_{C=O} \qquad \text{R'—C(=O)—R} \quad 1710\sim1725cm^{-1} \qquad \text{Ph—C(=O)—R} \quad 1680\sim1695cm^{-1} \qquad \text{Ph—C(=O)—CH=CH—R} \quad 1653\sim1667cm^{-1}$$

（3）空间效应（steric effect）　由于空间作用的影响，基团电子云密度发生变化，从而引起振动频率发生变化的现象。如：

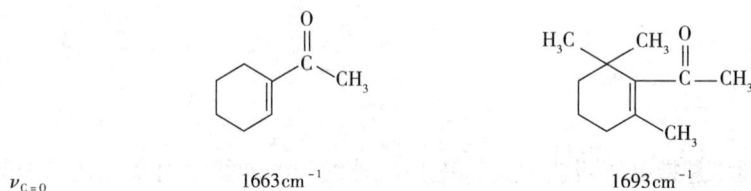

$$\nu_{C=O} \qquad 1663cm^{-1} \qquad\qquad 1693cm^{-1}$$

（4）环张力效应（ring effect）　由于环张力影响，环状化合物吸收频率比同碳链化合物吸收频率高。环状化合物随着环元素的减少，环张力增加，环外双键被增强，振动频率升高；环内双键被削弱，双键振动频率降低。如：

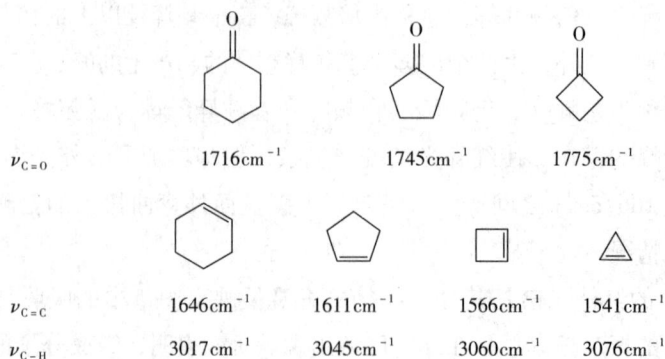

$$\nu_{C=O} \qquad 1716cm^{-1} \qquad 1745cm^{-1} \qquad 1775cm^{-1}$$

$$\nu_{C=C} \qquad 1646cm^{-1} \qquad 1611cm^{-1} \qquad 1566cm^{-1} \qquad 1541cm^{-1}$$

$$\nu_{C-H} \qquad 3017cm^{-1} \qquad 3045cm^{-1} \qquad 3060cm^{-1} \qquad 3076cm^{-1}$$

（5）互变异构效应（tautomerism effect）　分子存在互变异构现象时，在其红外吸收光谱上能观察到各种异构体的吸收峰且峰位也将发生移动。

（6）氢键效应（hydrogen bond effect）　氢键的形成使形成氢键基团的伸缩振动频率明显向低频方向移动且峰变宽，吸收强度增强。形成分子间氢键基团的振动频率受化合物浓度的影响较大，形成分子内氢键基团的振动频率与化合物的浓度无关。

（7）费米共振效应（Fermi resonance effect）　是由频率相近的泛频峰与基频峰的相互作用而产生的，结果使泛频峰的强度增加或发生分裂。

（8）振动耦合效应（vibrational coupling effect）　指分子中两个或两个以上相同的基团靠得很近时，相同基团之间发生耦合，使其相应特征吸收峰发生分裂。

2. 外部因素

（1）物态效应　同一化合物在不同聚集状态下，红外吸收频率和强度都会发生变化。气态样品由于分子间的作用力小，其红外光谱常常可提供游离化合物的结构信息。增大气体压力，分子间的作用力增大，吸收峰变宽。液态样品由于分子间作用力较大，易产生缔合和形成氢键，因此吸收峰向低频方向移动，且峰变宽。固体样品红外吸收峰尖锐且丰富，因此固态样品的红外吸收光谱用于鉴别或结构分析更为可靠。

（2）溶剂效应　溶质的极性基团（如 C＝O、N＝O）随溶剂极性的增大，伸缩振动频率降低，峰强增加。其原因主要是溶质的极性基团和极性溶剂间形成氢键，使吸收峰向低频方向移动。因此，在测定化合物红外光谱时，应尽可能在非极性的稀溶液中进行。

三、特征区和指纹区

按照基团在中红外光谱上的吸收位置，习惯上把 4000～1300cm^{-1} 之间称为特征区，1300～400cm^{-1} 之间称为指纹区。

1. 特征区　红外光谱特征区是化学键和基团的特征振动频率区。特征区吸收峰较稀疏，易辨认，每一个吸收峰都和一定的基团相对应，一般可用于鉴定基团的存在。该区域主要包含含氢单键的伸缩振动峰、各种双键、叁键的伸缩振动峰以及部分含氢单键的面内弯曲振动峰。

通过在特征区查找特征峰的存在与否，确定或否定基团或化学键的存在，以确定化合物的类别。典型有机化合物重要的基团频率见表 3－1。

表 3－1　典型有机化合物重要的基团频率和相对强度

基团	特征频率/cm^{-1}	强度	归属	基团	特征频率/cm^{-1}	强度	归属
1. 烷基				6. 酚和醇			
C—H	2960～2850	m～s	ν	游离 O—H	3670～3580	v	ν_{OH}
—CH（CH$_3$）$_2$	1385～1380	m～s	δ_s	氢键缔合 O—H	3600～3200	m～s	ν_{OH}
	1370～1365	m～s		醇 C—O	1200～1020	s	ν
—C（CH$_3$）$_3$	1395～1385	m	δ_s	酚 C—O	1390～1200	m～s	ν
	1370～1365	m～s		伯、仲醇 O—H	1350～1260	s	β_{OH}
2. 环烷烃				叔醇 O—H	1410～1310	s	β_{OH}
环丙烷，—CH$_2$—	3100～3070	m	ν_{as}	酚 O—H	1410～1310	s	β_{OH}
	3035～2995	m	ν_s	邻烷基酚（溶液）	≈1320	s	δ_{OH}
环丁烷，—CH$_2$—	3000～2975	m	ν_{as}		1255～1240	s	δ_{OH}

续表

基团	特征频率/cm⁻¹	强度	归属	基团	特征频率/cm⁻¹	强度	归属
	2925~2875	m	ν_s		1175~1150	s	δ_{OH}
环戊烷，—CH₂—	2960~2950	m	ν_{as}	间烷基酚（溶液）	1285~1265	s	δ_{OH}
	2870~2850	m	ν_s		1190~1180	s	δ_{OH}
3. 烯烃基					1160~1150	s	δ_{OH}
CH	3100~3000	m	ν	对烷基酚（溶液）	1260~1245	s	δ_{OH}
C=C	1690~1560	v①	ν		1175~1165	s	δ_{OH}
不同取代类型				酚 O—H	720~600	s，宽	γ_{OH}
乙烯基烃类，—CH=CH₂	995~980	m	δ_{CH}	7. 羰基化合物			
	915~905	s	δ_{CH}	C=O	1870~1650	s	ν
亚乙烯基烃类 >C=CH₂	895~885	s	δ_{CH_2}	8. 含氮化合物			
顺式—CH=CH—（烃类）	730~665（共轭增加频率范围至820cm⁻¹）	s	δ_{CH_2}	NH	3550~3030	m	ν
					1650~1500	s	δ
反式—CH=CH—（烃类）	980~955（通常≈965cm⁻¹）	s	δ_{CH}		900~650	s	δ
				C—N	1380~1020	s	ν
三取代烯烃类 >C=CH—	850~790	m	δ_{CH}	—NO₂	1565~1335	s	ν
4. 炔烃基				C≡N	2600~2000	s	ν
C≡C—H	≈3300	s	ν	C=N	1690~1580	m	ν
	700~600	s	δ_{CH}	N=N	1575~1410	v	ν
C≡C	2100~2260	v	ν	吡啶的环振动和CH变形振动			
5. 芳香基				单取代（4H）	752~746	s	$\delta_环$
Ar—H	3080~3010	m	ν		781~740	s	$\gamma_{=C-H}$
芳环取代类型				双取代（3H）	715~712		$\delta_环$
一取代	770~730	vs	$\gamma_{=C-H}$		810~789	s	$\gamma_{=C-H}$
	710~690	s	$\delta_环$	三取代（2H）	775~709		$\delta_环$
邻二取代	770~735	vs	$\gamma_{=C-H}$		820~794	s	$\gamma_{=C-H}$
间二取代	900~860（1H）	m	$\gamma_{=C-H}$	9. 含磷化合物			
	810~750（3H）	vs	$\gamma_{=C-H}$	P—H	2455~2265	m	ν
	710~690		$\delta_环$	P—C	795~650	m~s	ν
对二取代	860~800	vs	$\gamma_{=C-H}$	P=O	1350~1150	vs	ν
1,2,3-三取代	800~750	vs	$\gamma_{=C-H}$	10. 含硫化合物			
	720~690	vs	$\delta_环$	—SH	2600~2500	w	ν
1,2,4-三取代	900~860（1H）	m	$\gamma_{=C-H}$	C=S	1225~1140	m	ν
	860~800（2H）	vs	$\gamma_{=C-H}$	11. 含硅化合物			
	720~680		$\delta_环$	Si—H	2250~2100	s	ν
1,3,5-三取代	900~860	m	$\gamma_{=C-H}$		985~800	s	δ
	869~810	s	$\gamma_{=C-H}$	Si—C	900~700	s	ν
	730~675	s	$\delta_环$	Si—O—C	1110~1000	vs	ν^{as}
1,2,3,4-四取代	860~800	vs	$\gamma_{=C-H}$		850~800	s	ν^s

基团	特征频率/cm^{-1}	强度	归属	基团	特征频率/cm^{-1}	强度	归属
1,2,3,5 - 四取代	900 ~ 860	m	$\gamma_{=C-H}$	12. 含硼化合物			
	850 ~ 840			B—H	2565 ~ 2480	m - s	ν
1,2,4,5 - 四取代	900 ~ 860	m	$\gamma_{=C-H}$		1180 ~ 1110	s	δ
1,2,3,4,5 - 五取代	900 ~ 860	m	$\gamma_{=C-H}$		920 ~ 900	w - m	$\delta\nu$

注：ν 表示可变

2. 指纹区　红外光谱指纹区吸收峰的特征性强，可用于区别不同化合物结构上的微小差异，犹如人的指纹，故称为指纹区。指纹区吸收峰强度和位置相似，相互干扰较大，再加上各种弯曲振动的能级差较小，该区域的吸收峰密集、复杂多变、不容易辨认。指纹区主要包括单键的伸缩振动峰和多数基团的面外弯曲振动峰。

通过指纹区查找相关吸收峰，以进一步佐证特征区确定的基团或化学键的存在，同时还可以确定化合物的细微结构。

任务四　傅里叶变换红外光谱仪

目前，常用的红外光谱仪有光栅型和干涉型傅里叶变换红外光谱仪（FT - IR）两大类。这里主要介绍傅里叶变换红外光谱仪。

一、傅里叶变换红外光谱仪的结构

傅里叶变换红外是利用光的干涉方法，经过傅里叶变换而获得物质红外光谱信号的仪器。主要由光源、迈克尔逊干涉仪（相当于单色器）、样品插入装置、检测器、电子计算机和记录仪等部件组成（图 3 - 4）。

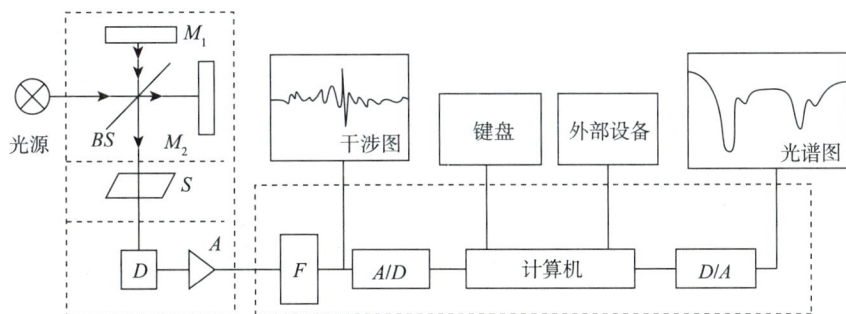

图 3 - 4　傅里叶变换红外光谱仪的构造示意图

1. 光源　凡是能发射连续波长的红外线，且发散度小、寿命长的物体，均可作为红外光源。中红外区常用的辐射源有硅碳棒、能斯特灯等。

（1）硅碳棒　由碳化硅烧结制成的实心棒，一般工作温度为 1200 ~ 1500℃，最大发射波数为 5500 ~ 5000cm^{-1}。优点是坚固、寿命长、稳定性好、结构简单、点燃容易；缺点是必须用变压器调压后才能使用。

（2）能斯特灯　由氧化锆、氧化钍、氧化钇等的混合物烧结而成，工作温度在 1800℃ 左右，最大发射波数为 7100cm^{-1}。优点是其发光强度是同温度硅碳棒的两倍，寿命长，稳定性好；缺点是性脆易碎，且价格较贵。

2. 单色器　FTIR 仪的单色器是迈克尔逊干涉仪。记录中央干涉条纹的光强度变化，获得干涉图。

当干涉光透过样品（或被样品反射）时，干涉光中某些波长的光可被样品吸收，使得干涉图发生变化。干涉图信号经检测器转变成电信号，在计算机内经傅里叶变换后即得红外光谱图。

3. 检测器　由于 FTIR 具有极快的扫描速度，因此目前多采用热电型和光电导型检测器。热电型检测器用热电材料硫酸三苷肽（TGS）的单晶薄片做检测原件。将 TGS 薄片正面镀铬，反面镀金，形成两电极。当红外光投射至 TGS 薄片上时，温度升高，表面电荷减少，相当于 TGS 释放了部分电荷，释放的电荷经过放大转变成电压或电流的方式进行测量。热电型检测器的波长特性曲线平坦，对各种频率的响应几乎一样，室温下即可使用，且价格低廉。

光电导型检测器的灵敏度一般比热电型高一个数量级，响应速度更快，适于快速扫描测量和色谱 - 红外光谱的联用。它需要液氮冷却，在低于 $650cm^{-1}$ 的低频区灵敏度有所下降。

4. 计算机系统　使用计算机进行傅里叶变换计算，将带有光谱信息的时域干涉图转换成以波数为横坐标的红外光谱图。

二、傅里叶变换红外光谱仪的特点

1. 灵敏度高　没有光栅或棱镜分光器，降低了光的损耗，而且通过干涉进一步增加了光的信号，因此到达检测器的辐射强度大，检出限可达 $10^{-12} \sim 10^{-9}g$，可用于痕量分析。

2. 分辨率高　分辨率可达 $0.01cm^{-1}$，而光栅红外光谱仪分辨率只有 $0.2cm^{-1}$。

3. 扫描速率快　按照全波段进行数据采集，得到的光谱是对多次数据采集求平均后的结果，而且完成一次完整的数据采集只需要几秒，而色散型仪器一次完整的数据采集需要十几分钟。因此可以测定不稳定物质的红外光谱，并且可以色谱联用。

任务五　傅里叶变换红外光谱样品处理方法

一、样品要求

利用红外线光谱仪可以测定气体、液体及固体样品。要获得一张高质量的红外光谱，除了仪器本身的因素外，样品本身的性质和制备方法同样重要。

1. 试样应该是单一组分的纯物质，纯度在 98% 以上或符合商业规格。

2. 试样中不应含有游离水。水本身有红外吸收，会严重干扰样品的红外光谱，而且会侵蚀吸收池的盐窗。

3. 试样的浓度和测试厚度应适当，以使光谱中的大多数吸收峰的透射比处于 10% ~ 80% 范围内。

二、制样方法

1. 气体样品　气态样品可在玻璃气槽内进行测定，直径 40mm，长度 100 ~ 500mm，它的两端粘有红外透光的 NaCl 或 KBr 窗片。先将气槽抽真空，再将试样注入，槽内压力一般为 6.7kPa。

2. 液体和溶液试样

（1）溶液法　将液体试样溶于适当的红外用溶剂中，制成 1% ~ 10% 浓度的溶液，然后注入封闭液体池中进行测定。一般液体试样及有合适溶剂的固体试样均可采用液体池法，该法特别适用于低沸点易挥发的液体试样。在使用该法时，要特别注意红外溶剂的选择，要求溶剂在测定波段区域本身无强吸收，溶剂对试样吸收带应尽量无影响。常用的溶剂有 CCl_4、CS_2、$CHCl_3$、环已烷等。

（2）液膜法　将液体试样滴在一片 KBr 窗片上，用另一个 KBr 窗片压紧，使之成为极薄的薄膜用于测定。对于黏度较大的液体试样可以涂在一片 KBr 窗片上测定。本法操作简单，适用于沸点较高的试样。对于一些吸收很强的液体，当用调整厚度的方法仍然得不到满意的图谱时，可用适当的溶剂配成稀溶液，采用溶液法进行测定。

3. 固体试样

（1）压片法　KBr 为最常用的固体分散介质。一般将 1~2mg 试样与 200mg 纯 KBr 置入玛瑙研钵中研细研匀，装入压片模具中，压成透明薄片，即可用于测定。试样和 KBr 都应干燥处理，研磨到粒度小于 2μm，以免散射光影响。为防止吸潮，应在红外灯下进行操作。压片法是最常用的固体试样制备方法。当测试试样为盐酸盐时，应采用 KCl 压片。

（2）糊法　将干燥处理后的试样研细，与液体石蜡或全氟代烃混合，调成糊状，夹在盐片中测定。此法不适用于研究与石蜡结构相似的饱和烷烃。

（3）薄膜法　可将试样直接加热熔融后涂制或压制成膜，也可以将试样溶解在低沸点的易挥发溶剂中，涂在盐片上，待溶剂挥发后成膜。此法主要用于高分子化合物的测定。

任务六　红外吸收光谱法的应用

红外吸收光谱法特征性强，对气体、液体和固体试样都可以测定，而且具有试样用量少、分析速度快等特点，不仅可用于已知化合物定性鉴定和未知化合物结构分析，还可用于定量分析和化学反应机制研究等。本节主要介绍红外吸收光谱法对有机化合物进行定性鉴别和结构分析的有关内容。

一、已知化合物的定性鉴别

在药物分析中，各国药典均将红外吸收光谱法列为药物的常用鉴别方法。物质的红外鉴别常用以下两种方法。

1. 与标准试样对照　在相同条件下，分别绘制样品与标准试样的红外光谱，比较二者的区别，如果完全相同，样品与标准试样为同一物质。如果二者不一样或峰位不一致，则说明两者不是同一化合物或样品有杂质。

2. 与标准图谱对照　在与标准图谱相同的条件下，测定样品的红外光谱，然后与标准图谱进行对照，如果两张图谱各吸收峰的位置和形状完全相同，峰的相对强度一样，且其他物理常数（熔点、沸点、比旋光度等）、元素分析结果也一致，就可确认为同一化合物。许多国家都编制出版了标准红外光谱图集，如《萨特勒 IR 谱图集》、我国药典委员会编制的《药品红外光谱集》等，给鉴定未知物带来了极大的方便。事实上，许多带有计算机的红外光谱仪都储存有相当数量的标准图谱，有关参数的计算、图谱的检索等均可由计算机完成，分析简便、快速、结果准确。

🔗 知识链接

《药品红外光谱集》

《药品红外光谱集》是《中国药典》配套系列丛书之一。每卷有说明、光谱图和索引三个部分。光谱图由《中华人民共和国药典》、国家药品标准中所收藏的药品用傅里叶变换红外光谱仪录制而得，每幅光谱图还记载该药品的中文名、英文名、结构式、分子式光谱号及试样的制备方法等。索引有中文名索引、英文名索引、分子式索引，索引中列出的数字是指光谱号。

二、未知化合物结构分析

红外光谱与分子结构有确定的关系，组成物质的分子有各自特有的红外光谱，这是红外光谱进行定性和结构分析的依据。测得样品的红外光谱后，需要对红外谱图进行解析，才能对未知化合物进行定性鉴定和推测分子结构。

谱图解析是根据红外光谱的三个重要特征，即吸收谱带的位置、强度和形状来获得化合物的结构的信息，利用特征基团振动频率与分子结构之间的关系，确定吸收谱带的归属，确认分子中所含的基团或者键，再进一步由特征振动频率的位移谱带强度和形状的变化，来推测分子结构。红外光谱的成功解析还需依靠其他物理和化学数据，如熔点、沸点、折射率、分子量等，还要与其他分析测试手段相结合，如元素分析、紫外光谱、核磁共振光谱、质谱和色谱等。光谱解析者要了解试样的来源和制备方法，更需要积累丰富的实践经验。

利用红外吸收光谱法对未知化合物进行结构分析，一般步骤如下。

1. 了解试样来源和性质　要求试样纯度达 98% 以上，对样品的颜色、气味、物理状态、灰分等指标观察。如未知物含杂质，先进行分离、提纯。此外，还应收集样品的元素分析结果、相对分子质量、熔点、沸点、折光率及旋光度等，以期获得准确的分析结果。

2. 计算不饱和度　根据元素分析结果和相对分子质量推测出分子式，计算不饱和度，估计分子中是否含有双键、叁键或芳香环等。

不饱和度（Ω）的计算公式为：

$$\Omega = 1 + n_4 + \frac{n_3 - n_1}{2} \qquad (3-3)$$

式中，n_4 代表四价原子的数目，如碳；n_3 代表三价原子的数目，如氮；n_1 代表一价原子的数目，如氢、卤素等。

双键或饱和的环状结构的不饱和度为 1，三键的不饱和度为 2，苯的不饱和度为 4（一个环加三个双键），公式（3-3）不适用于有高于四价杂原子的分子。根据分子式和不饱和度数值，可对试样的类型和可能的分子结构有一个初步的认识。

3. 绘制谱图　根据试样性质和仪器，选择合适的制样方法、试验条件，测定绘制红外光谱。

4. 图谱解析

（1）红外光谱解析的三要素　红外光谱解析的三要素指的是峰位、峰的强度及峰的形状。红外光谱的解析通常先识别峰位，再观看峰强，然后分析峰形。例如 $\upsilon_{c=o}$ 一般在 1870~1540cm^{-1} 区间出现强峰，若在此区间出现一个强度弱的吸收峰，这并不一定证明试样结构中含有羰基，而可能是某含羰基的杂质。再如，缔合羟基、缔合伯氨基及炔氢在红外光谱上的峰位相差不大，但其峰形却相差甚远。

（2）用一组相关峰确认一个基团　遵循一组相关峰确认一个基团的原则，防止利用某特征峰片面的确认基团而出现误判的现象。例如，谱图中在 2962±10cm^{-1}、2872±10cm^{-1}、1450±10cm^{-1}、1380~1370cm^{-1} 处同时出现吸收峰时方可断定待测试样结构中含有甲基，同时特征区未发现某基团特征峰，则可否定该基团存在。

（3）红外光谱的解析顺序　先特征区（官能团区），后指纹区；先高频区，后低频区；先强峰后弱峰。即先在官能团区找出最强峰的归属，然后再在指纹区找出相关峰，用一组相关峰确认一个官能团，最后初步确认化合物的结构。

（4）基团与特征频率的相关关系　了解和熟悉常见基团的特征、吸收频率，对熟练解析红外光谱、快速判断化合物的取代基团及类型、确定化合物的结构有很大帮助。基团的特征频率相关性见表 3-2。

表 3 – 2 基团的特征频率相关性

σ（cm^{-1}）	λ（μm）	振动类型	基团或化合物
4000 ~ 3200	2.5 ~ 3.1	$\nu_{O-H, N-H}$	伯胺和仲胺、醇、酰胺、有机酸、酚
3310 ~ 3000	3.0 ~ 3.3	$\nu_{C \equiv C-H, =C-H}$	炔、烯、芳族化合物
3000 ~ 2700	3.3 ~ 3.7	ν_{C-H}	甲基、亚甲基、次甲基、醛
2500 ~ 2000	4.0 ~ 5.0	$\nu_{X \equiv Y, X=Y=Z}$	炔、丙二烯、腈、叠氮化物、硫氰酸盐（酯）
1870 ~ 1550	5.4 ~ 6.5	$\nu_{C=O}$	酯、酮、酰胺、羧酸、醛、酸酐、酰卤
1690 ~ 1500	5.9 ~ 6.7	$\nu_{C=C, C=N}$ $\nu_{NO_2}^{as}$, δ_{NH}	芳环、烯、胺、硝基化合物
1490 ~ 1150	6.7 ~ 8.7	δ_{C-H}, δ_{OH}	甲基、亚甲基、羟基
1310 ~ 1020	7.6 ~ 9.8	ν_{C-O-C}	醇、酚、酯
1000 ~ 665	10.0 ~ 15.0	$\gamma_{=C-H}$	烯、芳香族
850 ~ 500	11.8 ~ 20.0	ν_{C-X}, ρ_{CH_2}	有机卤化物、亚甲基 $n \geqslant 4$

5. 红外光谱解析示例

1. 分子式 C_8H_{18} 的化合物，红外光谱如图 3 – 5 所示，试确定其结构。

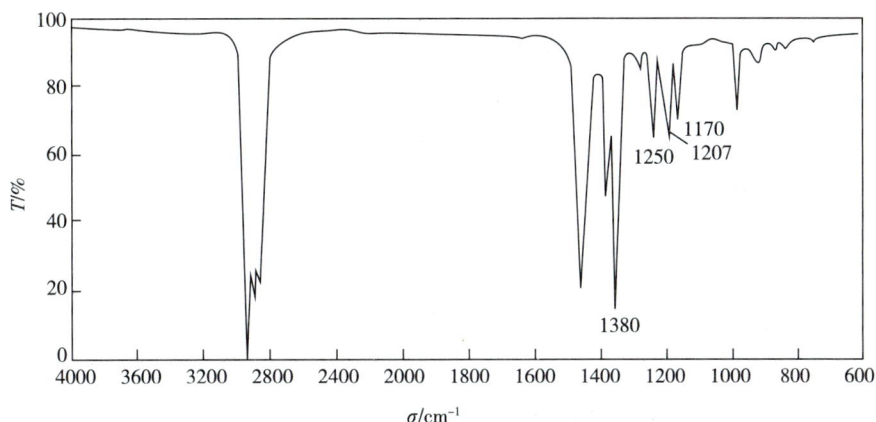

图 3 – 5 化合物 C_8H_{18} 的红外光谱

解：计算可得该化合物不饱和度为 0 是饱和烃。图 3 – 5 中 3000 ~ 2800cm^{-1} 的强峰为饱和 C—H 伸缩振动吸收峰，表明该化合物中可能含有—CH_3 和—CH_2—；1380cm^{-1} 处的峰裂分，说明存在—C（CH_3）$_2$—或—C（CH_3）或两者都存在，1250cm^{-1}、1207cm^{-1} 处的峰，进一步说明存在叔丁基—C（CH_3），而 1170cm^{-1} 表明也存在异丙基—C（CH_3）$_2$—，在 760 ~ 700cm^{-1} 不出现普带表明—（CH_2）$_n$—的 $n \leqslant 1$，则该化合物结构式为 CH_3—C（CH_3）$_2$—CH_2—CH（CH_3）$_2$。

2. 一个具有旋光性的单萜类精油，分子式为 $C_{10}H_{16}$，在 220nm 以上无吸收，其红外谱图如图 3 – 6 所示，试推导其结构。

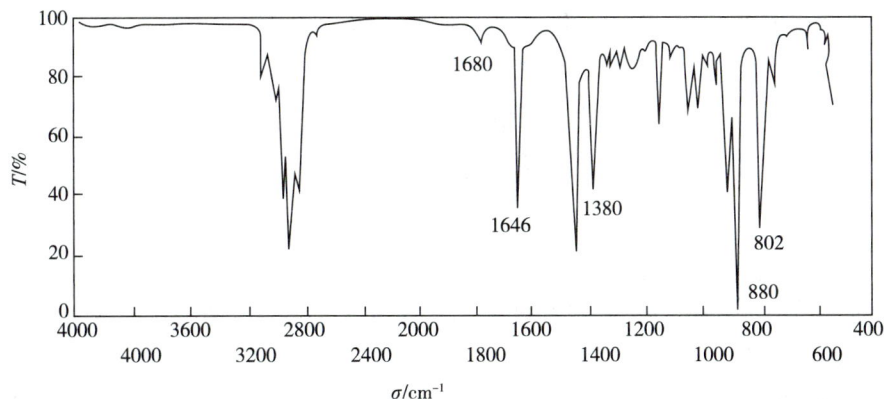

图 3 – 6 化合物 $C_{10}H_{16}$ 的红外光谱

解：计算不饱和度为 3，说明存在三个双键或环，或有三键，$2100cm^{-1}$ 处无吸收则无三键，由 $1646cm^{-1}$ 和 $880cm^{-1}$ 的峰说明存在 $R^1R^2C =\!\!= CH_2$。由 $802cm^{-1}$ 和 $1680cm^{-1}$ 处峰可证明可能存在三取代双键。因无紫外吸收，且红外中 $\upsilon_{C=C}$ 的强度不大，说明双键彼此间不共轭。考虑萜类骨架、三取代双键，没有共轭以及光学活性，则第三个不饱和度必定是环。$1380cm^{-1}$ 谱带是单峰，因此不存在 $-C(CH_3)_2-$ 结构，所以其结构是只能为如下所示：

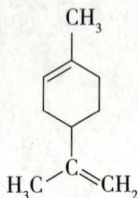

三、红外光谱定量分析

在红外光谱测量中，常采用基线法来求得试样的经验吸光度。测量时，不用参比，并假定溶剂在试样吸收峰两肩部的吸光度是保持不变的。在透光度线性坐标的谱图上选择一个适当的被测物质的吸收谱带。在这个谱带的波长范围内，溶剂及试样中其他组分没有吸收谱带与其重叠，也就是背景吸收是常数或呈线性变化。画一条与吸收谱带两肩相切的线作为基线，峰值波长的垂线和这一基线相交，按式（3-4）即可求取：

$$A = \lg \frac{I_0}{I} \tag{3-4}$$

式中，I_0 为交点处的透光度值，I 为峰值处的透光度值。

红外光谱（IR）主要由物质分子的振动能级跃迁产生。由于分子的振动能级差大于转动能级差，分子发生振动能级跃迁时必然同时伴随转动能级跃迁，故红外光谱又称分子振 - 转光谱。红外光谱以吸收峰的位置［波数（cm^{-1}）或波长 λ（nm）］为横坐标，以吸收峰的强度［百分透光率 T（%）］为纵坐标共同描述。红外光谱与紫外 - 可见光谱的相同点是同属分子吸收光谱，区别在于产生原因、适用范围、特征性和用途不同。振动自由度反映的是分子基本振动的数目，但并非每种振动都出现吸收峰。同一基团的振动形式不同，吸收峰位置不同。基频峰的强度较大，是红外光谱上的主要吸收峰；泛频峰强度较弱，不易辨认，但增加了红外光谱的特征性。特征峰常出现在官能团区，相关峰中的某些峰常出现在指纹区。官能团区吸收峰较强且稀疏，易辨认；指纹区吸收峰密集，难辨认。

红外光谱法试样不同，制备方法不同。不饱和度是衡量分子不饱和程度的指标。红外光谱法主要用于物质的定性分析和结构鉴定，在定量分析方面受到测定条件和灵敏度等的限制。

目标检测

答案解析

一、填空题

1. 一般将多原子分子的振动方式分为＿＿＿＿＿＿＿＿振动和＿＿＿＿＿＿＿＿振动，前者又分为＿＿＿＿＿＿＿＿振动和＿＿＿＿＿＿＿＿振动，后者可分为＿＿＿＿＿＿＿、＿＿＿＿＿＿＿、＿＿＿＿＿＿＿和＿＿＿＿＿＿＿。

2. 在红外光谱中，将基团在振动过程中有＿＿＿＿＿＿＿＿变化的称为＿＿＿＿＿＿＿＿，没有变化的称为＿＿＿＿＿＿＿＿。一般前者在红外光谱图上＿＿＿＿＿＿＿＿。

3. 许多国家药典绘制药品红外光谱指定使用_____红外光谱仪，_____是固体样品常用制样方法。

4. _____区域的峰是由伸缩振动产生的，基团的特征吸收一般在此范围，它是鉴别_____最有价值的区域，称为_____区；_____区域中，当分子结构稍有不同时，该吸收就有微细的不同，称为_____区。

二、选择题

1. 关于红外光描述，下列说法正确的是

　　A. 能量比紫外光大、波长比紫外光长　　　　B. 能量比紫外光小、波长比紫外光长

　　C. 能量比紫外光小、波长比紫外光短　　　　D. 能量比紫外光大、波长比紫外光短

2. 红外光谱吸收的电磁波是

　　A. 微波　　　　　B. 可见光　　　　　C. 红外光　　　　　D. 无线电波

3. 中红外区的波数为

　　A. $400 \sim 200 cm^{-1}$　　B. $2.5 \sim 50 cm^{-1}$　　C. $4000 \sim 400 cm^{-1}$　　D. $200 \sim 400 cm^{-1}$

4. 红外光谱属于

　　A. 电子光谱　　　　B. 振动 - 转动光谱　　C. 原子光谱　　　D. 转动光谱

5. 红外光谱上的"谷"是红外光谱的

　　A. 吸收峰　　　　B. 肩缝　　　　　C. 末端吸收　　　　D. 吸收谷

6. 红外光谱中用纵坐标的标度是

　　A. 透光率　　　　B. 光强度　　　　C. 波数　　　　　D. 波长

7. 红外光谱属于

　　A. 原子吸收光谱　　B. 分子吸收光谱　　C. 电子光谱　　　D. 磁共振谱

8. 红外光谱与紫外 - 可见光谱比较

　　A. 红外光谱与紫外 - 可见光谱的特征性均强

　　B. 紫外 - 可见光谱的特征性强

　　C. 红外光谱的特征性强

　　D. 红外光谱与紫外 - 可见光谱的特征性均不强

9. 振动能级由基态跃迁至第一激发态所产生的吸收峰是

　　A. 基频峰　　　　B. 合频峰　　　　C. 差频峰　　　　D. 泛频峰

10. 鉴定乙醇和丙酮最可靠的方法是

　　A. 紫外光谱　　　B. 红外光谱　　　C. 气相色谱　　　D. 液相色谱

11. 使基团振动频率向高波数位移的因素是

　　A. 吸电子诱导效应　　　　　　　　B. 共轭效应

　　C. 氢键　　　　　　　　　　　　　D. 溶剂极性增大

12. 某一化合物的紫外光区204nm 处有一弱吸收带，在红外光谱的官能团区 $3300 \sim 2500 cm^{-1}$ 有较宽的吸收谱带，在 $1725 \sim 1705 cm^{-1}$ 有强的吸收峰。该化合物可能为

　　A. 醛　　　　　　B. 酮　　　　　　C. 羧酸　　　　　D. 酯

三、简答题

1. 简述分子的振动方式有哪些？

2. 简述傅里叶变换红外光谱分析法样品的处理方法有哪些?

四、计算题

1. C—H 键力常数 K = 5.1N/cm，计算其振动频率。

2. 计算分子式为 C_6H_6NCl 的不饱和度。

五、图谱解析

1. 推导 $C_{12}H_{14}O_4$ 的结构，其红外光谱如下所示：

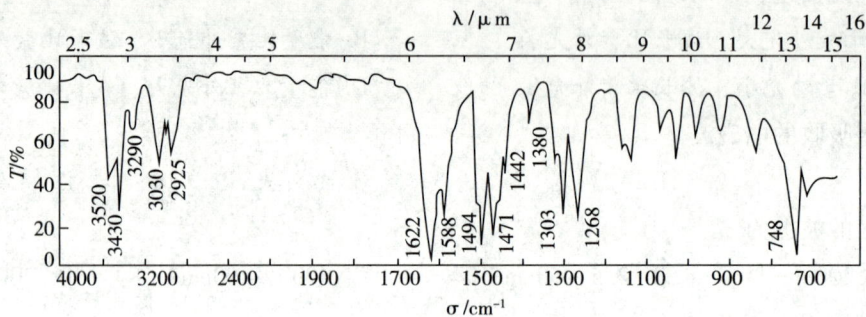

$C_{12}H_{14}O_4$ 的红外光谱

2. 推导 C_7H_9N 的结构，其红外光谱如下所示：

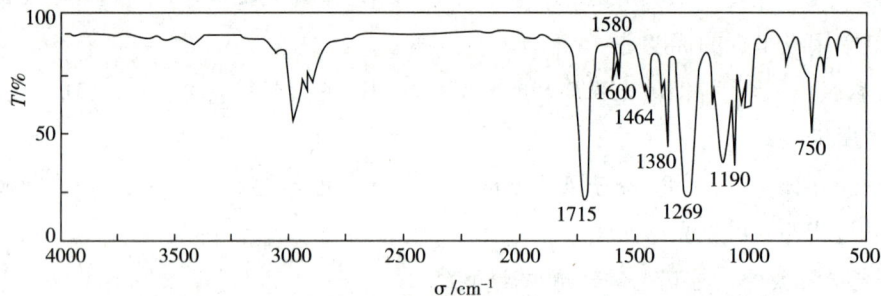

C_7H_9N 的红外光谱

书网融合……

  项目小结

  习题

项目四　原子吸收光谱法

学习目标

【知识目标】

1. 掌握原子吸收光谱的基本原理、应用范围及其特点、以及分析方法。

2. 熟悉原子吸收光谱结果要求及实验数据记录、处理的方法。

3. 了解原子吸收光谱的发展趋势及其在化妆品分析检测中的地位；

【技能目标】

1. 能够遵守原子吸收光谱的分析原则。

2. 学会原子吸收光谱分析的一般检测步骤。

3. 能够安全、规范地完成实验。

4. 能正确、规范地记录和处理实验数据、书写仪器分析实验报告。

5. 能够运用正确的方法学习本课程。

【素质目标】

1. 培养学生的安全意识、质量意识和规范意识。

2. 培养学生科学严谨的态度。

3. 培养学生探索新知识、掌握新技能的积极性和主动性。

岗位情景模拟

情景描述　化妆品质量控制中常见的重金属检测包括镉、铅、砷等元素，如果您是一名化妆品质量检验人员。

讨论　1. 您会采用哪种分析仪器对化妆品中镉、铅、砷等元素进行测定？

　　　　2. 您会采用什么样的方法获得更加高效、准确的检测结果？

任务一　初识原子吸收光谱法

PPT

原子吸收光谱测定法（atomic absorption spectrometry，ASS）也称原子吸收分光光度法，是基于蒸气中待测元素的基态原子对特征电磁辐射的吸收强度来测定样品中待测元素含量的一种仪器分析方法。

人们对光吸收现象的研究始于 18 世纪，1802 年，伍朗斯顿（W. H. Wollaston）在研究太阳连续光谱时，发现太阳连续光谱中出现了暗线。1817 年，弗劳霍夫（J. Fraunhofer）在研究太阳连续光谱时，再次发现了这些暗线，但当时并不了解这些暗线的产生原因，于是就将它们称为弗劳霍夫线。1859 年，克希荷夫（G. Kirchhoff）与本生（R. Bunson）在研究碱金属和碱土金属的火焰光谱时，发现钠蒸气发出的光通过温度较低的钠蒸气时，会引起钠光的吸收；并且根据钠发射线与暗线在光谱中位置相同这一事实，科学的解释了太阳光谱中的暗线，是钠发射的谱线通过太阳较冷的外围大气圈时被钠原子吸收的结果。

1905 年，伍德（R. W. Wood）用汞放电灯辐照汞蒸气，在屏幕上出现了汞光束吸收所形成的阴影，证实了原子吸收光谱的产生。1953 年，瓦尔西（A. Walsh）提出了原子吸收光谱分析法，并与 1954 年在墨尔本物理研究所展览会上展出了第一台火焰原子吸收光谱仪。1955 年，瓦尔西发表了《原子吸收光谱在化学分析中的应用》，开创了火焰原子吸收光谱法（flame atomic absorption spectrometry，FASS）。1959 年，沃夫（B. V. L' vov）开创了石墨炉电热原子吸收光谱法（Graphite furnace electrothermal atomic absorption spectrometry，GFASS）。1965 年，威立斯（J. B. Willis）成功地将氧化亚氮 – 乙炔火焰用于火焰原子吸收法中，使许多高温元素的金属氧化物原子化，把火焰法所能测定元素的范围由 30 多个扩大到近 70 个。

一、原子吸收光谱法的优点

1. 检出限低，灵敏度高。火焰原子吸收法检出限可达 ng/mL 级，石墨炉原子吸收达 $10^{-13} \sim 10^{-14}$g。

2. 选择性好。每种元素原子结构不同，吸收各自不同的特征光谱。

3. 精密度高。火焰原子吸收法的相对误差可小于 1%，而石墨炉原子吸收法一般为 3% ~ 5%。

4. 分析速度快。

5. 光谱干扰少。原子吸收谱线少，一般没有共存元素的光谱重叠。大多数情况下对被测元素不产生干扰。

6. 应用范围广。可测定元素周期表上大多数的金属和非金属元素。有些可间接进行分析。

7. 仪器比较简单，价格较低廉，一般实验室都可配备。

二、原子吸收光谱法的局限性

常用的原子化器温度（3000K）测定难熔元素，如 W、Nb、Ta、Zr、Hf、稀土等及非金属元素，不能令人满意；不能同时进行多元素分析。近年来多元素同时测定技术取得了显著进展，多元素同时测定仪器面世，预计不久的将来会取得更重要的进展。

任务二　原子吸收光谱法原理

PPT

一、原子吸收光谱的产生

基态原子吸收其共振辐射，外层电子由基态跃迁至激发态而产生原子吸收光谱。原子吸收光谱位于光谱的紫外区和可见区。

二、基态原子数与激发态原子数的关系

在通常的原子吸收测定条件下，原子蒸气中基态原子数近似地等于总原子数。在原子蒸气中（包括被测元素原子），可能会有基态与激发态存在。

根据热力学原理，在一定温度下达到热平衡时，基态与激发态原子数的比例遵循 Boltzmann 分布定律：

$$\frac{N_i}{N_0} = \frac{g_i}{g_0} exp(-\frac{E_i}{kT}) \tag{4-1}$$

即一定波长的谱线，其 g_i/g_0、E_i 的值是已知的，可计算一定温度下的 N_i/N_0（表4-1）。

表4-1　某些元素共振线的 N_i/N_0

	λ/nm	E_i/eV	g_i/g_0	N_i/N_0			
				2000K	3000K	4000K	10000K
Na	589.0	2.11	2	9.9×10^{-6}	5.9×10^{-4}	4.4×10^{-3}	2.6×10^{-1}
Ca	422.7	2.93	2	1.2×10^{-7}	3.7×10^{-5}	6.0×10^{-4}	1.0×10^{-1}
Zn	213.8	5.80	2	7.3×10^{-15}	5.4×10^{-10}	1.5×10^{-7}	3.6×10^{-3}

由表4-1可以看出，温度愈高，N_i/N_0 愈大，10000K 只有在 ICP 等光源中才会有。在原子吸收光谱法中，原子化温度一般小于3000K，N_i/N_0 值绝大部分在 10^{-3} 以下，激发态和基态原子数之比小于千分之一。因此，可以认为，基态原子数 N_0 近似地等于总原子数 N。从这里也可看出原子吸收光谱法灵敏度高的原因所在。

三、原子吸收谱线的轮廓

原子吸收光谱线并不是严格的几何意义上的线（几何线无宽度），而是有相当窄的频率或波长范围，即有一定的宽度。谱线轮廓（lineprofile）是谱线强度随频率（或波长）的变化曲线。一般的习惯用吸收系数 K 随频率的变化来描述（图4-1）。原子吸收线的轮廓以吸收线的中心频率（或中心波长）和半宽度来表征。中心频率（或中心波长）是指吸收系数最大值 K_0 所对应的频率（或波长），由原子能级决定。半宽度是中心频率（或波长）位于最大吸收系数一半处，谱线轮廓上两点之间频率或波长的距离，以 Δv 表示。

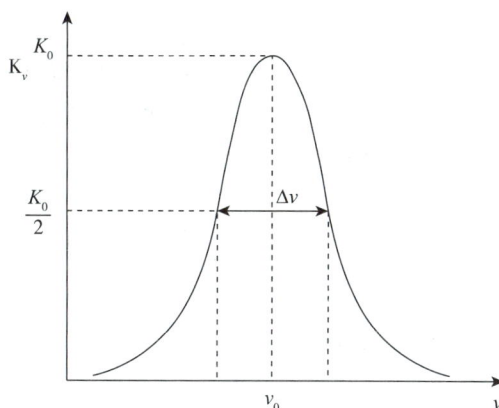

图4-1　原子吸收谱线轮廓

半宽度受到很多因素的影响，下面讨论几种主要变宽的因素。

1. 自然宽度　没有外界影响，谱线仍有一定的宽度称为自然宽度（natural width）。它与激发态原子的平均寿命有关，平均寿命愈长，谱线宽度愈窄。不同谱线有不同的自然宽度，多数情况下约为 10^{-5}nm 数量级。

2. Doppler 变宽　通常在原子吸收光谱法测定条件下，Doppler 变宽（Doppler broadening）是影响原子吸收光谱线宽度的主要因素。Doppler 宽度是由于原子热运动引起的，又称为热变宽。从物理学中可知，无规则热运动的发光的原子运动方向背离检测器，则检测器接收到的光的频率较静止原子所发的光的频率低。反之，检测器接收光的频率较静止原子发的光频率高，这就是 Doppler 效应。原子吸收光谱法中，气态原子是处于无规则的热运动中，使检测器接收到很多频率稍有不同的吸收，于是谱线变宽。当处于热力学平衡状态时，谐线的 Doppler 宽度 Δv_D 可用下式表示：

$$\Delta v_D = \frac{2 v_0}{c} \sqrt{\frac{2(\ln 2)RT}{A_r}} \tag{4-2}$$

式中，Δv_D 为谱线的中心频率，c 为光速，R 为摩尔气体常数，T 为热力学温度，A_r 为相对原子质量。将有关常数代入，得到式（4-3）：

$$\Delta \nu_D = 7.16 \times 10^{-7} \nu_0 \sqrt{\frac{T}{A_r}} \qquad (4-3)$$

由式（4-3）可见，Doppler 宽度随温度升高和相对原子质量减小而变宽。Doppler 变宽可达 10^{-3}nm 数量级。

3. 压力变宽　当原子吸收区气体压力变大时，相互碰撞引起的变宽是不可忽略的。原子之间相互碰撞，导致激发态原子平均寿命缩短，引起谱线变宽称为压力变宽（pressure broadening）。根据与其碰撞的原子不同，又可分为两种：①Lorentz 变宽，是指被测元素原子和其他粒子碰撞引起的变宽，它随原子区内气体压力增大和温度升高而增大；②Holtzmark 变宽，是指和同种原子碰撞而引起的变宽，也称为共振变宽，它只是在被测元素浓度高时才起作用，在原子吸收法中可忽略不计。Lorentz 变宽与 Doppler 变宽有相同的数量级，也可达 10^{-3}nm。当原子吸收测量的共存原子浓度很小时，Doppler 变宽起主要作用。

此外，由于外界电场或带电粒子、离子形成的电场及磁场的作用，使谱线变宽称为场致变宽；此外，还有自吸的影响。但这些变宽影响都不大。

四、原子吸收光谱的测量

1. 积分吸收　在吸收线轮廓内，吸收系数的积分称为积分吸收系数（integral absorption coefficient），简称为积分吸收，它表示吸收的全部能量。从理论上可以得出，积分吸收与原子蒸气中吸收辐射的原子数呈正比，数学表达式为：

$$\int k_\nu d\nu = \frac{\pi e^2}{mc} N_0 f \qquad (4-4)$$

式中，e 为元电荷；m 为电子质量；c 为光速；N_0 为单位体积内基态原子数；f 为振子强度，是指被入射辐射激发的原子数与总原子数之比，表示吸收跃迁的概率。式（4-4）是原子吸收光谱法的重要理论依据。

若能测定积分吸收，则可求出原子浓度。但是，测定谱线宽度仅为 10^{-3}nm 的积分吸收，需要分辨率很高的色散仪器，这是难以做到的。这也是 100 多年前就已发现原子吸收现象，却一直未能用于分析化学的原因。

2. 峰值吸收　1955 年 Walsh A 提出，在温度不太高的稳定火焰条件下，峰值吸收系数与火焰中被测元素的原子浓度呈正比。吸收线中心波长处的吸收系数 K 为峰值吸收系数，简称峰值吸收（peak absorption）。前面指出，在通常原子吸收测定条件下，原子吸收线轮廓取决于 Doppler 宽度，吸收系数为：

$$K_0 = \frac{2}{\Delta \nu_D} \sqrt{\frac{ln2}{\pi}} \frac{\pi e^2}{mc} N_0 f \qquad (4-5)$$

可以看出，峰值吸收系数与原子浓度呈正比，只要能测出 K_0，就可得到 N_0。

由上所述，峰值吸收的测定是至关重要的，Walsh 还提出用锐线光源（sharp line source）测量峰值吸收，从而解决了原子吸收的实用测量问题。

锐线光源是发射线半宽度远小于吸收线半宽度的光源，如空心阴吸灯。发射线与吸收线的中心频率一致，在发射线中心频率的很窄的频率范围 $\Delta \nu$ 内，K_0 随频率的变化很小，可以近似地视为常数，并且等于中心频率处的吸收系数 K_0。

3. 原子吸收光谱分析的基本关系式　在实际分析工作中，既不直接测量峰值吸收 K_0，也不测量原子数，而是测量吸光度来求出试样中被测元素的含量。

强度为 I_0 的某一波长的辐射通过均匀的原子蒸气时，根据发射线吸收定律，有式：

$$I = I_0 \exp(-K_0 L) \tag{4-6}$$

式中，I_0 与 I 分别为入射光与透射光的强度，K_0 为峰值吸收系数，L 为原子蒸气吸收层厚度。根据吸光度的定义，有式：

$$A = \lg \frac{I_0}{I} = 0.4343 K_0 \tag{4-7}$$

将式（4-6）代入式（4-7），得：

$$A = 0.4343 \frac{2}{\Delta\nu D} \sqrt{\frac{\ln 2}{\pi}} \frac{\pi e^2}{mc} fL N_0 \tag{4-8}$$

在原子吸收测定条件下，如前所述原子蒸气中基态原子数 N_0 近似地等于原子总数 N_0 在实际测量中，要测定的是试样中某元素的含量，而不是蒸气中的原子总数。但是，实验条件一定，被测元素的浓度 c 与原子蒸气中原子总数保持一定的比例关系，即得：

$$N_0 = \alpha c \tag{4-9}$$

式中，α 为比例常数。代入式（4-9）中，则得：

$$A = 0.4343 \frac{2}{\Delta\nu D} \sqrt{\frac{\ln 2}{\pi}} \frac{\pi e^2}{mc} fL\alpha c \tag{4-10}$$

实验条件一定，各有关的参数都是常数，吸光度为：

$$A = Kc \tag{4-11}$$

式中，K 为比例常数。

式（4-11）表明，吸光度与试样中被测元素的含量呈正比。这是原子吸收光谱法定量分析的基本关系式。

任务三　原子吸收分光光度计

原子吸收光谱仪依次由光源、原子化器、单色器、检测器、信号处理与显示记录等部件组成。

原子吸收光谱仪有单光束和双光束两种类型。图4-2（a）为单光束型，这种仪器结构简单，但它会因光源不稳定而引起基线漂移。现已采取了一些措施，使仪器具有足够的稳定性，因此它仍然是发展与市场销售的主要商用仪器。

由于原子化器中被测原子对辐射的吸收与发射同时存在，同时火焰组分也会发射带状光谱。这些来自原子化器的辐射发射干扰检测，发射干扰都是直流信号。为了消除辐射的发射干扰，必须对光源进行调制。可用机械调制，在光源后加一扇形板（切光器），将光源发出的辐射调制成具有一定频率的辐射，就会使检测器接收到交流信号，采用交流放大将发射的直流信号分离掉。也可对空心阴极灯光源采用脉冲供电，不仅可以消除发射的干扰，还可提高光源发射光的强度与稳定性，降低噪声等，因而光源多使用这种供电方式。

图4-2（b）为双光束型仪器，光源发出经过调制的光被切光器分成两束光：一束测量光，一束参比光（不经过原子化器）。两束光交替地进入单色器，然后进行检测。由于两束光来自同一光源，可以通过参比光束的作用，克服光源不稳定造成的漂移的影响。但会引起光能量损失严重，近年来也有较大的改进。

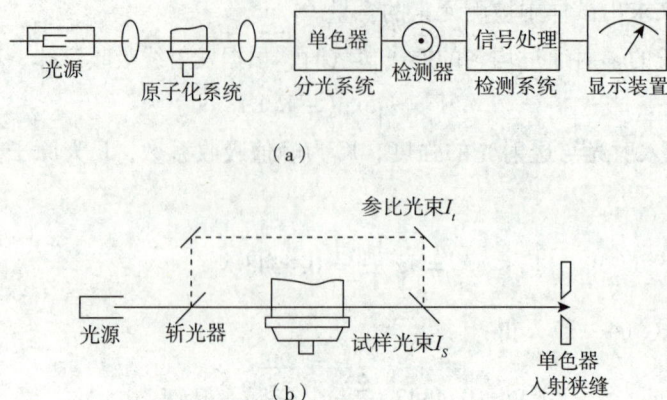

（a）

（b）

图4-2 单光束原子吸收光谱仪结构图

一、光源

光源的作用是发射被测元素的共振辐射。对光源的要求是：锐线光源，辐射强度大，稳定性高，背景小等。目前应用最广泛的是空心阴极灯和无极放电灯等。

1. 空心阴极灯 空心阴极灯（hollow cathode lamp，HCL）是一种辐射强度较大、稳定性好的锐线光源。它是一种特殊的辉光放电管（图4-3）。灯管由硬质玻璃制成，一端有石英做成的光学窗口。两根钨棒封入管内，一根连有由钛、锆、钽等有吸气性能的金属制成的阳极；另一根上是镶有一个圆筒形的空心阴极，在空心圆筒内衬上或熔入被测元素的纯金属、合金或用粉末冶金方法制成的"合金"，它们能发出被测元素的特征光谱，因此有时也被称为元素灯。管内充有数百帕低压的惰性气体氖或氩，称为载气。

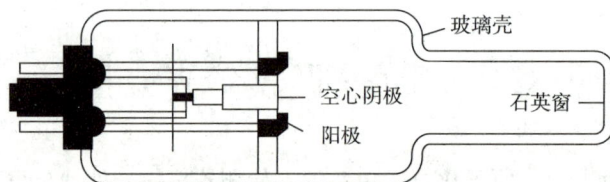

图4-3 空心阴极灯结构图

像前面介绍的Grimm放电管一样，在空心阴极灯两极间施加数百伏电压，便产生"阴极溅射"效应，并且产生放电。溅射出来的原子大量聚集在空心阴极内，被测元素原子浓度很高，再与原子、离子、电子等碰撞而被激发发光，整个阴极充满很强的负辉光，即是被测元素的特征光谱。由于灯的工作电流一般在几毫安至几十毫安，阴极温度不高，所以Doppler变宽效应不明显，自吸现象小。灯内的气体压力很低，Lorentz变宽也可忽略。因此，在正常工作条件下，空心阴极灯发射出半宽度很窄的特征谱线。

2. 高强度空心阴极灯 普通空心阴极灯的原子溅射效率高，而光谱激发效率并不高，只有一部分原子被激发发光。高强度空心阴极灯（high-intensity hollow cathode lamp，HI-HCL）是在普通空心阴极灯内增加一对涂有电子敏化材料的辅助电极，以分别控制原子溅射和光谱激发过程。它可以使溅射出来的原子被二次激发，这样可以提高光谱的激发效率，提高谱线强度。

3. 无极放电灯 大多数元素的空心阴极灯具有较好的性能，是当前最常用的光源。但对于砷、硒、碲、镉、锡等易挥发、低熔点的元素，它们易溅射，但难激发，空心阴极灯的性能不能令人满意。无极放电灯（electrodeless discharge lamp，EDL）对这些元素上具有优良的性能。将数毫克的被测元素卤化物封在一个长 30～100mm、内径为 3～15mm 的真空石英管内，管内充数百帕压力的氩气。石英管被牢固地放在一个高频发生器线圈内。灯内没有电极，由高频电场作用激发出被测元素的原子发射光谱。它是低压放电，称为无极放电灯。

已有商品无机放电灯的元素有锑、砷、铋、镉、铅、汞、锗、铷、硒、锡、铊、锌和磷等，特别是磷无机放电灯，是目前用原子吸收法测定磷的唯一实用光源。

二、原子化器

原子化器的功能是提供能量，使试样干燥、蒸发并原子化。原子化器通常分为两大类：火焰原子化器和非火焰原子化器（也称炉原子化器）。

1. 火焰原子化器　火焰原子化器（flame atomizer）是由化学火焰的燃烧热提供能量，使被测元素原子化。火焰原子化器应用最早，而且至今仍在广泛应用。

（1）预混合型火焰原子化器的结构　结构示意见图 4-4，它分为三部分：雾化器、预混合室和缝式燃烧器。

1）雾化器的作用是将试样的溶液雾化，供给细小的雾滴。雾滴愈小，火焰中生成的基态原子就愈多。目前多采用如图 4-4 所示的同轴型气动喷雾器，喷出微米级直径雾粒的气溶胶。

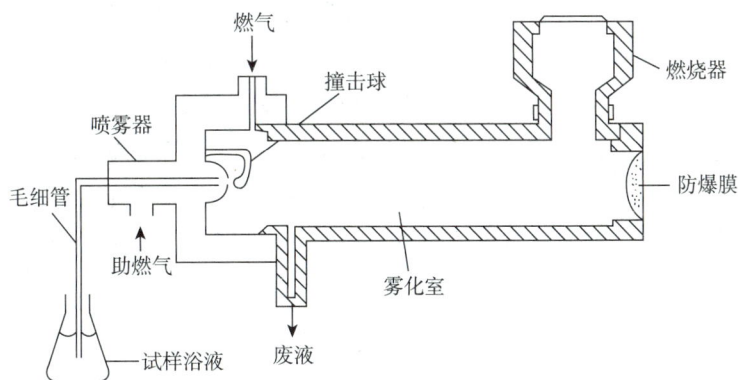

图 4-4　预混合型火焰原子化器的结构示意图

2）预混合室使气溶胶的雾粒更小、更均匀，并与燃气、助燃气混合均匀后进入燃烧器。预混合室中在喷嘴前装有撞击球，可使气溶胶雾粒更小；还装有扰流器，它对较大的雾滴有阻挡作用，使其沿室壁流入废液管排出；扰流器还有助于气体混合均匀，使火焰稳定，降低噪声。目前这种气动雾化器的雾化效率比较低，一般只有 10%～15% 的试样溶液被利用。它是影响火焰原子化法灵敏度的重要问题。

3）燃烧器的作用是产生火焰，使进入火焰的试样气溶胶脱溶、蒸发、灰化和原子化。燃烧器是缝型，多用不锈钢制成。燃烧器应能旋转一定的角度，高度也能上下调节，以便选择合适的火焰部位进行测量。

预混合型火焰原子化器的优点是：重现性好；能提供稳定和可重复性燃烧条件；燃烧器吸收光程长，有足够的灵敏度；干扰少等。缺点是：雾化效率比较低。

（2）火焰的基本特性

1）燃烧速率　是指火焰由着火点向可燃混合气其他点传播的速率，它影响火焰的安全性和燃烧的稳定性。要使火焰稳定，可燃混合气体供气速率应大于燃烧速率。但供气速率过大，会使火焰离开燃烧器，变得不稳定，甚至吹灭火焰；供气速率过小，将会引起回火。

2）不同类型的火焰，其温度是不同的（表4-2）。

表4-2 不同类型的火焰温度

燃气	助燃气	最高燃烧速率（cm/s）	最高火焰温度（℃）
乙炔	空气	158	2250
乙炔	氧化亚氮	160	2700
氢气	空气	310	2050
丙烷	空气	82	1920

3）火焰的燃气与助燃气比例　按两者比例的不同，可将火焰分为三类：化学计量火焰、富燃火焰、贫燃火焰。

①化学计量火焰：由于燃气与助燃气之比与化学反应计量关系相近，又称其为中性火焰。这类火焰温度高、稳定、干扰小、背景低，适合于许多元素的测定。

②高燃火焰：指燃气大于化学计量的火焰。其特点是燃烧不完全，温度略低于化学计量火焰，具有还原性，适合于易形成难解离氧化物的元素测定；但其干扰较多，背景高。

③贫燃火焰：指助燃气大于化学计量的火焰。它的温度比较高，有较强的氧化性，有利于测定易解离、易电离的元素，如碱金属。

4）火焰的温度分布　实际的火焰体系并非整个地处于热平衡状态，在火焰的不同区域和部位，其温度是不同的。每一种火焰都有其自身的温度分布。每一种元素在一种火焰中，不同的观测高度其吸光度值也会不同。因此，在火焰原子化法测定时要选择合适的观测高度。

5）火焰的光谱特性　是指没有样品进入时，火焰本身对光源辐射的吸收（图4-5）。火焰的光谱特性决定于火焰的成分，并限制了火焰应用的波长范围。图4-5是三种火焰在190~230nm波长范围的吸收曲线。乙炔-空气火焰在短波区有较大的吸收，而氩-氢扩散火焰的吸收很小。

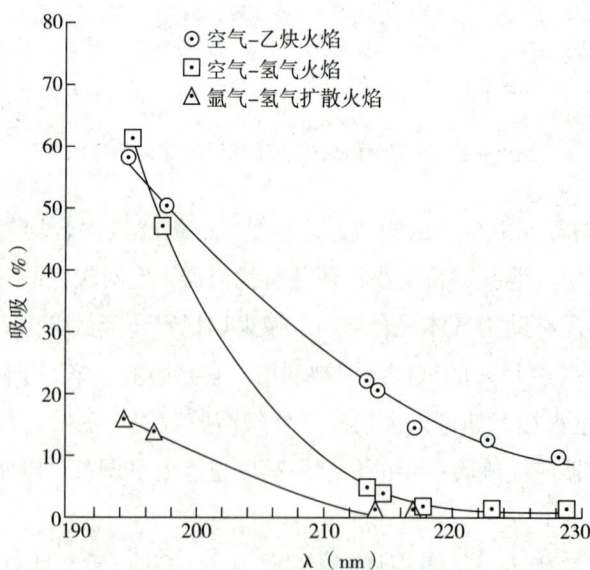

图4-5　三种火焰在190~230nm波长范围的吸收曲线

6）常用的火焰　①最常用的是乙炔-空气火焰，它的火焰温度较高，燃烧稳定，噪声小，重现性好。分析线波长大于230nm，可用于碱金属、碱土金属、贵金属等30多种元素的测定。②另一种是乙炔－氧化亚氮火焰，它的温度高，是目前唯一能广泛应用的高温火焰。其干扰少，而且具有很强的还原性，可以使许多难解离的氧化物分解并原子化，如铝、硼、钛、钒、锆、稀土等。它可测定 70 多种元素，温度高，易使被测原子电离，同时燃烧产物 CN 易造成分子吸收背景。③还有氢－空气火焰，它是氧化性火焰，温度较低，特别适合于共振线在短波区的元素，如砷、硒、锡、锌等的测定。氢－氩火焰也具有氢－空气火焰的特点，并且比其更好。

火焰原子化器操作简单，火焰稳定，重现性好，精密度高，应用范围广。但其原子化效率低，通常只能液体进样。

2. 非火焰原子化器 非火焰原子化器也称炉原子化器（furnace atomizer），大致分为两类：电加热石墨炉（管）原子化器和电加热石英管原子化器。

（1）电加热石墨炉原子化器 石墨炉原子化器，其工作原理是大电流通过石墨管产生高热、高温，从而使试样原子化。这种方法又称为电热原子化法。

图 4－6 为石墨炉原子化器结构示意图，由图可见，石墨管装在炉体中，管长约 28mm，管内径不超过 8mm，管中间的小孔为进样孔，直径小于 2mm。石墨炉由电源、保护气系统、石墨管炉等。电源电压为 10～25V，电流为 250～500A，一般最大功率不超过 5000W。石墨管温度最高可达 3300K。

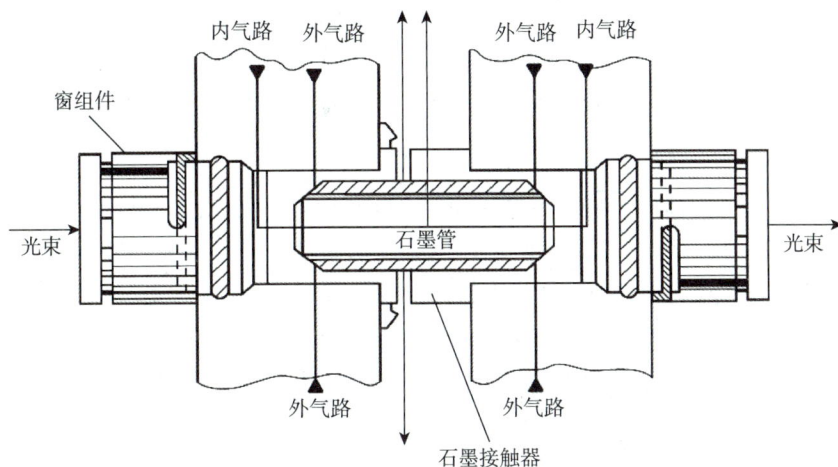

图 4－6　石墨管结构示意图

光源发出的光由石墨管中穿过，管内外都有保护性气体通过，通常采用惰性气体氩气，有时也用氮气。管外的气体保护石墨管不被氧化、烧蚀。管内氩气由两端流向管中心，由中心小孔流出，它可除去测定过程中产生的基体蒸气，同时保护已经原子化了的原子不再被氧化。石墨管接电源。在炉体的夹层中还通有冷却水，使达到高温的石墨炉在完成一个样品的分析后，能迅速回到室温。

石墨炉电热原子化法的过程分为 4 个阶段，即干燥、灰化、原子化和净化，可在不同温度石墨炉升温程序下、不同时间内分步进行（图 4－7）。同时其温度可控，时间可控。由图 4－7 可见，石墨炉升温的程序，温度随时间的变化可沿实线或虚线进行。干燥温度一般稍高于溶剂沸点，其目的主要是去除溶剂，以免溶剂存在导致灰化和原子化过程飞溅。灰化是为了尽可能除掉易挥发的基体和有机物，保留被测元素。原子化过程应通过实验选择出最佳温度与时间，温度可达 2500～3000℃。在原子化过程中，应停止氩气通过，可延长原子在石墨炉中的停留时间。净化为一个样品测定结束后，用比原子化阶段稍高的温度加热，以除去样品残渣，净化石墨炉。石墨炉的升温程序是微机处理控制的，进样后原子化过程按程序自动进行。

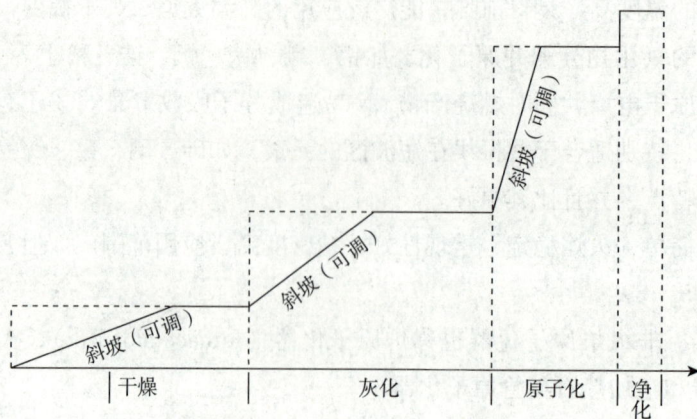

图4-7 石墨炉升温程序示意图

石墨炉原子化器的优点是：①检出限绝对值低，可达 $10^{-12} \sim 10^{-14}$ g，比火焰原子化法低 3 个数量级。②原子化是在强还原性介质与惰性气体中进行的，有利于破坏难熔氧化物并保护已原子化的自由原子不重新被氧化，自由原子在石墨管内平均停留时间长，可达 1 秒甚至更长。③可直接以溶液、固体进样，进样量少，通常溶液为 $5 \sim 50\mu l$，固体试样为 $0.1 \sim 10mg$。④可在真空紫外区进行原子吸收光谱测定。⑤可分析元素范围广。

石墨炉原子化器的缺点是：①基体效应、化学干扰较多；②有较强的背景；③测量的重现性比较。

（2）电加热石英管原子化器　石英管原子化器是将气态分析物引入石英管内，在较低温度下实现原子化，该方法又称为低温原子化法。它主要是与蒸气发生法配合使用。蒸气发生法是将被测元素通过化学反应转化为挥发态，包括氢化物发生法、汞蒸气法等。氢化物发生法是应用最多的方法。

图4-8是石英管原子化器装置。在石英管外缠绕电炉丝，光路穿过石英管。气体被载气带入石英管中。受石英材料熔点的限制，管体温度不能超过 1500K。

如汞蒸气与氢化物的产生，现在多用在试样溶液中加入硼氢化钠或硼氢化钾作为还原剂，在一定酸度下产生易挥发、易分解的氢化物，然后由载气（惰性气体氩气或氮气）送入由热石英管中，氢化物分解为汞蒸气和氢气，反应速率很快，反应过程中分解产生的氢气本身又可作为载气将汞蒸气带入石英管中进行测定。生成易挥发性氢化物的元素有镓、锡、铬、铅、砷、锑、铋、硒和碲等，生成的氢化物，如 AsH_3、SnH_4、BiH_3 等。这些氢化物经载气送入石英管中，经加热分解成相应的基态原子。氢化物法可将被测元素从试样中分离出来并得到富集；

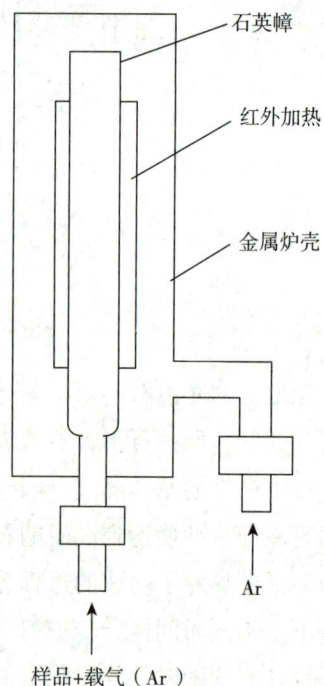

图4-8 石英管原子化器装置结构示意图

一般不受试样中存在的基体干扰；检出限低，优于石墨炉法；进样效率高；选择性好。氢化物发生法的技术还可以应用到石墨炉原子化器、原子荧光光谱分析、ICP 原子发射光谱及气相色谱分析等。

三、单色器

单色器由入射和出射狭缝、反射镜和色散元件组成。色散元件一般用的是平面闪耀光栅。单色器可将被测元素的共振吸收线与邻近谱线分开。单色器置于原子化器后边，防止原子化器内发射辐射干扰进入检测器，也可避免光电倍增管疲劳。

四、检测器

检测器通常用的光电转换器为光电倍增管（PMT）。另外，还需要信号处理系统及信号输出系统。

目前所见到的多元素同时测定光谱仪的商品仪器，采用多个元素灯组合的复合光为光源。分光系统为中阶梯光栅与棱镜组合的交叉色散系统。检测器是电荷转移器件、电荷注入检测器（CID）和电荷耦合检测器（CCD）。

五、背景校正装置

详见本项目任务4中的背景校正方法。

🔗 知识链接

原子吸收技术的最新发展

1. 高强度的稳定连续光源　空心阴极灯是AAS中普遍使用的一种初级辐射光源，但因每分析一个元素就要更换一个元素灯，再加上灯工作电流、波长等参数的选择和调节，使其在使用和方便性等方面受到了限制。分析速度慢和依赖空心阴极灯的固有特性成了原子吸收光谱的致命弱点。为了克服这些缺点，人们想出了通过连续光源进行多元素测定的方法。

2. 横向加热石墨炉管　纵向加热石墨管存在温度分布不均、原子化温度高等缺点，为了克服这些缺点，科学家经过不懈努力研制横向加热石墨炉管来取代纵向加热石墨炉管，横向加热技术的应用是重要科技攻关成果之一。

3. 直接固体进样石墨炉分析技术　是指将固体样品不经消解直接加到石墨炉中，然后进行原子化的方法，这样不仅减少了对样品的消解步骤，进样过程还不会污染样品，提高了测量的精度，同时减少了待测元素的损失，使得分析过程更加快速、简单，它主要有下面四个优点。①无需样品消解和溶剂稀释，直接分析原始样品；②使污染的可能性降到最低；③分析过程简单，节省时间和节约成本；④样品用量少。

任务四　原子吸收光谱分析的实验技术

一、试样的制备

1. 制样要求　样品制备总的原则如下。

（1）尽可能多地使待测组分不受损失，也不能带进待测组分进入。

（2）尽可能多地排除干扰。

（3）尽可能得到最佳浓度，调整称样量和溶液体积，这都直接关系到被测元素的浓度。

（4）尽可能多地保证费用最省，根据实际情况，在结果精密度、测试方法、时耗、物耗、人力消耗之间综合平衡，决定样品处理的具体方法，制备出待测的试样溶液。

2. 制样方法

（1）取样要有代表性。在对样品进行预处理之前，要确保采集到实验室的试样具有代表性。所谓代表性，是指样品的组成要能代表整个物料。如果不能代表整个物料的情况，这个样品的测试结果就没有意义。

（2）样品需破碎、研磨成粉末，然后烘干，除去样品表面的吸附水。

（3）称样量要合适。称样量可根据以往测试经验，估计待测元素在各种不同样品中含量来决定；也可称取一定样品量进行试测。各种元素都有其标准曲线线性较好的部分，配制的溶液浓度在线性好的浓度范围内，测得的结果准确。调整样品溶液浓度，可通过改变称样量和样品试液的体积来实现。一般来说，吸光度在 0.1~0.7 之间时，线性关系会比较好一些。

（4）样品处理（溶解）成澄清的溶液。样品处理也叫消解，即将固态粉末样品用酸转化成液体形态的过程。在某些待测物用酸并不能完全转化成液态的情况下，可以用辅助加热、高温熔融、高压消解和微波消解等手段来处理。待测溶液中不得有胶体和沉淀物，应在进仪器之前过滤，以免堵塞进样系统。样品制备的成功与否，直接关系到测试的正确与否及其准确性。

二、标准样品溶液的配制

配制原子吸收光谱法标准样品溶液时，标准样品的组成要尽可能接近未知试样的组成。配制标准溶液通常使用各元素合适的盐类来配制，当没有合适的盐类可供使用时，也可溶解相应的高纯（99.99%）金属丝、棒、片于合适的溶剂中，然后稀释成所需浓度范围的标准溶液，但不能使用海绵状金属或金属粉末来配制。金属在溶解之前，要磨光并利用稀酸清洗，以除去表面氧化层。

非水标准溶液可将金属有机物溶于适宜的有机溶剂中配制（或将金属离子转变成可萃取的化合物），用合适的溶剂萃取，通过测定水相中的金属离子含量间接加以标定。

所需标准溶液的浓度在低于 0.1mg/ml 时，应先配成比使用浓度高 1~3 个数量级的浓溶液（大于 1mg/ml）作为贮备液，然后经稀释配成。贮备液配制时一般要维持一定酸度，以免器皿表面吸附。配好的储备液应储于聚四氟乙烯、聚乙烯或硬质玻璃容器中。浓度很小（小于 1mg/ml）的标准溶液不稳定，使用的时间不应超过 2 天。

标准溶液的浓度下限取决于检出限，从测定精度的观点出发，合适的浓度范围应该是在能生产 0.2~0.8 单位吸光度或 15%~65% 透射比之间的浓度。

三、测定条件的选择

原子吸收光谱法中，测量条件的选择对测定的准确度、灵敏度等都会有较大影响。因此，必须选择合适的测量条件，才能得到满意的分析结果。

1. 分析线　通常选择元素的共振线作分析线。在分析被测元素浓度较高的试样时，可选用灵敏度较低的非共振线作分析线。

2. 狭缝宽度　狭缝宽度影响光谱通带宽度与检测器接收辐射的能量。原子吸收光谱分析中，谱线重叠的概率较小，因此可以使用较宽的狭缝，以增加光强与降低检出限。通过实验进行选择，调节不同的狭缝宽度，测定吸光度随狭缝宽度的变化。当有干扰线进入光谱通带内时，吸光度值将立即减小。不引起吸光度减小的最大狭缝宽度为合适的狭缝宽度。

3. 灯电流　空心阴极灯的发射特征取决于工作电流。灯电流过小，放电不稳定，光输出的强度小；灯电流过大，发射谱线变宽，导致灵敏度下降，灯寿命缩短。选择灯电流时，应在保证稳定和有合适的光强输出的情况下，尽量选用较低的工作电流。一般商品空心阴极灯都标有允许使用的最大电流与可使用的电流范围，通常选用最大电流的 1/2 ～ 2/3 为工作电流。实际工作中，最合适的工作电流应通过实验确定。空心阴极灯一般需要预热 10 ～ 30 分钟。

4. 原子化条件

（1）火焰原子化法　火焰的选择与调节是影响原子化效率的主要因素。首先要根据试样的性质选择火焰的类型，然后通过实验确定合适的燃助比。调节燃烧器高度来控制光束的高度，以得到较高的灵敏度。

（2）石墨炉原子化法　此法要合理选择干燥、灰化、原子化及净化等阶段的温度与时间。要通过实验选择最合适的条件。

5. 进样量　进样量过大、过小都会影响测量过程：过小，信号太弱；过大，在火焰原子化法中对火焰会产生冷却效应，在石墨炉原子化法中会使除残产生困难。在实际工作中，可通过实验选择合适的进样量。

6. 分析方法　原子吸收光谱法分析方法一般采用校准曲线法、标准加入法及内标法。

四、干扰及消除技术

原子吸收光谱法的干扰是比较少的，但对其也不能忽视。根据干扰产生的原因来分类，主要有物理干扰、化学干扰、电离干扰、光谱干扰及背景干扰。

1. 物理干扰　物理干扰是指在试样转移、气溶胶形成、试样热解、灰化和被测元素原子化等过程中，由于试样的任何物理特性的变化而引起原子吸收信号下降的效应。物理干扰是非选择性的，对试样中各元素的影响是基本相似的。

物理性质的变化来自试液黏度的改变，会引起火焰原子化法吸喷量的变化；石墨炉原子化法会影响进样的精度。表面张力会影响火焰原子化法气溶胶的粒径及其分布的改变；石墨炉原子化法影响石墨表面的润湿性和分布。还有温度和蒸发性质，它们的改变会影响原子化总过程中的各个过程。在火焰原子化法试液物理性质的改变引起分析物传输的改变和氢化物发生法中，从反应溶液到原子化器之间输送氢化物过程的干扰称为传输干扰。

消除的方法为：配制与被测试样组成相近的标准溶液或采用标准加入法。若试样溶液浓度高，还可采用稀释法。

2. 化学干扰　化学干扰是由于被测元素原子与共存组分发生化学反应生成稳定的化合物，影响被测元素原子化。消除化学干扰的方法有以下几种。

（1）选择合适的原子化方法　提高原子化温度，化学干扰会减小。使用高温火焰或提高石墨炉原子化温度，可使难解离的化合物分解。如在高温火焰中磷酸根不干扰钙的测定。

（2）加入释放剂　释放剂的作用是使释放剂与干扰物质能生成较被测元素更稳定的化合物，使被测元素释放出来。例如，磷酸根干扰钙的测定，可在试液中加入铜、锶盐，铜、锶与磷酸根首先生成比钙更稳定的磷酸盐，就相当于把钙释放出来了。释放剂的应用比较广泛。

（3）加入保护剂　保护剂的作用是可与被测元素生成易分解的或更稳定的配合物，防止被测元素与干扰组分生成难解离的化合物。保护剂一般是有机配合剂，用得最多的是 EDTA 与 8 - 羟基喹啉。例如，铝干扰镁的测定时，8 - 羟基喹啉可作保护剂。

（4）加入基体改进剂　石墨炉原子化法，在试样中加入基体改进剂，使其在干燥或灰化阶段与试样发生化学变化，其结果可能增加基体的挥发性或改变被测元素的挥发性，以消除干扰。例如测定海水中的 Cd 时，为了使 Cd 在背景信号出现前原子化，可加入 EDTA 来降低原子化温度，消除干扰。

当以上方法都不能消除化学干扰时，只能采用化学分离的方法，如溶剂萃取、离子交换、沉淀、吸附等。近年来，流动注射技术引入到原子吸收光谱分析中，取得了重大的成功。

3. 电离干扰　在高温条件下，原子会电离，使基态原子数减少，吸光度值下降，这种干扰称为电离干扰。消除电离干扰最有效的方法是加入过量的消电离剂。消电离剂是比被测元素电离能低的元素，相同条件下消电离剂首先电离，产生大量的电子，抑制被测元素电离。例如，测定钙时有电离干扰，可加入过量的 KCl 溶液来消除干扰。钙的电离能为 6.1eV，钾的电离能为 4.3eV。由于 K 电离产生大量电子，使 Ca^+ 得到电子而生成原子：

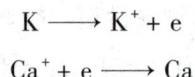

$$K \longrightarrow K^+ + e$$
$$Ca^+ + e \longrightarrow Ca$$

4. 光谱干扰　光谱干扰有以下几种。

（1）吸收线重叠　共存元素吸收线与被测元素分析线波长很接近时，两谱线重叠或部分重叠，会使分析结果偏高。幸运的是，这种谱线重叠不是太多，另选分析线即可克服。

（2）光谱通带内存在的非吸收线　这些非吸收线可能是被测元素的其他共振线与非共振线，也可能是光源中杂质的谱线等干扰。这时可减小狭缝宽度与灯电流，或另选谱线。

（3）原子化器内直流发射干扰　在上节中已有详细的讨论。

5. 背景干扰　背景干扰也是一种光谱干扰。分子吸收与光散射是形成光谱背景的主要因素。

（1）分子吸收与光散射　分子吸收是指在原子化过程中生成的分子对辐射的吸收。分子吸收是带状光谱，会在一定波长范围内形成干扰。在原子化过程中未解离的或生成的气体分子，常见的有卤化物、氢氧化物、氰化物等，以及热稳定性的气态分子对辐射的吸收。它们在较宽的波长范围内形成分子带状光谱。例如，碱金属卤化物在 200 ~ 400nm 范围内有分子吸收谱带。$Ca(OH)_2$ 在 530.0nm，SrO 在 640 ~ 690nm 都有吸收带。

光散射是指原子化过程中产生的微小的固体颗粒使光产生散射，造成透射光减弱，吸光度增加。

背景吸收和原子吸收信号的出现有时有明显的时间差异性，背景吸收与原子吸收信号出现时间上的差异就可以避免背景干扰。如测定 $Fe(NO_3)_3$ 中的 Cd 时，由于 Cd 先于 $Fe(NO_3)_3$ 挥发，原子吸收信号就能完全分开。

通常背景干扰都是使吸光度增加，产生正误差。石墨炉原子化法背景吸收的干扰比火焰原子化法严重。所以，不管哪种方法，都需扣除背景后再进行测定。

6. 背景校正方法

（1）利用氘灯连续光源校正背景吸收　目前的原子吸收光谱仪都配有连续光源自动扣除背景装置（图 4 - 9）。

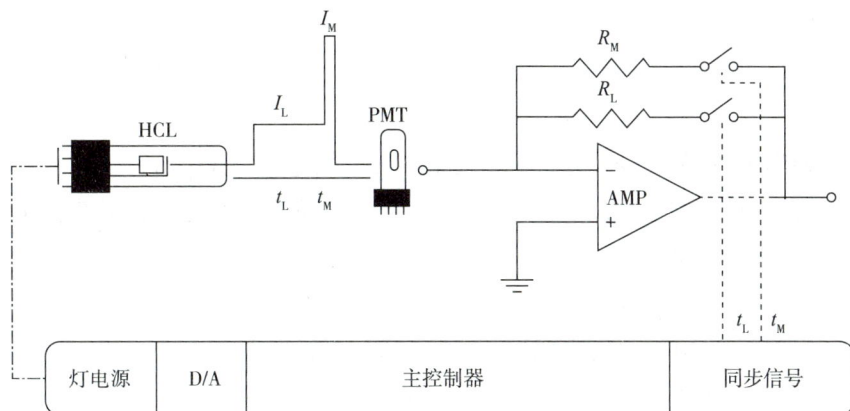

图4-9 连续光源自动扣除背景装置示意图

切光器可使锐线光源与氘灯连续光源交替进入原子化器。锐线光源测定的吸光度值为原子吸收与背景吸收的总吸光度。连续光源所测吸光度为背景吸收，因为在使用连续光源时，被测元素的共振吸收相对于总入射光强度是可以忽略的，因此连续光源的吸光度值即为背景吸收。将锐线光源吸光度值减去连续光源吸光度值，即为校正背景后的被测元素的吸光度值。

（2）Zeeman效应背景校正法 Zeeman效应（Zeeman effect）是指在磁场作用下简并的谱线发生分裂的现象。Zeeman效应背景校正法是磁场将吸收线分裂为具有不同偏振方向的组分，利用这些分裂的偏振成分来区别被测元素和背景的吸收。Zeeman效应校正背景法分为两大类：光源调制法与吸收线调制法。光源调制法是将强磁场加在光源上，吸收线调制法是将磁场加在原子化器上，后者应用较广。调制吸收线有两种方式，即恒定磁场调制方式和可变磁场调制方式。

1）恒定磁场调制方式如图4-10所示，在原子化器上施加一恒定磁场，磁场垂直于光束方向。在磁场作用下，由于Zeeman效应，原子吸收线分裂为π和σ±组分：π组分平行于磁场方向，波长不变；σ±组分垂直于磁场方向，波长分别向长波与短波方向移动。这两个分量之间的主要差别是：π分量只能吸收与磁场平行的偏振光；而σ±分量只能吸收与磁场垂直的偏振光，而且很弱。引起背景吸收的分子完全等同地吸收平行与垂直的偏振光。光源发射的共振线通过偏振器后变为偏振光，随着偏振器的旋转，某一时刻平行磁场方向的偏振光通过原子化器，吸收线π分量对组分和背景都产生吸收，测得原子吸收和背景吸收的总吸光度。另一时刻垂直于磁场的偏振光通过原子化器，不产生原子吸收，此时只有背景吸收。两次测定吸光度值之差，就是校正了背景吸收后的被测元素的净吸光度值。

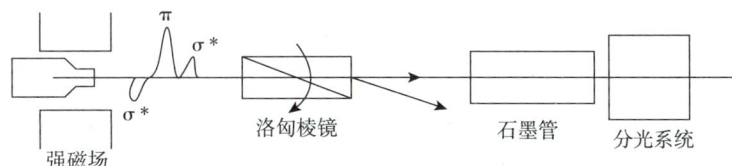

图4-10 恒定磁场调制方式示意图

2）可变磁场调制方式是在原子化器上加一电磁铁，电磁铁仅在原子化阶段被激磁，偏振器是固定不变的，它只让垂直于磁场方向的偏振光通过原子化器，去掉平行于磁场方向的偏振光。在零磁场时，吸收线不发生分裂，测得的是被测元素的原子吸收与背景吸收的总吸光度值。激磁时测得的仅为背景吸收的吸光度值，两次测定吸光度之差，就是校正了背景吸收后被测元素的净吸光度值。

Zeeman校正矫正背景波长范围很宽，可在190~900nm范围内进行，背景校正准确度较高，可校正吸光度达 1.5 ~ 2.0 的背景。

五、定量方法

原子吸收光谱分析是一种相对分析方法，用校正曲线进行定量。常用的定量方法有标准曲线法、标准加入法和浓度直读法。如为多通道仪器，可用内标法定量。在这些方法中，标准曲线法是最基本的定量方法，是其他定量方法的基础。

1. 标准曲线法　标准曲线法（standard curve method）（图 4 - 11）又称校正曲线法，是用标准物质配制标准系别在标准条件下，测定各标准样品的吸光度值 A，以吸光度值 A_i（i = 1，2，3，…）对被测元素的含量 c_i（i = 1.2，3，…）建立校正曲线 A = f（c），在同样条件下，测定样品的吸光度值 Ar，根据被测元素的吸光度值 A，从校正曲线求得其浓度 c_x。

标准曲线法成功应用的基本条件在于：标准系列与被分析样品组成的精确匹配，标样浓度的准确标定，吸光度值的准确测量与校正曲线的正确制作和使用。

在实验条件一定时，对于特定的元素测定，原子吸收光谱定量分析的关系式为 A = Kc，这是进行定量分析的基本关系式。从统计学的角度来看，吸光度值 A 测定是一种动态测量，实验条件的波动引起 A 的变化是不可避免的，其值是一个随机变量，被测组分的法度 c 是一个固定变量，其误差相对于吸光度值 A 而言是可以忽略或是可严格控制的，因此，A 与 c 之间的关系只是相关关系，可以通过回归分析建立 A = f（c），校准曲线的解率和截距分别由最小二乘原理用回归分析的公式计算。

由于吸光度和浓度是相关关系，不能保证每一个实验点都落在校正曲线上，实验点偏离校正曲线越小，测定结果的不确定度越小；反之，实验点偏离校正曲线越大，测定结果的不确定度越大。实验点偏离校正曲线的程度用校正曲线的标准偏差度量。校正曲线的标椎偏差也叫剩余标准差，其计算公式为：

$$S_E = \sqrt{\frac{\sum_{i=1}^{n}(A_i - \overline{A_i})^2}{n-2}} \qquad (4-12)$$

式中，A_i—吸光度测定值；$\overline{A_i}$—按校正曲线关系式预测的吸光度值；N—实验点的数目。

通常用 $\pm 2S_E$ 表征校正曲线的 95% 置信水平的置信范围。

事实上，在整个校正曲线的线性范围内，在不同浓度点，测定吸光度值的精密度是不同的（图 4 - 12）。在校正曲线中央部分精密度最好，随着实验点偏离中心，测定吸光度值的精密度逐渐变差。

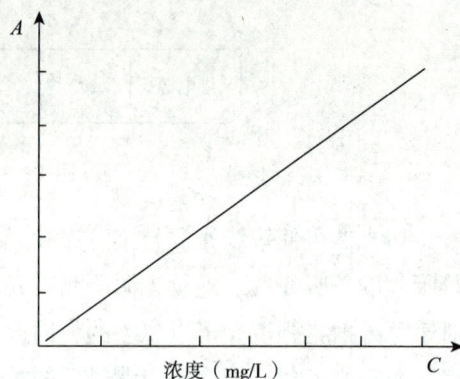

图 4 - 11　标准工作曲线

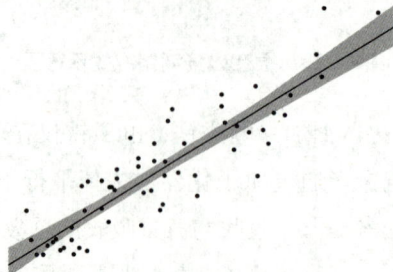

图 4 - 12　校正曲线的线性范围

因此，要尽量利用校正曲线的中央部分进行定量分析，在报告分析结果的精密度时一定指明获得该精密度的浓度。校正曲线上各实验点测定吸光度值的精密度 S_y，按下式计算：

$$S_y = S_E \sqrt{\frac{1}{p} + \frac{1}{n} + \frac{(c - \bar{c})^2}{b^2 \sum\limits_{i=1}^{n} (c_i - \bar{c})^2}} \qquad (4-13)$$

式中，n—标准系列个数；$\bar{c}$—样品溶液的浓度；c—标准系列各实验点的浓度平均值；c_i—建立校正曲线的各实验点的浓度；p—对浓度为 c 的样品溶液的重复测定次数。

只有当 $r \approx 1$ 时，A 与 c 间的相关关系才可近似地看作是函数关系。自 A 从校正曲线反求 c 时，被测元素浓度 c 的精密度按下式计算：

$$S_C = \frac{S_A}{b} \sqrt{\frac{1}{p} + \frac{1}{n} + \frac{(A_0 - \bar{A})^2}{b^2 \sum\limits_{i=1}^{n} (c_i - \bar{c})^2}} \qquad (4-14)$$

式中，n—标准系列实验点的数目；$\bar{c}$—标准系列各实验点的浓度平均值；c_i—建立校正曲线的各实验点的浓度；p—对样品溶液吸光度 A_0 重复测定的次数；$\bar{A}$—标准系列各实验点吸光度的平均值；S_C—测定浓度的标准偏差；S_A—测定吸光度的标准偏差，即剩余标准差 SE；b—校正曲线的斜率。

c 的不确定度 $u(c) = S_c t_{a,f}$，其中，$t_{a,f}$ 是在置信水平 $p = 1 - \alpha$ 时的置信系数。在原吸收光谱分析中，通常取显著性水平 $\alpha = 0.05$，即置信水平 95%。被测元素的范围是：$\mu = \bar{c} \pm S_c t_{0.05, n-1}$

含量在理想的情况下，校正曲线是一条通过原点的直线，但在通常情况下，校正曲线并非在整个浓度范围内都呈线性。造成校正曲线弯曲的原因，有很多方面。

（1）非吸收线的影响　当共振线和非吸收线同时进入检测器时，由于非吸收线不遵循朗伯－比尔定律，引起工作曲线的上部弯曲。

（2）共振变宽　当待测元素浓度大时，其原子蒸气的分压增大，产生共振变宽，使吸收强度下降，由原子顺收强度的下降与原子蒸气密度的增高不成比例，故标准曲线上部向浓度轴方向弯曲。

（3）电离效应　当元素的电离电位低于约 6 电子伏时，在火焰中发生电离，使基态原子数减小。浓度低时，电离度大，吸光度下降多；浓度增高，电离度逐渐减小，吸光度下降程度也逐渐减小，所以引起标准工作曲线向浓度轴弯曲。一般说来，若光源、狭缝等测定条件适当，在低浓度时可把标准曲线当作直线。另外，由于喷雾效率的经常变化，标准曲线的斜率每天都会稍有改变。因此，每次测定前必须用标准溶液对吸光值进行适当校正。如果标准溶液和试样溶液的物理状态差别较大，喷雾状态就发生变化，造成误差。因此应使标准溶液和试样溶液具有相同的酸浓度和盐浓度。为抑制干扰而使用其他元素或试剂时，在标准溶液和试样溶液中都必须加入，而且两者要在相同温度下进行测定。

总的说来，标准曲线法简单、快速，适用于大量组成相似的试样分析，但为了保证分析的准确度，要注意以下几点：①标样和试样的分析测试条件要稳定一致。②要正确扣除空白，消除干扰。③标准系列浓度选点均匀，各点应在吸收定律的直线范围内。④控制分析曲线吸光值在 0.1~0.5。

用纯试剂配制各种浓度的标准溶液，测定吸光度值，绘制浓度－吸光度值（或相当于这种关系的）标准曲线，在曲线上内插试样溶液的吸光值，即能求出试样的浓度。

标准曲线的形状与所用空心阴极灯的特性、火焰的均匀性、单色器的分辨率及狭缝宽度等许多因素有关。火焰中原子浓度不均匀也导致标准曲线弯曲。还有其他原因，例如，溶液浓度变化大时，溶液的黏度随浓度增加而增加；溶质的实际喷雾量减少，也导致标准曲线弯曲，但这个原因不太重要。

在原子吸收光谱分析中，由于存在多种谱线变宽的因素，如自然变宽、多普勒（热）变宽、同位素效应、罗兰兹（压力）变宽、场变宽、自吸和自蚀变宽等，引起发射线和吸收线变宽，尤以发射线变宽影响最大。谱线变宽能引起校正曲线弯曲，灵敏度下降。

减小标正曲线弯曲的几点措施为：①选择性能好的空心阴极灯，减少发射线变宽。②灯电流不要过高，减少自吸变宽。③分析元素的浓度不要过高。④对准发射光，使其从吸收层中央穿过。⑤工作时间不要太长，避免光电倍增管疲劳和空心阴极灯过热。⑥助燃气体压力不要过高，可减小压力变宽。

2. 标准加入法 为了减少试液与标准溶液之间的差异（如基体、黏度等）引起的误差，可采用标准加入法来进行定量分析，这种方法又称为"直线外推法"或"增量法"。

当样品中基体不明或基体浓度很高，很难配制相类似的标准溶液时，使用标准加入法较好。分取几份等量的被测试样，其中一份不加入被测元素，其余各份试样中分别加入不同已知量 C_1，C_2，C_3，…，C_n 的被测元素，然后在标准测定条件下分别测定它们的吸光度 A，绘制吸光度（A）对被测元素加入量（C_S）的曲线（图 4 – 13）。

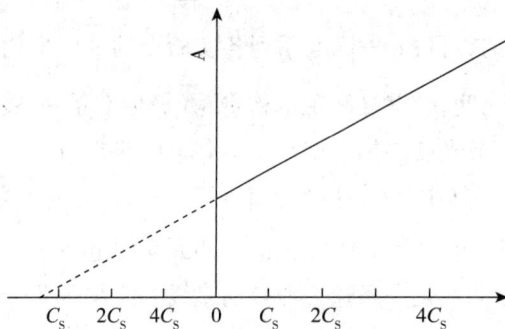

图 4 – 13 标准加入法

以测定溶液中外加标准物质的浓度为横坐标，以吸光度为纵坐标对应作图，然后将直线延长使之与浓度轴相交，如果被测试样中不含被测元素，在正确校正背景之后，标准曲线应通过原点；如果曲线不通过原点，说明含有被测元素。外延曲线与横坐标轴相交，交点至原点的距离所对应的浓度 C_S，即为所求的被测元素的含量。应用标准加入法，一定要彻底校正背景。

标准加入法系列都具有相同的基体，只是其待测元素含量的不同，因而此法几可消除全部物理因素及部分化学干扰，在分析复杂试样时经常采用。

标准加入法在应用过程中需要注意以下问题。

（1）标准加入法是建立在吸光度与浓度成正比的基础上，因此要求相应的标准曲线是一根通过原点的直线，被测元素的浓度也应在此线性范围内，否则无法得到正确的结果。

（2）要控制溶液的稀释倍数和标样的加入量，一般使吸光度测定值为分析元素特征浓度的 500 ~ 100 倍。

（3）分析元素灵敏度过低的不宜用标准加入法，因为分析曲线斜率小，外推法误差大。

（4）要正确扣除空白。

（5）标准加入法不能消除光谱干扰和与浓度有关的化学干扰、背景吸收以及一些使分析曲线平移的化学干扰，有背景吸收时应运用背景扣除技术加以校正。

（6）为了减小测量误差，必须具有足够的标准点，通常需用四份溶液，至少三份。添加标准溶液的浓度最好为 C，2C，3C。

采用标准加入法测定时，也可通过式（4 – 15）计算求出测定溶液中被测元素的浓度 C_x。

$$C_x = C_1 + \frac{A_x(C_2 - C_1)}{A_2 - A_1} \tag{4-15}$$

式中，C_1，C_2—测定溶液中外加标准物质的浓度；A_1，A_2—C_1C_2溶液的测定值；C_x—试样溶液的浓度；A_x—试样溶液的测定值。

3. 稀释法　这个方法实质上是标准加入法的另一种形式。设标准溶液的浓度为 C_s，测得的吸收值为 A_s。现往一份体积为 V_s 的标准溶液中加入浓度为 C_x 的样品溶液 V_x，测得混合物的吸收信号为 A_m。则 C_x，可按式（4-16）求得：

$$C_x = C_S \frac{A_m(V_S + V_x) - A_s V_S}{A_s V_S} \tag{4-16}$$

若两次测量都很准确，则这一方法是快速而易行的实用方法。这个方法需用的样品溶液的体积比标准加入法少，因为无需单独测定样品溶液。对于高含量的样品溶液，亦无需事先稀释，直接加至标准溶液中即可进行测定，简化了操作手续。

稀释法与标准加入法一样，不能扣除背景干扰。

4. 内标法　标准曲线法使用的标准溶液，底液通常是酸性水溶液，但是如果试样和标样在黏度、表面张力、密度等性质上有较大差别时，而且有时候试样有复杂的基体组成或存在化学干扰，要求标样与试样有相似的组成，经常是难以达到的，这样标准曲线法就存在较大的误差。内标法是在标准溶液和被测样品中分别加入第三元素——内标元素，测定分析线和内标线的吸光度比，并以吸光度之比值对被测元素含量或浓度绘制校正曲线。此法可补偿基体组成、燃气及助燃气流量、表面张力、吸入速度等因素变动所造成的误差，提高精密度。但此法受测试仪器的限制，必须使用双道原子吸收分光光度计。

在这一方法中，内标的选择十分重要，所选用的内标在原子化过程中的物理、化学性质和火焰行为必须和待测元素相同或相似，而且试样中不含有内标元素。

5. 间接原子吸收光谱分析法（indirect atomic absorption spectrometry，IAAS）　是指被测元素或组分本身并不直接被测定或不能直接被测定，利用它与可方便测定的元素发生化学反应，然后测定反应产物中或未反应的过量的可方便测定的元素含量的方法。

1968 年，G. D. Christian 和 F. J. Feldman 等提出了间接原子吸收光谱分析法，扩大了原子吸收光谱分析的应用范围，也是提高测定灵敏度和减少干扰的有效手段。对于共振吸收线位于短波紫外区的元素，如 F，CI，Br，1，S，P，N，As，Se，Hg 等；难熔高温元素，如 B，Be，Zr，Hf，Nb，Ta，W，U，Th 和稀土元素等，以及不能直接测定的阴离子和有机化合物，间接原子吸收光谱法是特别有价值的。①吸收线位于短波紫外区的元素的空心阴极灯的发射强度低，烃火焰强烈吸收光源辐射，光源能量损失大，背景吸收高和噪声大。②难熔高温元素，易形成难熔氧化物或碳化物，原子化效率低，用直接原子吸收光谱法测定灵敏度很低。③阴离子、有机化合物、药物含有氧化还原或配位基团，通过一定的化学反应使其与金属离子或含有金属离子的络离子形成配合物或离子缔合物，通过测定反应元素可以定量阴离子、有机化合物和药物的含量。

化学反应的多样性，为间接原子吸收光谱法提供了广阔的发展空间。过去存在的问题是预处理操作较繁琐，但随着流动注射技术的引入，在线预处理技术的发展，使预处理操作简化，这必将促进间接原子吸收光谱分析法的快速发展。

基于沉淀反应、置换反应、氧化还原反应等各种类型的化学反应，都可实现间接原子吸收光谱分析。

6. 内插法　此法可以提高对高含量元素测定的准确度。这种方法只需两个标准点即可，这两标准点的浓度与试样溶液的浓度应该十分接近，其中一个高于试样溶液浓度，另一个低于试样溶液的浓度，以使试样的测量值位于两个标准点测量值之间。采用紧密内插法可由式（4-17）计算分析结果：

$$C_x = C_1 + \frac{(C_2 - C_1)}{A_2 - A_1}(A_x - A_1)$$ （4-17）

式中，C_x，C_1，C_2 分别为标准溶液1、标准溶液2和试样溶液的浓度；A_1，A_2 A_x 分别为标准溶液1、标准溶液2和试样溶液的测量值。

这种校准方法的前提是标准曲线必须是直线。这种方法的优点是简便快速，能获得更好的测定精密度。如果使用与试样组分一致的标准样品制备标准溶液，还可以抵消试样组分的干扰。

六、灵敏度、检出限和回收率

原子吸收光谱分析中常用灵敏度、检测限和回收率对定量分析方法及测定结果进行评价。

1. 灵敏度　灵敏度是指在一定浓度时，测定值（吸光度）的增量与相应的待测元素浓度（或质量）的增量的比值。

在火焰原子吸收分析中，通常习惯用能产生1%吸收（即吸光度值为0.0044）时所对应的待测溶液浓度（μg/ml）来表示分析的灵敏度，称为特征浓度。用特征浓度的测定方配制待测元素的标准溶液（其浓度应在线性范围），测定其吸光度。

在电热原子化测定中，常用特征质量来表示分析的灵敏度，即能产生1%吸收（即吸光度值为0.0044）时所对应的待测质量（μg），又称绝对量（Cm）。显然是特征浓度或特征质量愈小，灵敏度愈高。

2. 检出限　由于灵敏度没有考虑仪器噪声的影响，故不能作为衡量仪器最小检出量的指标。检出限可用于表示能被仪器检出的元素的最小浓度或最小质量。

检出限是指能够给出3倍于标准偏差的吸光度时，所对应的待测元素的浓度或质量。

检出限不仅与仪器的灵敏度有关，还与仪器的稳定性（噪声）有关。两种元素的灵敏度可能相同，但由于每种元素光源噪声、火焰噪声及检测器噪声等不同，检出限就可能不同。因此，检出限是仪器性能的一个重要指标。待测元素的存在量只有高于检出限，才可能可靠地将有效分析信号与噪声信号分开。"未检出"就是待测元素的量低于检出限。

3. 回收率　当进行原子吸收光谱分析时，为评价测定方法的准确度和可靠性，常需要测定待测元素的回收率，方法有以下两种。

（1）用标准物质进行测定　将已知准确含量的待测元素的标准物质，在与试样相同条件下进行预处理。在相同仪器相同测定条件下，以相同定量方法进行测量，求出标样中待测组分的含量，则回收率为测定值与真实值之比。

此法简便易行，但多数情况下，含量已知的待测元素标样不易获得。

（2）用标准加入法进行测定　在完全相同的实验条件下，先测定试样中待测元素的含量；然后向另一份相同量的试样中，准确加入一定量的待测元素纯物质，再次测量待测元素的含量。两次测定待测元素含量之差与待测元素加入量之比即为回收率。

显然，回收率愈接近于1，其方法的准确度、可靠性就愈高。

实训一　火焰原子吸收光谱法测定化妆品中的镉含量

本方法规定了火焰原子吸收光谱法测定化妆品中总镉的含量。本方法适用于化妆品中总镉的测定。

样品经处理，使镉以离子状态存在于溶液中，样品溶液中镉离子被原子化后，基态原子吸收来自镉空心阴极灯的共振线，其吸收量与样品中镉的含量成正比。在其他条件不变的情况下，根据测量的吸收值与标准系列溶液比较进行定量。

本方法对镉的检出限为 0.007mg/L，定量下限为 0.023mg/L；取样量为 1g 时，检出浓度为 0.18mg/kg，最低定量浓度为 0.59mg/kg。

【试剂和材料】

除另有规定外，本方法所用试剂均为分析纯或以上规格，水为 GB/T 6682 规定的一级水。

（1）硝酸　$\rho_{20} = 1.42g/ml$，优级纯。

（2）高氯酸　$\omega = 70\% \sim 72\%$，优级纯。

（3）过氧化氢　$\omega = 30\%$，优级纯。

（4）硝酸（1＋1）　取硝酸 100ml，加水 100ml，混匀。

（5）混合酸　硝酸和高氯酸按（3＋1）混合。

（6）镉单元素溶液标准物质（$\rho = 1g/L$）　国家标准单元素储备溶液，应在有效期内。

（7）镉标准溶液Ⅰ　镉单元素溶液标准物质 10.0ml 于 100ml 容量瓶中，加硝酸（1＋1）2ml，用水稀释至刻度。

（8）镉标准溶液Ⅱ　取镉标准溶液Ⅰ 10.0ml 于 100ml 容量瓶中，加硝酸（1＋1）2ml，用水稀释至刻度。

（9）甲基异丁基酮（MIBK）。

（10）盐酸（7mol/L）　取优级纯浓盐酸（$\rho_{20} = 1.19g/ml$）30ml，加水至 50ml。

（11）盐酸羟胺溶液　取盐酸羟胺 12.0g 和氯化钠 12.0g 溶于 100ml 水中。

（12）辛醇。

【仪器和设备】

原子吸收分光光度计；硬质玻璃消解管或高型烧杯；具塞比色管（10ml、25ml）；电热板或水浴；压力自控密闭微波溶样炉；高压密闭消解罐；聚四氟乙烯溶样杯；天平。

【分析步骤】

1. 标准系列溶液的制备　取镉标准溶液Ⅱ 0ml、0.50ml、1.00ml、2.00ml、3.00ml、4.00ml、5.00ml，分别于 50ml 容量瓶中，加硝酸（1＋1）1ml，用水稀释至刻度，得浓度为 0mg/L、0.10mg/L、0.20mg/L、0.40mg/L、0.60mg/L、0.80mg/L、1.00mg/L 的镉标准系列溶液。

2. 样品处理

（1）湿式消解法　称取样品 1～2g（精确到 0.001g）于消化管中，同时做试剂空白对照。样品如含有乙醇等有机溶剂，先在水浴或电热板上低温挥发。若为膏霜类样品，可预先在水浴中加热使瓶壁上样品融化流入瓶的底部。加入数粒玻璃珠，然后加入硝酸 10ml，由低温至高温加热消解，当消解液体积减至 2～3ml，移去热源，冷却。加入高氯酸 2～5ml，继续加热消解，不时缓缓摇动使均匀，消解至冒白烟，消解液呈淡黄色或无色。浓缩消解液至 1ml 左右。冷至室温后定量转移至 10ml（如为粉类样品，则至 25ml）具塞比色管中，以水定容至刻度，备用。如样品溶液浑浊，离心沉淀后取上清液进行测定。

（2）微波消解法　称取样品 0.5～1g（精确到 0.001g）于清洗好的聚四氟乙烯溶样杯内。含乙醇等挥发性原料的样品，如香水、摩丝、沐浴液、染发剂、精华素、刮胡水、面膜等，先放入温度可调的 100℃恒温电加热器或水浴中挥发（不得蒸干）；油脂类和膏粉类等干性样品，如唇膏、睫毛膏、眉笔、胭脂、唇线笔、粉饼、眼影、爽身粉、痱子粉等，取样后先加水 0.5 ~ 1.0ml，润湿摇匀。

根据样品消解难易程度，样品或经预处理的样品，先加入硝酸 2.0 ~ 3.0ml，静置过夜，充分作用。然后再依次加入过氧化氢 1.0 ~ 2.0ml，将溶样杯晃动几次，使样品充分浸没。放入沸水浴或温度可调的恒温电加热设备中，100℃加热 20 分钟，取下冷却。如溶液的体积不到 3ml，则补充水。同时严格按照微波溶样系统操作手册进行操作。把装有样品的溶样杯放进预先准备好的干净的高压密闭溶样罐中，拧上罐盖（注意，不要拧得过紧）。

表 4 - 3 为一般样品火焰原子吸收光谱法消解时压力 - 时间的程序。如果样品是油脂类、中草药类、洗涤类，可适当提高防爆系统灵敏度，以增加安全性。

表 4 - 3　火焰原子吸收光谱法消解时压力 - 时间程序

压力档	压力（MPa）	保压累加时间（min）
1	0.5	1.0
2	1.0	3.0
3	1.5	5.0

根据样品消解难易程度可在 5 ~ 20 分钟内消解完毕，取出冷却，开罐，将消解好的含样品的溶样杯放入沸水浴或温度可调的 100℃电加热器中数分钟，驱除样品中多余的氮氧化物，以免干扰测定。

将样品移至 10ml 具塞比色管中，用水洗涤溶样杯数次，合并洗涤液，加入盐酸羟胺溶液[①] 0.5ml，用水定容至 10ml，备用。

（3）浸提法（只适用于不含蜡质的样品）　称取样品 1g（精确到 0.001g）于 50ml 具塞比色管中。随同试样做试剂空白对照。样品如含有乙醇等有机溶剂，先在水浴或电热板上低温挥发。若为膏霜型样品，可预先在水浴中加热，使管壁上样品熔化流入管底部。加入硝酸 5.0ml、过氧化氢 2.0ml，混匀，如出现大量泡沫，可滴加数滴辛醇。于沸水浴中加热 2 小时。取出，加入盐酸羟胺溶液 1.0ml，放置 15 ~ 20 分钟，用水定容至 25ml。

3. 测定

（1）按仪器操作程序，将仪器的分析条件调至最佳状态。在扣除背景吸收下，分别测定标准系列、空白和样品溶液。如样品溶液中铁含量超过镉含量 100 倍，则不宜采用氘灯扣除背景法，应采用塞曼效应扣除背景法，或预先除去铁。绘制浓度 - 吸光度曲线，计算样品含量。

（2）将标准、空白和样品溶液转移至蒸发皿中，在水浴上蒸发至干，加入盐酸 10ml 溶解残渣，转移至分液漏斗中，用等量的 MIBK 萃取 2 次，保留盐酸溶液。再用盐酸 5ml 洗 MIBK 层，合并盐酸溶液，必要时赶酸，定容。按仪器操作程序进行测定。

【分析结果的表述】

1. 计算

$$\omega = \frac{(\rho_1 - \rho_0) \times V}{m}$$

式中，ω —样品中镉的质量分数，mg/kg；ρ_1 —测试溶液中镉的质量浓度，mg/L；ρ_0 —空白溶液中镉的质量浓度，mg/L；V —样品溶液总体积，ml；m —样品取样量，g。

2. 回收率和精密度　多家实验室采用湿式消解法，测定含镉 0.25 ~ 1.00μg/g 的膏霜、粉饼、水剂等不同种类的化妆品样品，其相对标准偏差为 0.73% ~ 8.73%，回收率范围为 85.8% ~ 101.3%。多

---

① 如样品不测定汞，则免去此加盐酸羟胺步骤

家实验室采用浸提法，测定含镉为 $0.25 \sim 1.00\mu g/g$ 的膏、霜、粉饼、水剂等不同种类的化妆品样品，其相对标准偏差为 $0.69\% \sim 6.90\%$，回收率范围为 $85.6\% \sim 102.0\%$。

实训二　石墨炉原子吸收光谱法测定化妆品中的铅含量

本方法规定了石墨炉原子吸收光谱法测定化妆品中铅的含量，适用于化妆品中铅含量的测定。样品经预处理使铅以离子状态存在于样品溶液中，样品溶液中铅离子被原子化后，基态铅原子吸收来自铅空心阴极灯发出的共振线，其吸光度与样品中铅含量成正比。在其他条件不变的情况下，根据测量被吸收后的谱线强度，与标准系列比较进行定量。

本方法对铅的检出限为 $1.00\mu g/L$，定量下限为 $3.00\mu g/L$；取样量为 $0.5g$ 定容至 $25ml$ 时，检出浓度为 $0.05mg/kg$，最低定量浓度为 $0.15mg/kg$。

【试剂和材料】

除另有规定外，本方法所用试剂均为分析纯或以上规格，水为 GB/T 6682 规定的一级水。

（1）硝酸　$\rho_{20} = 1.42g/ml$，优级纯。

（2）高氯酸　$\omega = 70\% \sim 72\%$，优级纯。

（3）过氧化氢　$\omega = 30\%$，优级纯。

（4）硝酸（1+1）　取硝酸（3.1）100ml，加水 100ml，混匀。

（5）硝酸（0.5mol/L）　取硝酸 3.2ml 加入 50ml 水中，稀释至 100ml。

（6）辛醇。

（7）磷酸二氢铵溶液　取磷酸二氢铵 20.0g 溶于 1000ml 水中。

（8）标准储备溶液　称取纯度为 99.99% 的金属铅 1.000g，加入硝酸溶液 20ml，加热使溶解，移入 1L 容量瓶中，用水稀释至刻度。

【仪器和设备】

原子吸收分光光度计及其配件；离心机；硬质玻璃消解管或小型定氮消解瓶；具塞比色管：10ml、25ml、50ml；蒸发皿；压力自控微波消解系统；高压密闭消解罐；聚四氟乙烯溶样杯；水浴锅（或敞开式电加热恒温炉）；天平。

【分析步骤】

1. 标准系列溶液的制备　取铅标准储备溶液 1.0ml 于 100ml 容量瓶中，加硝酸至刻度。如此经多次稀释成每毫升分别含 4.00ng、8.00ng、12.0ng、16.0ng、20.0ng 的铅标准系列溶液。

2. 样品处理　可任选一种方法。

（1）湿式消解法　称取样品 $1.0 \sim 2.0g$（精确到 0.001g），置于消解管中，同时做试剂空白对照。样品如含有乙醇等有机溶剂，先在水浴或电热板上低温挥发。若为膏霜型样品，可预先在水浴中加热，使瓶壁上样品融化流入瓶的底部。加入数粒玻璃珠，然后加入硝酸 10ml，由低温至高温加热消解，当消解液体积减至 $2 \sim 3ml$，移去热源，冷却。加入高氯酸 $2 \sim 5ml$，继续加热消解，不时缓缓摇动使均匀，消解至冒白烟，消解液呈淡黄色或无色。浓缩消解液至 1ml 左右。冷至室温后定量转移至 10ml（如为粉类样品，则至 25ml）具塞比色管中，以水定容至刻度，备用。如样液浑浊，离心沉淀后可取上清液进行测定。

（2）微波消解法　称取样品 $0.3 \sim 1g$（精确到 0.001g），置于清洗好的聚四氟乙烯溶样杯内，同时做试剂空白对照。含乙醇等挥发性原料的化妆品，如香水、摩丝、沐浴液、染发剂、精华素、刮胡水、面膜等，先放入温度可调的100℃恒温电加热器或水浴中挥发（不得蒸干）；油脂类和膏粉类等干性物质，如唇膏、睫毛膏、眉笔、胭脂、唇线笔、粉饼、眼影、爽身粉、痱子粉等，取样后先加水0.5～1.0ml，润湿摇匀。

根据样品消解难易程度，样品或经预处理的样品，先加入硝酸2.0～3.0ml，静止过夜，充分作用。然后再依次加入过氧化氢1.0～2.0ml，将溶样杯晃动几次，使样品充分浸没。放入沸水浴或温度可调的恒温电加热设备中，100℃加热20分钟，取下，冷却。如溶液的体积不到3ml，则补充水。同时严格按照微波溶样系统操作手册进行操作。把装有样品的溶样杯放进预先准备好的干净的高压密闭溶样罐中，拧上罐盖（注意，不要拧得过紧）。

表4-4为一般样品石墨炉原子吸收光谱法消解时压力-时间的程序。如果化妆品是油脂类、中草药类、洗涤类，可适当提高防爆系统灵敏度，以增加安全性。

表4-4　石墨炉原子吸收光谱法消解时压力-时间程序

压力档	压力（MPa）	保压累加时间（min）
1	0.5	1.0
2	1.0	3.0
3	1.5	5.0

根据样品消解难易程度可在5～20分钟内消解完毕，取出冷却，开罐，将消解好的含样品的溶样杯放入沸水浴或温度可调的100℃电加热器中数分钟，驱除样品中多余的氮氧化物，以免干扰测定。

将样品移至10ml具塞比色管中，用水洗涤溶样杯数次，合并洗涤液，用水定容至10ml，备用。

（3）浸提法（只适用于不含蜡质的化妆品）　称取样品1g（精确到0.001g），置于50ml具塞比色管中。随同试样做试剂空白对照。样品如含有乙醇等有机溶剂，先在水浴或电热板上低温挥发。若为膏霜型样品，可预先在水浴中加热使管壁上样品熔化流入管底部。加入硝酸5.0ml、过氧化氢2.0ml，混匀，如出现大量泡沫，可滴加数滴辛醇。于沸水浴中加热2小时。取出，放置15～20分钟，用水定容至25ml。

3. 仪器参考条件　根据各自仪器性能调至最佳状态。参考条件为波长283.3nm，狭缝0.2～1.0nm，灯电流5～7mA，干燥温度120℃，20秒；灰化温度800℃，持续15～20秒，原子化温度：1100～1500℃，持续3～5秒，背景校正为氘灯或塞曼效应。如样品溶液中铁含量超过铅含量100倍，不宜采用氘灯扣除背景法，应采用塞曼效应扣除背景法。

4. 测定

（1）在上述仪器条件下，取标准系列溶液各20μl，分别注入石墨炉，测得其吸光值，得到以标准系列浓度为横坐标、吸光值为纵坐标的标准曲线。

（2）试样测定：分别吸取样液和试剂空白液各20μl，注入石墨炉，测得其吸光值，代入标准现得到样液中铅含量。

（3）基体改进剂的使用：对有干扰试样，则注入适量的基体改进剂磷酸二氢铵溶液（一般为5μl）消除干扰。绘制铅标准曲线时也要加入与试样测定时等量的基体改进剂磷酸二氢铵溶液（对于基体改进剂的使用，实验人员也可根据具体情况选择，如硝酸钯等）。

【分析结果的表述】

1. 计算

$$\omega = \frac{(\rho_1 - \rho_0) \times V \times 1000}{m \times 1000 \times 1000}$$

式中，ω —样品中铅的质量分数，mg/kg；ρ_1 —测试溶液中铅的质量浓度，ng/ml；ρ_0 —空白溶液中铅的质量浓度，ng/ml；V —样品消化液总体积，ml；m —样品取样量，g。

以重复性条件下获得的两次独立测定结果的算术平均值表示，结果保留两位有效数字。在重复性条件下获得的两次独立测定结果的绝对差值不得超过算术平均值的20%。

实训三　氢化物发生原子吸收光谱法测定化妆品中的砷含量

本方法规定了氢化物原子吸收光谱法测定化妆品中总砷的含量，适用于化妆品中总砷的测定。样品经预处理后，样品溶液中的砷在酸性条件下被碘化钾－抗坏血酸还原为三价砷，然后被硼氢化钠与酸作用产生的新生态氢还原为砷化氢，被载气导入被加热的"T"型石英管原子化器而原子化，基态砷原子吸收砷空心阴极灯发射的特征谱线。在一定浓度范围内，吸光度与样品砷含量成正比。与标准系列比较定量。

本方法对砷的检出限为1.7ng，定量下限为5.7ng；取样量为1g时，检出浓度为0.17mg/kg，最低定量浓度为0.57mg/kg。

【试剂和材料】

（1）盐酸（$\varphi = 10\%$）　取优级纯盐酸（$\rho_{20} = 1.19$g/ml）10ml加90ml水，混匀。

（2）碘化钾－抗坏血酸混合溶液　称取碘化钾15g和抗坏血酸2g，加水溶解，稀释至100ml。

（3）硼氢化钠溶液　称取氢氧化钠0.5g溶至100ml水中，加入硼氢化钠0.5g溶解后过滤，于塑料瓶内冰箱中保存。

（4）硫酸　$\rho_{20} = 1.84$g/ml，优级纯。

（5）硫酸（1mol/L）　取硫酸（$\rho_{20} = 1.84$g/ml）55.5ml缓慢加入944.5ml水中。

（6）硝酸　$\rho_{20} = 1.42$g/ml，优级纯。

（7）盐酸（1＋1）　取优级纯盐酸（$\rho_{20} = 1.19$g/ml）100ml，加水100ml，混匀。

（8）过氧化氢（$\omega = 30\%$）。

（9）氧化镁。

（10）砷单元素溶液标准物质 [$\rho_{(As)} = 1000$mg/L]　国家标准单元素储备溶液，应在有效期范围内。

（11）砷标准溶液 I　移取砷单元素溶液标准物质1.00ml置于100ml容量瓶中，加水至刻度，混匀。

（12）砷标准溶液 II　临用时移取砷标准溶液 I 10.0ml于100ml容量瓶中，加水至刻度，混匀。

（13）硝酸镁溶液　称取硝酸镁100g溶1L水中。

【仪器和设备】

具氢化物发生装置的原子吸收分光光度计；具塞比色管：50ml；天平。

【分析步骤】

1. 标准系列溶液的制备　取砷标准溶液 II 0.00ml、0.50ml、1.00ml、2.00ml、4.00ml 于100ml容量瓶中，用盐酸稀释至刻度，得相应浓度分别为0g/L、5.0g/L、10.0g/L、20.0g/L、40.0g/L的砷标准系列溶液。

2. 样品处理　可任选一种方法。

（1）$HNO_3 - H_2SO_4$湿式消解法　称取样品1g（精确到0.001g），于125ml锥形瓶中，同时做试剂空白对照。样品如含乙醇等溶剂，称取样品后应预先将溶剂挥发（不得干涸）。加数粒玻璃珠，加入硝酸

10 ~ 20ml，放置片刻后，缓慢加热，反应开始后移去热源，稍冷后加入硫酸 2ml。继续加热消解，若消解过程中溶液出现棕色，可加少许硝酸消解。如此反复，直至溶液澄清或微黄。放置冷却后加水 20ml，继续加热煮沸至产生白烟，将消解液定量转移至 50ml 具塞比色管中，加入碘化钾 - 抗坏血酸溶液 5ml，加水定容至刻度，放置 10 分钟后测定。

（2）干灰化法　称取样品 1g（精确到 0.001g），于 50ml 坩埚中，同时做试剂空白对照。加入氧化镁 1g，硝酸镁溶液 2ml，充分搅拌均匀，在水浴上蒸干水分后微火炭化至不冒烟。移入箱形电炉，在 550℃ 下灰化 4 ~ 6 小时。取出，向灰分中加少许水使润湿，然后用盐酸（1 + 1）20ml 分数次溶解灰分，加入碘化钾 - 抗坏血酸溶液 5ml，加水定容至 50ml，放置 10 分钟后测定。

（3）压力消解罐消解法　称取样品 1g（精确到 0.001g），于聚四氟乙烯内胆中，同时作试剂空白。若样品含较多乙醇等溶剂，应预先于水浴上将溶剂挥发。加入硝酸 10 ~ 15ml，或硝酸 6ml 和过氧化氢 6ml，放置片刻，盖上聚四氟乙烯内盖，放入消解罐不锈钢筒体内，依次盖上不锈钢内盖、内垫和外盖，用拧紧手柄拧紧外盖。放入恒温烤箱内于 100℃ 烘 2 小时，升温至 140 ~ 150℃，加热 4 小时，放冷取出。将样品溶液转移至 50ml 烧杯中，用水洗涤内胆数次，合并洗涤液。加入硫酸 5ml，在电热板上加热赶硝酸至产生白烟。放冷，加入水 20ml，转移至 50ml 容量瓶，加入碘化钾 - 抗坏血酸溶液 5ml，加水至刻度。放置 10 分钟后测定。

3. 仪器参考条件　按仪器说明书及表 4 - 5 要求调整好仪器及氢化物发生装置。

表 4 - 5　氢化物发生原子吸收光谱法测定砷的参考分析条件

波长	通带	灯电流	负高压	增益	方式	积分	载气	载气流量	C₂H₂/空气	硼氢化钠溶液
193.7nm	0.4nm	1.5mA	588V	×2	峰面积	9s	氩气	1.0L/min	1.0/5.0	0.2ml

4. 测定　在上述仪器条件下，取砷标准系列溶液 5ml 于氢化物反应瓶内，通载气驱赶气路中空气使吸光度为零。关气，加入硼氢化钠溶液 2.0ml；通气，记录吸光度。放掉废液，洗涤。依次进行测定，以浓度为横坐标、吸光度为纵坐标绘制标准曲线。移取样品溶液 0.5ml 及盐酸 4.5ml 至氢化物反应瓶内，进行测定。

【分析结果的表述】

1. 计算

$$\omega = \frac{(\rho_1 - \rho_0) \times V \times V_s \times 1000}{m \times V_1}$$

式中，ω—样品中砷的质量分数，$\mu g/g$；ρ_1—测试溶液中砷的质量浓度，$\mu g/L$；ρ_0—空白溶液中砷的浓度，$\mu g/L$；V—样品溶液总体积，ml；V_s—测定时移取标准溶液体积，ml；V_1—测定时移取样品溶液体积，ml；m—样品取样量，g。

2. 回收率和精密度　当样品中的砷含量在 2.09 ~ 12.12$\mu g/g$ 时，各浓度样品的相对标准偏差为 3.1% ~ 7.1%。多家实验室测定的相对标准偏差为 3.7% ~ 9.0%。当样品中加入 2.5 ~ 10$\mu g/g$ 的砷时，样品的加标回收率为 94.3%，多家实验室分别测定的加标回收率范围为 84.2% ~ 103%。

目标检测

答案解析

一、填空题

1. 电子从基态跃迁到激发态时所产生的吸收谱线称为_____，在从激发态跃迁回基态时，则发射出一定频率的光，这种谱线称为_____，二者均称为_____。

2. 原子吸收分光光度法的锐线光源有_____、_____、_____三种，以_____灯应用最广泛。

3. 原子吸收分光光度计的分光系统，只是把待测原子的吸收线与其他谱线_____，而不是用它来获得_____。

4. 空心阴极灯中对发射线半宽度影响最大的因素是_____，火焰原子吸收光谱法中的雾化效率一般可达_____。

二、单选题

1. 原子吸收分析中光源的作用是
   A. 提供试样蒸发和激发所需的能量
   B. 在广泛的光谱区域内发连续光谱
   C. 发射待测元素基态原子所吸收的特征谱线
   D. 产生具有足够强度的散射光

2. 原子吸收分光光度法是基于蒸气相中被测元素的哪种成分对其共振辐射的吸收强度来测定试样中被测元素含量的一种方法
   A. 原子　　　　　　　　B. 激发态原子　　　　　C. 基态原子　　　　　D. 分子或离子

3. 在原子吸收光谱分析中，当组分较复杂且被测组分含量较低时，为了简便准确地进行分析，最好选择何种方法进行分析
   A. 工作曲线法　　　　　B. 内标法　　　　　　　C. 标准加入法　　　　D. 间接测定法

4. 为了消除火焰原子化器中待测元素的发射光谱干扰，应采用下列哪种措施
   A. 直流放大　　　　　　B. 交流放大　　　　　　C. 扣除背景　　　　　D. 减小灯电流

5. 在原子吸收分析法中，被测定元素的灵敏度、准确度在很大程度上取决于
   A. 空心阴极灯　　　　　B. 火焰　　　　　　　　C. 原子化系统　　　　D. 分光系统

三、判断题

1. 光栅的面积愈大，分辨率愈大。
2. 对于同一级光谱，光栅的分辨率随波长而变。
3. 调节狭缝宽度目的是要获得一定的色散率。
4. 相邻两条谱线被分辨的情况与所用通带有关系，通带增大，分辨率降低。
5. 增大空心阴极灯的灯电流使发射强度增大，吸收灵敏度也增大。
6. 原子吸收测量时，采用调制光源可消除荧光干扰。

四、简答题

1. 原子吸收是如何进行测量的？为什么要使用锐线光源？
2. 原子吸收的背景有哪几种校正方法？

书网融合……

项目小结　　　　　　习题

项目五　原子荧光光谱法

【知识目标】

1. 掌握原子荧光光谱法的基本原理。

2. 熟悉原子荧光光谱仪的结构；原子荧光光谱法在化妆品检测与质量控制中的应用。

3. 了解原子荧光光谱分析的特点。

【技能目标】

1. 能够进行原子荧光光谱仪的一般操作。

2. 学会运用原子荧光光谱分析法进行化妆品的相应检测。

3. 能够对原子荧光光谱仪进行日常保养和维护。

4. 能够理解原子荧光光谱分析法在化妆品质量检测与控制种的意义。

【素质目标】

1. 培养学生的化妆品产品质量意识和安全意识。

2. 培养学生科学严谨求实的态度。

3. 培养学生从事化妆品质量与安全控制工作良好的规范意识和高尚的职业道德。

岗位情景模拟

情景描述　化妆品质量控制中常涉及化妆品中重金属汞和砷的含量测定、化妆品中总硒的含量测定、对去屑类洗发类化妆品中二硫化硒的含量测定。如果您是一名化妆品质量检验人员，请思考以下问题。

讨论　1. 您会采用什么样的方法获得更加高效、准确的检测结果？

　　　　2. 您会遵循何种标准或者规范去对化妆品进行质量检测？

任务一　初识原子荧光光谱法

原子荧光光谱分析（atomic fluorescence spectrometry，AFS）是 20 世纪 60 年代中后期发展的仪器分析方法，是原子光谱分析方法的另一个分支。因化学蒸气分离、非色散光学系统等特性，AFS 是测定微量砷、锑、铋、汞、硒、碲、锗等元素最成功的分析方法之一。原子荧光分析技术近年来有了较快的发展，并且已有多种类型的原子荧光光谱仪问世，它与原子吸收、原子发射光谱分析技术相互补充，在冶金、地质、环境监测、生物医学、材料科学和化妆品等领域得到了日益广泛的应用。

荧光是一种光致发光现象。原子荧光的产生一般是由试样溶液在原子化器中形成原子蒸气（基态原子），当光源发出强的辐射照在这些蒸气上时，原子外层电子吸收其中特征波长光的能量后从基态跃迁到高能激发态，随后再从激发态降落至基态或低能级时发射出的光。当激发光源停止照射后，荧光随即停止。这个过程与原子吸收有很大相似。

任务二 原子荧光的产生和类型

根据产生机制，原子荧光分为共振荧光、非共振荧光和敏化荧光三种类型。其中共振荧光的应用最多。

一、共振荧光

基态原子核外层电子吸收了共振频率的光辐射后激发，发射与共振频率相等的光辐射，即为共振原子荧光。产生过程如图5-1（a）A所示。其特征是原子被激发和发射所涉及的上下能级都相等，如锌原子吸收213.86nm的光，它发射荧光的波长也为213.86nm。

若原子受热激发后处于亚稳态，再吸收辐射后进一步激发，然后发射相同波长的共振荧光，这种光称为热助共振荧光［图5-1（a）B］。

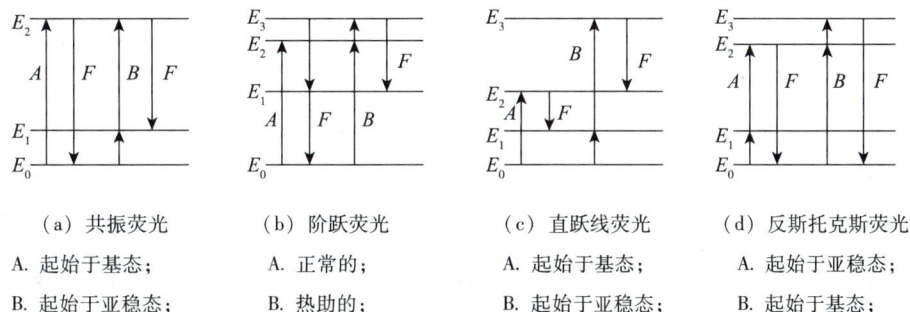

(a) 共振荧光	(b) 阶跃荧光	(c) 直跃线荧光	(d) 反斯托克斯荧光
A. 起始于基态；	A. 正常的；	A. 起始于基态；	A. 起始于亚稳态；
B. 起始于亚稳态；	B. 热助的；	B. 起始于亚稳态；	B. 起始于基态；

图5-1 原子荧光的常见类型

二、非共振荧光

当发射的荧光与激发光的频率不同时，即为非共振荧光。非共振荧光又分为阶跃线荧光、直跃线荧光和反斯托克斯荧光。

1. 阶跃线荧光（stepwise fluorescence） 原子被激发至较高的激发态，随后由于碰撞以非辐射形式去活化（deactivation）作用回到较低的激发态，进而在返回基态的过程中发射出波长比激发线波长长的荧光［图5-1（b）A］。如钠原子吸收330.30nm光，发射出588.99nm的荧光。被辐照激发的原子可在原子化器中进一步热激发到较高能级，然后返回至低能级发射出低于激发线波长的荧光，称为热助阶跃线荧光［图5-1（b）B］，如铬原子被359.35nm光激发后，会产生很强的387.87nm荧光。

2. 直跃线荧光（direct-line fluorescence） 当原子由基态被辐照激发到较高激发态后，经历辐射跃迁下降到高于基态的另一激发态，此时发射出的波长比所吸收的辐射长的荧光，称为直跃线荧光［图5-1（c）］。如铊原子吸收337.6nm光后，除发射337.6nm的共振荧光线外，还发射535.0nm的直跃线荧光。

3. 反斯托克斯荧光（anti-Stokes fluorescence） 自由原子跃迁至某一能级，其获得的能量一部分是由光源激发能供给，另一部分是热能供给，然后返回低能级所发射的荧光为反斯托克斯荧光，其荧光能大于激发能，荧光线波长小于激发辐射波长［图5-1（d）］。

三、敏化荧光

激发态原子通过碰撞，将其激发能转移给另一个原子使其激发，后者再以辐射方式去活化而发射荧光，此种荧光称为敏化荧光。火焰原子化器中的原子浓度很低，主要以非辐射方式去活化，因此观察不到敏化荧光。

就大多数元素而言，共振荧光是最强荧光，在原子荧光分析中最常用，但非共振荧光因其远离激发波长，可消除激发光对检测器的干扰，因而非共振荧光的研究亦受到重视及应用。

🔗 知识链接

原子荧光光谱法的特点

原子荧光分析是原子吸收光谱分析和原子发射光谱分析的有效补充，其特点是谱线相对简单，仪器也较简单，可以呈中小型化甚至微型化。对于 20 种左右的元素有更高的测定灵敏度，主要是吸收线小于 300nm 的元素，如 Zn、Cd 等。由于原子荧光是向空间各个方向发射的，因此便于制造多道仪器，从而进行多元素同时测定；但由于荧光猝灭效应的影响，在复杂基体试样测量时干扰较大。此外，分析时一般采用的高强度激发光源也会引起较大的散射光干扰。

激光诱导原子荧光光谱法（laser induced atmoic fluorescence spectrometry）由于采用高强度激光作光源（如气体激光器），结合微弱信号探测技术（如 CCD），具有极高的分析灵敏度和选择性，是目前少数可能测定单个原子的方法之一。随着激光技术的发展，各种类型的激光器相继应用于荧光光谱研究，较为常见的是 Ar⁺ 激光器。后来又有用铜蒸气激光器作为泵浦源用于荧光分析的报道。与常规激发源相比，可调谐染料激光器用于荧光光谱分析具有很大的优越性。

任务三 原荧光光谱分析的原理

一、原子荧光定量分析基本关系式

原子荧光强度 I_F 与吸收光的强度 I_A 成正比，即：

$$I_F = \varphi I_A \tag{5-1}$$

式中，φ 为量子荧光效率，其定义为：

$$\varphi = \frac{\varphi_F}{\varphi_A} \tag{5-2}$$

式中，φ_F 为单位时间辐射的荧光光子数；φ_A 为单位时间吸收激发光的光子数。在一般情况下，荧光量子效率小于 1。

根据朗伯 - 比尔定律可得：

$$I_F = \varphi A I_0 (1 - e^{-\varepsilon L N}) \tag{5-3}$$

式中，I_0 为原子化器内单位面积上接收的光源辐射强度；A 为光源照射在检测系统的有效面积；ε 为峰值吸收系数；L 为吸收光程长；N 为单位体积内的基态原子数。

将式（5-3）中的指数项安泰勒级数展开，高次项忽略，可得：

$$IF = \varphi AI_0 \varepsilon LN \tag{5-4}$$

当实验条件一定时，试液中待测元素的浓度 c 与原子蒸气中单位体积内的基态原子数 N 成正比，即：

$$N = ac \tag{5-5}$$

将式（5-5）代入（5-4）得：

$$IF = \varphi AI_0 \varepsilon Lac \tag{5-6}$$

实验条件一定时，φ、A、I_0、ε、L 和 a 均可视为常数，则原子荧光强度与试液中待测元素的浓度成正比，即

$$IF = Kc \tag{5-7}$$

式中，K 为常数。

式（5-7）为原子荧光光谱法定量分析的基本关系。由式（5-6）可知：①荧光强度随激发光源强度的增加而增大，因而用强光源可提高灵敏度降低检出限；②延长吸收光程可提高灵敏度；③式（5-6）只有在待测元素浓度较低时才成立，高浓度时 IF 与 c 的关系为非线性，所以原子荧光光谱法特别适用于痕量元素测定；④量子效率 φ 随火焰温度和火焰组成而变化，因此必须严格控制这些因素。

二、原子荧光的猝灭

处于激发态的原子寿命是十分短暂的，当它从高能级跃迁到低能级时将发射出荧光，也可能在原子化器中与其他分子原子或电子发生非弹性碰撞而丧失其能量，在后一种情况下，荧光将减弱或完全不产生，这种现象称为荧光猝灭。

荧光猝灭有下述几种类型。

（1）与自由原子碰撞　　$M^* + X \longrightarrow M + X$

M^* 为激发态原子，M 和 X 为中性原子。

（2）与分子碰撞　$M^* + AB \longrightarrow M + AB$

这是形成荧光猝灭的主要原因，AB 可能是火焰的燃烧产物。

（3）与电子碰撞　$M^* + e^- \longrightarrow M + e^-$

（4）与自由原子碰撞后，形成不同的激发态　　$M^* + A \longrightarrow M^X + A$

M^* 和 M^X 为原子不同的激发态。

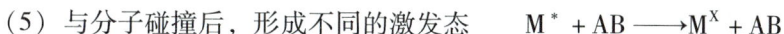

（5）与分子碰撞后，形成不同的激发态　　$M^* + AB \longrightarrow M^X + AB$

（6）化学猝灭反应　　$M^* + AB \longrightarrow M^X + A + B$

A 和 B 为火焰中存在的分子或稳定的游离基。

荧光猝灭过程将导致荧光量子效率降低，荧光强度减弱，因而严重影响原子荧光分析。为了减少猝灭的影响，应当尽量降低原子化器中猝灭离子的浓度，特别是猝灭截面大的离子浓度。另外，还要注意减少原子蒸气中二氧化碳、氮和氧气体的浓度。

任务四　认识原子荧光光谱仪

原子荧光光谱仪的组成与原子吸收分光光度计相似，由激发光源、原子化器、分光系统及检测系统四部分组成。为了避免光源对原子荧光测定的影响，光源与检测器的位置一般呈90°（图5-2）。

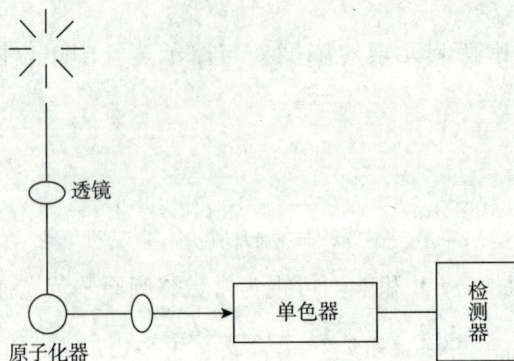

图 5 - 2　原子荧光光谱仪示意图

1. 激发光源　在原子荧光光谱仪中，最常采用的光源是空心阴极灯和无极放电灯，也可以使用连续光源，如氙弧灯。

2. 原子化器　除采用石英炉管原子化器，其他与原子吸收法基本相同。

3. 分光系统　原子荧光光谱简单，谱线干扰小，对单色器的分辨率要求不高。色散型原子荧光光谱仪中的色散元件为光栅或棱镜，无色散型原子荧光光谱仪的色散原点为滤光片。

4. 检测系统　在原子荧光光谱仪中，目前普遍使用的检测器仍以光电倍增管为主，对于无色散系统来说，为了消除日光的影响，必须采用光谱响应范围为 $160 \sim 320nm$ 的日盲光电倍增管。

实训一　原子荧光光度法测定化妆品中总汞的含量

原子荧光光度法分析是原子荧光分析的定量方法，常采用标准曲线法和标准加入法（详见原子吸收光谱分析定量方法），在低浓度范围内线性范围通常为 $3 \sim 5$ 个数量级，优于原子吸收光谱法，而且灵敏度极高，因而原子荧光分析特别适合超纯物质环境污染、生物活性材料中痕量及超痕量元素的分析。原子荧光光谱法的具体应用很多，如氢化物原子荧光光度法测定化妆品中总汞的含量、氢化物原子荧光光度法测定化妆品中总砷的含量等。

本方法规定了氢化物原子荧光光度法测定化妆品中总汞的含量。样品经消解处理后，汞被溶出。汞离子与硼氢化钾反应生成原子态汞，由载气（氩气）带入原子化器中，在特制汞空心阴极灯照射下，基态汞原子被激发至高能态，去活化回到基态后发射出特征波长的荧光，在一定浓度范围内，其强度与汞含量成正比，与标准系列溶液比较定量。

本方法对汞的检出限为 $0.1\mu g/L$；定量下限为 $0.3\mu g/L$。取样量为 $0.5g$ 时，检出浓度为 $0.002\mu g/g$，最低定量浓度为 $0.006\mu g/g$。

【试剂和材料】

（1）硝酸　$\rho_{20} = 1.42g/ml$，优级纯。

（2）硫酸　$\rho_{20} = 1.84g/ml$，优级纯。

（3）盐酸　$\rho_{20} = 1.19g/ml$，优级纯。

（4）过氧化氢。

（5）五氧化二钒。

（6）10% 硫酸溶液　取硫酸 10ml，缓慢加入到 90ml 水中，混匀。

（7）盐酸羟胺溶液　取盐酸羟胺 12.0g 和氯化钠 12.0g 溶于 100ml 水中。

（8）氯化亚锡溶液　称取氯化亚锡 20g 置于 250ml 烧杯中，加入盐酸 20ml，必要时可略加热促溶，全部溶解后，加水稀释至 100ml。

（9）重铬酸钾溶液　称取重铬酸钾 10g，溶于 100ml 水中。

（10）重铬酸钾 - 硝酸溶液　取重铬酸钾溶液 5ml，加入硝酸 50ml，用水稀释至 1L。

（11）辛醇。

（12）汞标准溶液的制备

1）汞单元素溶液标准物质［p（Hg）= 1000mg/L］　国家标准单元素储备溶液，应在有效期范围内。

2）汞标准溶液 I　取汞单元素溶液标准物质 1.0ml 置于 100ml 容量瓶中，用重铬酸钾 - 硝酸溶液稀释至刻度。可保存一个月。

3）汞标准溶液 II　取汞标准溶液 I 1.0ml 置于 100ml 容量瓶中，用重铬酸钾 - 硝酸溶液（10）稀释至刻度。临用现配。

4）汞标准溶液 III　取汞标准溶液 II 10.0ml 置于 100ml 容量瓶中，用重铬酸钾 - 硝酸溶液稀释至刻度。

（13）氢氧化钾溶液　称取氢氧化钾 5g 溶于 1L 水中。

（14）硼氢化钾溶液　称取硼氢化钾（95%）20g 溶于 1L 氢氧化钾溶液中。置冰箱内保存，一周内有效。

（15）10% 盐酸溶液［Q（HCl）= 10%］　取盐酸（1.3）10ml，加水 90ml，混匀。

【仪器和设备】

原子荧光光度计；所用玻璃器皿均用稀硝酸浸泡过夜，冲洗干净；试管在烘箱 105℃烘 2 小时备用；天平；具塞比色管：10ml、25ml、50ml。

【分析步骤】

1. 标准系列溶液的制备　取汞标准溶液 III 0.00、0.50、1.25、2.50、5.00mL 分别置于 25ml 具塞比色管中，加入盐酸 2.5ml，加水至刻度，得相应浓度为 0、0.20、0.50、1.00、2.00μg/L 的汞标准系列溶液。

2. 样品处理　可任选一种。

（1）微波消解法　称取样品 0.5 ~ 1g（精确到 0.001g）于清洗好的聚四氟乙烯溶样杯内。含乙醇等挥发性原料的样品，如香水、摩丝、沐浴液、染发剂、精华素、刮胡水、面膜等，先放入温度可调的 100℃恒温电加热器或水浴中挥发（不得蒸干）。蜡基类、粉类等干性样品，如唇膏、睫毛膏、眉笔、胭脂、唇线笔、粉饼、眼影、爽身粉、痱子粉等，取样后先加 0.5 ~ 1.0ml 水，润湿摇匀。

根据样品消解难易程度，样品或经预处理的样品，先加入硝酸 2.0 ~ 3.0ml，静置过夜。然后加入过氧化氢 1.0 ~ 2.0ml，将溶样杯晃动几次，使样品充分浸没。放入沸水浴或温度可调的恒温电加热设备中，100℃加热 20 分钟，取下冷却。如溶液的体积不到 3ml，则补充水。同时严格按照微波溶样系统操作手册进行操作。把装有样品的溶样杯放进预先准备好的干净的高压密闭溶样罐中，拧上罐盖（注意，不要拧得过紧）。

表 5 - 1 为一般样品原子荧光光度法消解时压力 - 时间的程序。如果样品是油脂类、中草药类、洗涤类，可适当提高防爆系统灵敏度，以增加安全性。

表 5-1 原子荧光光度法消解时压力-时间程序

压力档	压力（MPa）	保压累加时间（min）
1	0.5	1.5
2	1.0	3.0
3	1.5	5.0

根据样品消解难易程度可在 5~20 分钟内消解完毕，取出冷却，开罐，将消解好的含样品的溶样杯放入沸水浴或温度可调的 100℃ 电加热器中数分钟，驱除样品中多余的氮氧化物，以免干扰测定。

将样品移至 10ml 具塞比色管中，用水洗涤溶样杯数次，合并洗涤液，加入盐酸羟胺溶液 0.5ml，用水定容至 10ml，备用。

（2）湿式回流消解法　称取样品 1g（精确到 0.001g）于 250ml 圆底烧瓶中。随同试样做试剂空白对照。样品如含有乙醇等有机溶剂，先在水浴或电热板上低温挥发（不得干涸）。

加入硝酸 30ml、水 5ml、硫酸 5ml 及数粒玻璃珠。置于电炉上，接上球形冷凝管，通冷凝水循环。加热回流消解 2 小时。消解液一般呈微黄色或黄色。从冷凝管上口注入水 10ml，继续加热 10 分钟，放置冷却。用预先用水湿润的滤纸过滤消解液，除去固形物。对于含油脂蜡质多的样品，可预先将消解液冷冻使油脂蜡质凝固。用蒸馏水洗滤纸数次，合并洗涤液于滤液中。加入盐酸羟胺溶液 1.0ml，用水定容至 50ml，备用。

（3）湿式催化消解法　称取样品 1g（精确到 0.001g）于 100ml 锥形瓶中。随同试样做试剂空白对照。样品如含有乙醇等有机溶剂，先在水浴或电热板上低温挥发（不得干涸）。

加入五氧化二钒 50mg、硝酸 7ml，置沙浴或电热板上用微火加热至微沸。取下放冷，加硫酸 5.0ml，于锥形瓶口放一小玻璃漏斗，在 135~140℃ 下继续消解，并于必要时补加少量硝酸，消解至溶液呈现透明蓝绿色或桔红色。冷却后，加少量水继续加热煮沸约 2 分钟，以驱赶二氧化氮。加入盐酸羟胺溶液 1.0ml，用水定容至 50ml，备用。

（4）浸提法　称取样品 1g（精确到 0.001g）于 50ml 具塞比色管中。随同试样做试剂空白对照。样品如含有乙醇等有机溶剂，先在水浴或电热板上低温挥发（不得干涸）。

加入硝酸 5.0ml、过氧化氢 2.0ml，混匀。如样品产生大量泡沫，可滴加数滴辛醇。于沸水浴中加热 2 小时，取出，加入盐酸羟胺溶液 1.0ml，放置 15~20 分钟，加水定容至 25ml，备用。

3. 仪器参考条件　光电倍增管负高压 300V，汞元素灯电流 15mA，原子化器温度 300℃，高度 8.0mm；氩气流速：载气 300ml/min、屏蔽气 700ml/min；测量方式：标准曲线法；读数方式：峰面积，读数延迟时间 2 秒，读数时间为 12 秒；测试样品进样量与硼氢化钾溶液加液量（两者比例为 1:1）可设定在 0.5~0.8ml。

4. 测定　按设定的仪器条件，输入相关的参数，包括样品稀释倍数和浓度单位。预热，待仪器稳定后，取适量消解定容样品（2~5ml），用 10% 盐酸溶液 [Φ（HCl）=10%] 稀释至 10ml，摇匀，编号后放入仪器进样架上，在同一条件下先测定标准系列溶液后，测定样品。

5. 分析结果的表述

（1）计算

$$\omega = \frac{(\rho_1 - \rho_2) \times V}{m \times 1000}$$

式中，ω—样品中汞的质量分数，$\mu g/g$；ρ_1—测试溶液中汞的浓度，$\mu g/L$；ρ_2—空白溶液中汞的浓度，$\mu g/L$；V—样品消化液总体积，ml；m—样品取样量，g。

（2）回收率和精密度　本方法线性范围为 0～10μg/L；回收率为 95%；多次测定的相对标准偏差为 1.2%。

实训二　原子荧光光度法测定化妆品中总砷的含量

本方法规定了氢化物原子荧光光度法测定化妆品中总砷的含量，适用于化妆品中总砷的测定。在酸性条件下，五价砷被硫脲－抗坏血酸还原为三价砷，然后与由硼氢化钠与酸作用产生的大量新生态氢反应，生成气态的砷化氢，被载气输入石英管炉中，受热后分解为原子态砷，在砷空心阴极灯发射光谱激发下，产生原子荧光，在一定浓度范围内，其荧光强度与砷含量成正比，与标准系列比较定量。

本方法对砷的检出限为 4.0g/L，定量下限为 13.3g/L；取样量为 1g 时，检出浓度为 0.01g/g，最低定量浓度为 0.04g/g。

【试剂和材料】

（1）硝酸　$\rho_{20}=1.42$g/ml，优级纯。

（2）硫酸　优级纯。

（3）氧化镁。

（4）六水硝酸镁溶液（500g/L）　称取六水硝酸镁 500g，加水溶解稀释至 1L。

（5）盐酸（1+1）　取优级纯盐酸（$\rho_{20}=1.19$g/ml）100ml，加水 100ml，混匀。

（6）过氧化氢。

（7）硫脲－抗坏血酸混合溶液　称取硫脲 12.5g，加水约 80ml，加热溶解，待冷却后加入抗坏血酸 12.5g，稀释到 100ml，储存于棕色瓶中，可保存一个月。

（8）氢氧化钠溶液　称取氢氧化钠 1g 溶于水中，稀释至 1L。

（9）硼氢化钠溶液　称取硼氢化钠 7g 溶于 1L 氢氧化钠溶液中。

（10）氢氧化钠溶液　称取氢氧化钠 100g 溶于水中，稀释至 1L。

（11）硫酸（1+9）　取硫酸 10ml，缓慢加入 90ml 水中。

（12）酚酞指示剂（1g/L 乙醇溶液）　称取酚酞 0.1g 溶于 50ml 95% 乙醇中，加水至 100ml。

（13）砷单元素溶液标准物质［ρ（As）=1000mg/L］　国家标准单元素储备溶液，应在有效期范围内。

（14）砷标准溶液Ⅰ　移取砷单元素溶液标准物质 1.00ml 置于 100ml 容量瓶中，加水至刻度，混匀。

（15）砷标准溶液Ⅱ　临用时移取 10.0ml 砷标准溶液Ⅰ于 100ml 容量瓶中，加水至刻度，混匀。

【仪器和设备】

原子荧光光度计；天平；具塞比色管：10ml、25ml；压力自控微波消解系统；水浴锅（或敞开式电加热恒温炉）；坩埚（50ml）。

【分析步骤】

1. 标准系列溶液的制备　取砷标准溶液Ⅱ 0.00、0.10、0.30、0.50、1.00、1.50、2.00ml 分别于 25ml 具塞比色管中，加水至 5ml，加入盐酸（1+1）溶液 5.0ml，再加入硫脲－抗坏血酸溶液 2.0ml，混匀，得相应浓度为 0、4、12、20、40、60、80μg/L 的砷标准系列溶液。

2. 样品处理　可任选一种。

（1）HNO_3－H_2SO_4 湿式消解法　称取样品 1g（精确到 0.001g）于 150ml 锥形瓶中。同时做试剂空白对照。样品如含乙醇等溶剂，称取样品后应预先将溶剂挥发（不得干涸）。加数粒玻璃珠，加入硝酸10～20ml，放置片刻后，缓缓加热，反应开始后移去热源，稍冷后加入硫酸2ml。继续加热消解，若消解过程中溶液出现棕色，可加少许硝酸消解。如此反复，直至溶液澄清或微黄。放置冷却后加水20ml，继续加热煮沸至产生白烟，将消解液定量转移至25ml具塞比色管中，加水定容至刻度，备用。

（2）干灰化法　称取样品1g（精确到0.001g）于50ml坩埚中，同时做试剂空白对照。加入氧化镁1g，六水硝酸镁溶液2ml，充分搅拌均匀，在水浴上蒸干水分后微火炭化至不冒烟，移入箱形电炉，在550℃下灰化4～6小时，取出，向灰分中加少许水使润湿，然后用盐酸（1+1）20ml分数次溶解灰分，加水定容至25ml，备用。

（3）微波消解法　称取样品0.5～1g（精确到0.001g）于清洗好的聚四氟乙烯溶样杯内。含乙醇等挥发性原料的化妆品，如香水、摩丝、沐浴液、染发剂、精华素、刮胡水、面膜等，则先放入温度可调的100℃恒温电加热器或水浴中挥发（不得蒸干）；油脂类和膏粉类等干性物质，如唇膏、睫毛膏、眉笔、胭脂、唇线笔、粉饼、眼影、爽身粉、痱子粉等，取样后先加水0.5～1.0ml，润湿摇匀。

根据样品消解难易程度，样品或经预处理的样品，先加入硝酸2.0～3.0ml，静止过夜，充分作用。然后再加入过氧化氢1.0～2.0ml，将溶样杯晃动几次，使样品充分浸没。放入沸水浴或温度可调的恒温电加热设备中，100℃加热20分钟，取下，冷却。如溶液的体积不到3ml则补充水。同时严格按照微波溶样系统操作手册进行操作。

把装有样品的溶样杯放进预先准备好的干净的高压密闭溶样罐中，拧上罐盖（注意，不要拧得过紧）。

表5-2为一般样品原子荧光光度法消解时压力-时间的程序。如果化妆品是油脂类、中草药类、洗涤类，可适当提高防爆系统灵敏度，以增加安全性。

表5-2　原子荧光光度法消解时压力-时间程序

压力档	压力（MPa）	保压累加时间（min）
1	0.5	1.5
2	1.0	3.0
3	1.5	5.0

根据样品消解难易程度可在5～20分钟内消解完毕，取出冷却，开罐，将消解好的含样品的溶样杯放入沸水浴或温度可调的100℃电加热器中数分钟，驱除样品中多余的氮氧化物，以免干扰测定。

将样品移至10ml具塞比色管中，用水洗涤溶样杯数次，合并洗涤液，用水定容至10ml，备用。

3. 仪器参考条件

（1）参考条件1　灯电流：45mA；光电倍增管负高压：340V；原子化器高度：8.5mm；载气流量：500mlAr/min；屏蔽气流量：1000mlAr/min；测量方式：标准曲线法；读数时间：12秒；硼氢化钾加液时间：8秒；进样体积：2ml。

（2）参考条件2（附流动注射）　灯电流：45mA；光电倍增管负高压：340V；原子化器高度：8.5mm；氩气气压：0.03MPa；载气流量：300mlAr/min；屏蔽气流量：600mlAr/min；测量方式：标准曲线法；读数时间：12秒；硼氢化钾加液时间：10秒；进样体积：1ml。

4. 测定　在上述仪器条件下，吸取砷标准系列溶液2.0ml，注入氢化物发生器中，加入一定量硼氢化钠溶液，测定其荧光强度，以标准系列溶液浓度为横坐标、荧光强度为纵坐标，绘制标准曲线。

取预处理样品溶液及试剂空白溶液10.0ml于25ml具塞比色管中，加入硫脲-抗坏血酸溶液2.0ml，混匀，吸取 2.0ml，按绘制标准曲线的操作步骤测定样品荧光强度，由标准曲线查出测试溶液中砷的浓度。

5. 分析结果的表述

（1）计算

$$\omega = \frac{(\rho_1 - \rho_2) \times V}{m \times 1000}$$

式中，ω 为样品中砷的质量分数，μg/g；ρ_1 为测试溶液中砷的浓度，μg/L；ρ_2 为空白溶液中砷的浓度，μg/L；V 为样品消化液总体积，ml；m 为样品取样量，g。

（2）回收率和精密度　当样品中的砷含量在 0.24～4.59g/g 时，各浓度样品测定的批内相对标准偏差为 1.1%～10.0%，平均相对标准偏差为 4.7%；批间相对标准偏差为 0.2%～8.0%，平均相对标准偏差为 4.1%。三个实验室分别重复测定的平均相对标准偏差分别为 5.1%、4.3% 和 3.2%。

当样品中加入 0.3～4.5g/g 的砷时，样品的平均加标回收率为 100.3%，三个实验室分别测定的平均加标回收率分别为 99.0%、98.1% 和 98.5%。

目标检测

答案解析

一、填空题

1. 阶跃线荧光和直跃线荧光又称_____荧光，其特点是荧光波长_____激发光波长。
2. 原子荧光分析法不是测定_____光的强弱，而是测定_____光的强弱。
3. 原子荧光光谱仪主要由_____、_____、_____及_____四部分组成。

二、单选题

1. 在原子荧光光谱分析中，下列哪一种荧光应用的最多
   A. 共振荧光　　　　　B. 直跃线荧光　　　　C. 阶跃线荧光　　　　D. 敏华荧光

2. 在原子荧光光谱仪中，为了避免光源对原子荧光测定的影响，光源与检测器的位置一般呈
   A. 30°　　　　　　　B. 45°　　　　　　　C. 90°　　　　　　　D. 180°

3. 下列原子荧光中属于反斯托克斯荧光的是
   A. 铬原子吸收 359.35nm，发射 357.87nm　　B. 铅原子吸收 283.31nm，发射 283.31nm
   C. 铟原子吸收 377.55nm，发射 535.05nm　　D. 钠原子吸收 330.30nm，发射 589.00nm

4. 以下说法中，正确的是
   A. 原子荧光分析法是测量受激基态分子而产生原子荧光的方法
   B. 原子荧光分析属于光激发
   C. 原子荧光分析属于热激发
   D. 原子荧光分析属于高能粒子互相碰撞而获得能量被激发

5. 原子蒸气受具有特征波长的光源照射后，其中一些自由原子被激发跃迁至较高能态，然后以直接跃迁形式恢复到基态，当激发辐射的波长与所产生的荧光波长相同时，这种荧光称为
   A. 敏化荧光　　　　　B. 直跃线荧光　　　　C. 阶跃线荧光　　　　D. 共振荧光

三、判断题

1. 原子荧光的猝灭主要影响荧光量子效率，降低原子荧光的强度。

2. 原子荧光光谱仪中原子化器的作用是将样品中被分析元素转化成自由离子。

四、简答题

原子荧光光谱是怎样产生的? 有几种类型?

书网融合……

项目小结

习题

项目六　色谱分析技术导学

学习目标

【知识目标】

1. 掌握色谱分析技术的常用术语及概念。
2. 熟悉色谱分析技术的产生和发展及分类。
3. 了解色谱分析技术的基本理论。

【技能目标】

1. 能够理解色谱分离技术中的一些重要参数。
2. 学会利用色谱基本理论塔板理论和速率理论判断影响色谱分离的各种实验因素。
3. 能够理解色谱法的最新研究进展在化妆品分析检测领域中相关应用的意义。

【素质目标】

1. 培养学生的安全意识、质量意识和规范意识。
2. 培养学生科学、严谨、求实的态度。
3. 培养学生探索专业前沿新知识、新技术的积极性与主动性。

岗位情景模拟

情景描述　为了保证化妆品的微生物安全，化妆品配方体系中常采用多种防腐剂复配以达到抑制微生物生长的目的。《化妆品安全技术规范》明确规定防腐剂在化妆品中使用时，不得超过的最大允许浓度。如果您是一名化妆品质量检验人员，请您思考如下问题。

讨论　1. 您会采用什么样的方法获得更加高效、准确的检测结果？

　　　　2. 您会遵循何种标准或者规范去对化妆品进行检测？

任务一　初识色谱分析法

色谱法（chromatography）是一种分离、分析多组分混合物的非常有效的物理及物理化学分析方法，是仪器分析的一个重要分支。其原理是利用混合物中各组分在两相间分配系数的差异，当两相做相对移动时，各组分在两相间进行多次分配，从而获得分离。目前，色谱法已在石油化工、医药卫生、环境科学、能源科学、生命科学、材料科学、化妆品分析检测等诸多领域获得广泛应用。

一、色谱法的进展

色谱法是俄国植物学家茨维特（M. S. Tswett）于 1906 年首先提出来的，他把植物色素的石油醚萃取液作为试样，倒入一根预先填充好碳酸钙粉末的直立玻璃管中，并不断地用纯净石油醚从玻璃管顶端淋洗，经过一段时间后，植物色素的各组分在柱内得到分离而形成不同颜色的谱带。他把这种分离方法叫作色谱法，后来色谱法更多的是用于无色物质的分离和测定，但"色谱"这个名称被沿用至今。

国际纯粹与应用化学联合会（IUPAC）对色谱法的定义是：色谱法是一种物理分离方法，它具有两相，其中一相固定不动，称为固定相；另一相则按规定的方向流动，称为流动相。混合物之所以能被分离，是由于它们在两相之间进行了多次分配。即当流动相携带混合物，流经固定相时，就会与固定相发生作用，由于各组分的结构和性质有差异（如分子尺寸、分子质量、极性、电离常数、手性异构等），与固定相发生作用的作用力大小不同，两相间的分配系数则不同。因此，在相同推动力的作用下，各组分在两相间经过反复多次的分配平衡后，在固定相中的滞留时间有长有短，从而按先后顺序流出色谱柱，实现混合物的分离。

随着技术的进步，以及石油化工、化学工业的迅猛发展，各种色谱技术如气相色谱、液相色谱、薄层色谱、排阻色谱、智能色谱、超临界流体色谱及各种联用技术得到了深入的研究及广泛应用并迅速获得发展，色谱法已发展为色谱科学。色谱法的发展历史的主要阶段见表6-1。

表6-1　色谱发展历史

年代	发明者	发明的色谱法及重要应用
1906	M. S. Twestt	用碳酸钙粉末分离植物色素，最先提出色谱概念
1931	Kuhn, Lederer	用氧化铝和碳酸钙分离 a-、b-、g-胡萝卜素，使色谱法开始为人们所重视
1938	Izmailov, Shraiber	最先使用薄层色谱法
1938	Taylor, Uray	用离子交换色谱法分离了锂和钾的同位素
1941	Martin Synge	提出色谱塔板理论；发明液-液分配色谱；预言了气体可作为流动相（即气相色谱）
1944	Consden 等	发明了纸色谱
1949	Macllean	在氧化铝中加入淀粉黏合剂制作薄层板，使薄层色谱进入实用阶段
1952	Martin, James	从理论和实践方面完善了气-液分配色谱法
1956	van Deemter 等	提出色谱速率理论，并应用于气相色谱
1957		基于离子交换色谱的氨基酸分析专用仪器问世
1958	Golay	发明毛细管柱气相色谱
1959	Porath, Flodin	发表凝胶过滤色谱的报告
1964	Moore	发明凝胶渗透色谱
1965	Giddings	发展了色谱理论，为色谱学的发展奠定了理论基础
1975	Small	发明了以离子交换剂为固定相、强电解质为流动相，采用抑制型电导检测的新型离子色谱法
1981	Jorgenson 等	创立了毛细管电泳法

✎ **知识链接**

色谱法的进展简要介绍

1. 色谱理论　色谱法的提出是从茨维特（M. S. Tswett）提出的经典色谱开始，但其理论发展是从气相色谱开始并且不断发展完善。色谱理论的本质是研究色谱热力学、色谱动力学，以及热力学与动力学有机结合寻求色谱分离的最佳途径。色谱热力学研究色谱峰间的距离，而色谱动力学研究色谱峰宽窄的问题。实现多组分复杂混合物的理想分离，必须从热力学和动力学两方面考虑，不断优化完善，寻求最佳的分离条件，这样就形成了色谱理论。

2. 微柱　作为色谱的微柱长只有 $3 \sim 5cm$，内径仅 $0.5 \sim 1.0mm$，这样短而细的色谱柱必须使用高效填料。随着人们对色谱理论的深入研究，高效填料的制造越来越受到重视，作为高效液相色谱填料的硅胶，国外很多厂家都在积极研制开发并制造出超纯颗粒均匀的高效硅胶，为高效微柱的发展奠定了基础。使用微柱的优点是节省流动相，减少污染，同时可快速分析。

3. 集束式毛细管柱　尽管毛细管柱柱效高分离效果好，但承载样品量非常少，有时还必须采用分流技术，以免色谱柱过载。为了克服单根毛细管的这种缺点，现在发展了集束式毛细管柱，它是由数十根甚至数百根毛细管组成的一根柱子，它既能呈现毛细管柱的高效性，又能表现出类似填充柱承载样品负载大的优点。

4. 超临界流体色谱　超临界流体色谱采用在临界温度和临界压力以上单一相态的流体作为流动相，这种流体既具有气体那样的低黏度和高扩散系数，又具有强的样品溶解能力，且又参与溶质的分配作用。高临界流体色谱同时具备气相色谱和液相色谱的优点。

5. 联用技术　气相色谱与质谱（GC-MS）、液相色谱与质谱（LC-MS）、气相色谱与红外（GC-FTIR）、液相色谱与质谱与红外（LC-MS-FTIR）联用技术的应用，为复杂混合物的分离性提供了简单、快捷、可靠的信息。

6. 智能色谱　智能色谱是人类智慧与先进技术的结晶。大规模集成电路与计算机技术的发展，人们将计算机技术应用于色谱仪上，使得色谱仪既具有专家的思想，又具有解决特定领域中实际问题的能力，故称之为色谱专家系统，人们在遇到问题时可以直接应用色谱专家系统来找出解决问题的方法。

二、色谱法的分类

色谱法可按照两相状态、分离机制、操作形式、两相极性等多种方法进行分类。

1. 按两相状态分类　按照流动相为气体、液体或是超临界流体等进行分类，可分为气相色谱法（GC）、液相色谱法（LC）、超临界流体色谱法（SFC）。根据结合固定相的状态不同，气相色谱又可分为气-固色谱法（GSC）和气-液色谱法（GLC）；液相色谱法也可分为液-固色谱法（LSC）和液-液色谱法（LLC）（表6-2）。

表6-2　按流动相状态分类的色谱类型

色谱类型		流动相	固定相
气相色谱（GC）	气-固色谱（GSC）	气体	固体
	气-液色谱（GLC）		液体

续表

色谱类型		流动相	固定相
液相色谱（LC）	液－固色谱（LSC）	液体	固体
	液－液色谱（LLC）		液体
超临界流体色谱（SFC）		超临界流体	键合固定相

2. 按分离机制分类 按分离机制可分为分配色谱法、吸附色谱法、离子交换色谱法、分子排阻色谱法、亲和色谱法等。分配色谱法（partition chromatography）是指用液体作固定相，利用组分在固定相中的溶解度不同而达到分离的方法；吸附色谱法（adsorption chromatography）是指利用组分在吸附剂（固定相）上的吸附能力强弱不同而得以分离的方法；离子交换色谱法（ion exchange chromatography）是指利用组分在离子交换剂（固定相）上的亲和力大小不同而达到分离的方法；分子排阻色谱法（size exclusion chromatography）利用大小不同的分子在多孔固定相中的选择性渗透而达到分离的方法；亲和色谱法（affinity chromatography）是利用不同组分与固定相（固定化分子）的高专属性亲和力进行分离的方法。

3. 按操作形式分类 按操作形式可分为柱色谱法（column chromatography）和平面色谱法（plane chromatography）。柱色谱法是指将固定相装于柱管内的色谱法，可分为填充柱色谱法和毛细管柱色谱法；平面色谱法是指固定相呈平板状的色谱法，包括纸色谱法（paper chromatography）、薄层色谱法（thin layer chromatography）、薄膜色谱法（thin film chromatography）等（表6－3）。

表6－3 按操作形式分类的色谱类型

名称	柱色谱法		平面色谱法	
	填充柱色谱法	开口（管）柱色谱法	纸色谱法	薄层色谱法
固定相形式	填充了固体吸附剂（或涂渍了固定液的惰性载体）的玻璃或不锈钢柱	弹性石英或熔融玻璃毛细管（内壁附有吸附剂薄层或涂渍固定液）	多孔和强渗透能力的滤纸或纤维素薄膜上的水分或其他负载物	涂布在玻璃等薄板上的硅胶、氧化铝等固定相薄层
操作方式	液体或气体流动相从柱头向柱尾连续不断地流动		液体的流动相从平面的一端向另一端扩散	

三、色谱技术的特点

色谱法是一种分离分析的方法，主要是利用色谱柱使混合物分离后，使用不同的检测手段进行样品定性、定量分析，其主要特点如下。

1. 分离效率高 由于色谱柱具有很高的塔板数，因此在分离多组分混合物时可以高效地将各个组分分离成单一的色谱峰，数十种甚至数百种性质类似的化合物可在同一根色谱柱上得到分离，能解决许多其他分析方法无能为力的复杂样品分析。在很短的时间内，选择合适的检测器，可以实现几十种组分的同时分离与定量。

2. 分析速度快 色谱法，特别是气相色谱法，分析速度较快，一般只需几分钟或几十分钟的时间即可完成一个复杂样品的分析。

3. 高灵敏度 随着信号处理和检测技术的进步，不经过浓缩可以直接检测 10^{-9} g 级的微量物质。若采用预浓缩技术，检测下限可以达到 10^{-12} g 数量级，在痕量分析中应用非常有效。

4. 高选择性 色谱法对性质相似的物质，如同位素，同系物及同分异构体等有很好的分离效果。

5. 样品用量小 一次分析通常只需数微升的溶液样品。

6. 易于自动化　现在的色谱仪器可以实现从进样到数据处理的全自动化操作。

7. 定性能力较差　为克服这一缺点，已经发展起来了色谱法与其他多种具有定性能力的分析技术联用，如色谱和红外、色谱和质谱的联用等。

任务二　色谱分析法的基本概念

一、色谱图及相关术语

1. 色谱流出曲线——色谱图　色谱图（chromatogram）又称色谱流出曲线（elution profile），是样品流经色谱柱后进入检测器，检测器的相应信号与进样时间所得出的曲线（图6-1）。色谱流出曲线对色谱分析非常重要，所有的定性、定量分析都以其为基础。在流出曲线上有色谱峰及描述峰位置、峰好坏等的相关参数。

色谱流出曲线是获取色谱基本参数的基础，而色谱基本参数又是观察色谱行为和研究色谱理论的重要尺度，从谱图上可以获得以下信息。

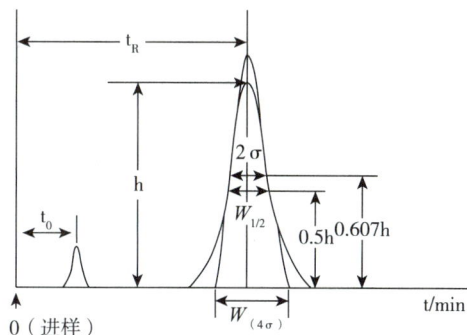

图6-1　色谱流出曲线示意图

（1）在一定色谱条件下，可看到组分分离情况及组分的含量。

（2）每个色谱峰的位置可由每个峰流出曲线最高点所对应的时间表示，以此作为定性分析的依据，不同的组分，其峰的位置不同。

（3）每一组分的含量与这一组分相对应的峰高或峰面积有关，峰高或峰面积可以作为定量分析的依据。

（4）通常在色谱分析中，进样量很少，因此得到色谱峰多为对称的、呈正态分布的曲线。可以通过观察峰的分离及扩展情况，判断柱效高低，色谱峰越窄，柱效越高，色谱峰越宽，柱效越低。

（5）色谱柱中仅有纯流动相经过检测器的流出曲线称为基线，稳定的基线应该是一条水平的直线。可以通过观察基线的稳定情况来判断仪器是否正常。

2. 色谱曲线相关术语

（1）色谱峰（peak）　指组分流经检测器时响应的连续信号产生的曲线，即流出曲线上的突起部分。正常色谱峰近似于对称形正态分布曲线［高斯（Gauss）曲线］。不对称色谱峰有两种：前延峰（leading peak）和拖尾峰（tailing peak），前者少见。

（2）峰底　指基线上峰的起点至终点的距离。

（3）峰高（peak height，h）　指峰的最高点至峰底的距离。

（4）峰宽（peak width，W）　指通过色谱峰两侧拐点处所做两条切线与基线的两个交点间的距离。（在基线上的截距）$W = 4\sigma$ 或 $W = 1.699W_{1/2}$。

（5）半峰宽（peak width at half-height，$W_{1/2}$）　指峰高一半处的峰宽，$W_{1/2} = 2.355\sigma$。

（6）标准偏差（standard deviation，σ）　为色谱峰（正态分布曲线）上的拐点（峰高的0.607倍处）至峰高与时间轴的垂线间的距离，即正态色谱峰两拐点间距离的一半。标准偏差的大小说明组分在流出色谱柱过程中的分散程度。σ 小，分散程度小，极点浓度高，峰形瘦，柱效高；反之，σ 大，峰形胖，柱效低。

（7）峰面积（peak area，A）　指峰与峰底所包围的面积。

（8）拖尾因子（tailing factor，T）　用以衡量色谱峰的对称性，也称为对称因子（symmetry factor）或不对称因子（asymmetry factor），《中国药典》规定 T 应为 0.95 ~ 1.05。T < 0.95 为前延峰，T > 1.05 为拖尾峰。拖尾因子计算公式如下，符号含义如图 6 - 2 所示。

$$T = \frac{W_{0.05h}}{2A} = \frac{(A + B)}{2A} \tag{6-1}$$

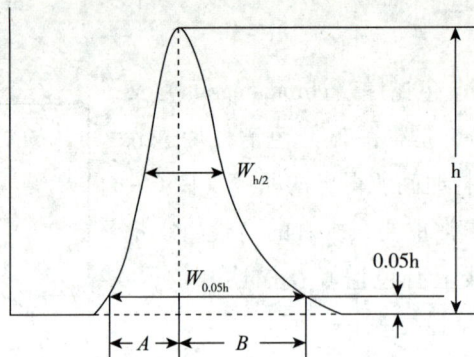

图 6 - 2　拖尾因子计算示意图

（9）基线（base line）　指经流动相冲洗，柱与流动相达到平衡后，在色谱分离过程中，没有组分流出时的流出曲线，反映色谱系统（主要是检测器）的噪音水平。基线一般应平行于时间轴。

（10）噪音（noise）　指基线信号的波动。通常因电源接触不良或瞬时过载、检测器不稳定、流动相含有气泡或色谱柱被污染所致。

（11）漂移（drift）　指基线随时间在纵向缓缓变化。主要由于操作条件如电压、温度、流动相及流量的不稳定所引起，柱内的污染物或固定相不断被洗脱下来也会产生漂移。

二、色谱基本参数

1. 保留值（定性参数）　保留值是试样中各组分在色谱柱中保留行为的度量，可用组分在色谱柱中的滞留时间或将组分带出色谱柱所需流动相的体积来表示。保留值反映了组分与色谱固定相作用力的类型和大小，是重要的色谱热力学参数和色谱定性依据。

（1）死时间（dead time，t_M）　指不被固定相保留的组分从进样开始到柱后出现浓度极大值所需的时间，即流动相（溶剂）通过色谱柱的时间。在反相 HPLC 中可用苯磺酸钠来测定死时间。

（2）死体积（dead volume，V_M）　指由进样器至检测器的流路中未被固定相占有的空间。它包括四部分：进样器至色谱柱间导管的容积、柱内固定相的孔隙及颗粒间隙（被流动相占据，V_M）、柱出口导管容积及检测器内腔容积。其中只有 V_M 参与色谱平衡过程，其他三部分只起峰扩展作用。为防止峰扩展，这三部分体积应尽量减小。死体积与死时间和流动相流流速的关系为：

$$V_M = t_M \times F_c \tag{6-2}$$

式中，F_c 为流动相流速，单位为 ml·min^{-1}。

（3）保留时间（retention time，t_R）　指从进样开始到某个组分在柱后出现浓度极大值所需要的时间。

（4）保留体积（retention volume，V_R）　指从进样开始到某组分在柱后出现浓度极大值时流出溶剂的体积，又称洗脱体积。

$$V_R = t_R \times F_c \tag{6-3}$$

（5）调整保留时间（adjusted retention time，t'_R）　指扣除死时间后的保留时间，也称折合保留时间（reduced retention time）。在实验条件（温度、固定相等）一定时，t'_R只取决于组分的性质，因此，t_R或t'_R可用于定性。

$$t'_R = t_R - t_M \tag{6-4}$$

（6）调整保留体积（adjusted retention volume，V'_R；）　指扣除死体积后的保留体积。

$$V'_R = V_R - V_M \tag{6-5}$$

（7）相对保留值（relative　retention value，r_{21}）　指某组分2的调整保留值与另一组分1的调整保留值之比，即：

$$r_{21} = \frac{t'_{R_2}}{t'_{R_1}} = \frac{V'_{R_2}}{V'_{R_1}} \tag{6-6}$$

2. 相比　色谱柱中流动相与固定相体积之比，称为相比，用 β 表示。

$$\beta = \frac{V_m}{V_s} \tag{6-7}$$

式中，V_m 为色谱柱中流动相体积，V_s 为色谱柱中固定相体积。

3. 相平衡参数

（1）分配系数（distribution coefficient，K）　指在一定温度下，组分在两相间达到分配平衡时，组分在固定相与流动相中的浓度之比。

$$K = \frac{C_s}{C_m} \tag{6-8}$$

式中，C_s 为在平衡态时，组分在固定相中的浓度；C_m 为在平衡态时，组分在流动相中的浓度。

分配系数与组分、流动相和固定相的热力学性质有关，也与温度、压力有关。在不同的色谱分离机制中，K 有不同的概念：吸附色谱法为吸附系数，离子交换色谱法为选择性系数（或称交换系数），凝胶色谱法为渗透参数。但一般情况可用分配系数来表示。

在条件（流动相、固定相、温度和压力等）一定，样品浓度很低时（C_s、C_m很小）时，K 只取决于组分的性质，而与浓度无关。这只是理想状态下的色谱条件，在这种条件下，得到的色谱峰为正常峰；在许多情况下，随着浓度的增大，K 减小，这时色谱峰为拖尾峰；而有时随着溶质浓度的增大，K 也增大，这时色谱峰为前延峰。因此，只有尽可能减少进样量，使组分在柱内浓度降低，K 恒定时，才能获得正常峰。

在同一色谱条件下，样品中 K 值大的组分在固定相中滞留时间长，后流出色谱柱；K 值小的组分则滞留时间短，先流出色谱柱。混合物中各组分的分配系数相差越大，越容易分离。混合物中各组分的分配系数不同是色谱分离的前提。

在 HPLC 中，固定相确定后，K 主要受流动相性质的影响。实践中主要靠调整流动相的组成配比及 pH，以获得组分间的分配系数差异及适宜的保留时间，达到分离的目的。

（2）容量因子（capacity factor，κ）　又称分配比，指组分在两相间达到分配平衡时，组分在固定相与流动相中的量之比，因此容量因子也称质量分配系。

$$\kappa = \frac{m_s}{m_m} = \frac{C_s \times V_s}{C_m \times V_m} = K\frac{1}{\beta} = \frac{t'_R}{t_M} \tag{6-9}$$

容量因子的物理意义：表示一个组分在固定相中停留的时间（t'_R）是不保留组分保留时间（t_M）

的几倍。当 κ = 0 时，化合物全部存在于流动相中，在固定相中不保留，$t'_R = 0$；κ 越大，说明固定相对此组分的容量越大，出柱慢，保留时间越长。

容量因子与分配系数的不同点：K 取决于组分、流动相、固定相的性质及温度，而与体积 V_s、V_m 无关；κ 除了与性质及温度有关外，还与 V_s、V_m 有关。由于 t'_R、t_M 较 V_s，V_m 易于测定，所以容量因子比分配系数应用更广泛。

（3）选择性因子（selectivity factor，α）　指相邻两组分的分配系数或容量因子之比。

要使两组得到分离，必须使 α ≠ 1。α 与组分在固定相和流动相中的分配性质、柱温有关，与柱尺寸、流速、填充情况无关。从本质上来说，α 的大小表示两组分在两相间的平衡分配热力学性质的差异，即分子间相互作用力的差异。

4. 分离参数　分离度（resolution，R）是指相邻两峰的保留时间之差与平均峰宽的比值（图 6-3）。

$$R = \frac{2(t_{R2} - t_{R1})}{W_1 + W_2} \tag{6-10}$$

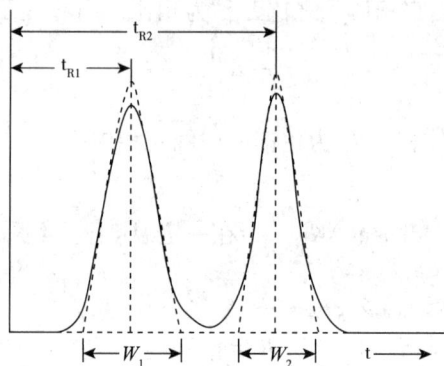

图 6-3　分离度计算示意图

分离度也叫分辨率，表示相邻两峰的分离程度。当 R = 1 时，峰有 2% 的重叠，分离程度可达 98%；R = 1.5 时，分离程度可达 99.7%，可以认为两峰完全分开了。R ≥ 1.5 称为完全分离。现行版《中国药典》规定 R 应不小于 1.5。R 值越大，分离效果越好，但会延长分析时间。

5. 柱效参数

（1）理论塔板数（theoretical plate number，n）　用于定量表示色谱柱的分离效率（简称柱效）。n 取决于固定相的种类、性质（粒度、粒径分布等）、填充状况、柱长、流动相的种类、流速及测定柱效所用物质的性质。在一张多组分色谱图上，如果各组分含量相当，则后洗脱的峰比前面的峰要逐渐加宽，峰高则逐渐降低。

用半峰宽计算理论塔板数比用峰宽计算更为方便和常用，因为半峰宽更易准确测定，尤其是对稍有拖尾的峰。n 与柱长成正比，柱越长，n 越大。用 n 表示柱效时应注明柱长，如果未注明，则表示柱长为 1m 时的理论塔板数（一般 HPLC 柱的 n 在 1000 以上）。若用调整保留时间（t'_R）计算理论塔板数，所得值称为有效理论塔板数 $n_{有效}$ 或 n_{eff}。

（2）理论塔板高度（theoretical plate height，H）　指每单位柱长的方差。实际应用时，往往用柱长 L 和理论塔板数计算。

（3）色谱峰的区域宽度　是表示色谱柱柱效的参数，包括标准差、半高峰宽和峰宽。区域宽度越小，流出组分越集中，越有利于分离。

任务三　色谱分析法的基本原理

色谱理论的研究包括热力学和动力学两个方面。热力学理论主要是从相平衡观点来研究物质在相对运动的两相中的分配平衡过程，以塔板理论（plate theory）为代表。动力学理论是从动力学观点来研究各种动力学因素对峰展宽的影响，以速率理论为代表。

一、塔板理论

塔板理论是1941年马丁（Martin）和辛格（Synger）首先提出的色谱热力学平衡理论。"塔板理论"模型将色谱柱看作一个分馏塔，把色谱柱中的某一段距离（长度）假设为一层塔板，设想其中均匀分布许多塔板，并认为在每个塔板的间隔空间内，组分在两相中立即达到分配平衡，经过多次的分配平衡后，混合组分产生差速迁移，分配系数小的组分先流出色谱柱，并得到描述色谱流出曲线的表达式。同时塔板理论还引入理论塔板数（plate number of theoretical plates）和理论塔板高度（plate height）作为衡量色谱柱效的指标。由于色谱柱的塔板足够多，因此分配系数有微小的差别即可实现分离。塔板理论是用分离过程的分解动作来说明色谱过程。当混合组分流过色谱柱时，塔板理论的基本假设如下。

（1）色谱柱内存在许多塔板，组分在塔板间隔（即塔板高度）内完全服从分配定律，并很快达到分配平衡。

（2）样品加在第0号塔板上，样品沿色谱柱轴方向的扩散可以忽略。

（3）流动相在色谱柱内间歇式流动，每次进入一个塔板体积。

（4）在所有塔板上分配系数相等，与组分的量无关。

虽然以上假设与实际色谱过程不符，如色谱过程是一个动态过程，很难达到分配平衡；组分沿色谱柱轴方向的扩散是不可避免的，但是塔板理论导出了色谱流出曲线方程，成功地解释了流出曲线的形状、浓度极大点的位置，能够评价色谱柱柱效。

根据塔板理论，当色谱柱塔板数很大（如 10^3 以上）时，流出曲线趋于正态分布曲线。

根据塔板理论及其方程式，可以导出理论板数（n）、半高峰宽（$W_{h/2}$）和保留时间（t_R）的关系为

$$n = 5.54\left(\frac{t_R}{W_{h/2}}\right)^2 \tag{6-11}$$

$$n = 16\left(\frac{t_R}{W}\right)^2 \tag{6-12}$$

从而可求得理论塔板高度，即

$$H = \frac{L}{n} \tag{6-13}$$

式中，L 为色谱柱的长度；H 为理论塔板高度。

由式（6-12）和（6-13）可见，色谱峰越窄，理论塔板数 n 越大，理论塔板高度 H 就越小，则柱效能就越高，分离能力就越强。

实际应用中，经常出现计算出来的 n 尽管很大，H 很小，但色谱分离能力却不高的现象，这是由于采用 t_R 计算时，并未扣除死时间 t_M，而死时间并不参与柱内的分配。因而提出了用扣除死时间后的有效塔板数 n_{eff} 和有效理论塔板高度 H_{eff} 作为柱效能指标。

$$n_{eff} = 16\left(\frac{t'_R}{W}\right)^2 \tag{6-14}$$

$$H_{\text{eff}} = \frac{L}{n_{\text{eff}}} \tag{6-15}$$

由于不同物质在同一色谱柱的分配系数不同，所以同一色谱柱对不同物质的柱效能是不一样的。因此，在说明柱效时，除注明色谱条件外，还应指出是用什么物质进行测量的。

塔板理论用热力学观点解释了溶质在色谱柱中的分配平衡和分离过程，导出了流出曲线的数学模型，提出了计算和评价柱效的参数。但是，色谱过程不仅受热力学因素影响，同时还与分子扩散、传质等动力学因素有关。因此，塔板理论只能定性地给出塔板高度的概念，却不能给出影响塔板高度的因素，因而无法解释造成色谱峰扩展使柱效能下降的原因及不同流速下可以测得不同理论塔板数的事实。

二、速率理论

速率理论又称随机模型理论，是 1956 年荷兰学者 van Deemter 等人吸收了塔板理论的概念，并把影响塔板高度的动力学因素结合起来，导出了理论板高与流动相流速的关系，即 van Deemter 方程（简称范氏方程），进而建立了色谱过程的动力学理论 - 速率理论。速率理论说明了导致色谱峰扩张而降低柱效的因素。范氏方程式如下：

$$H = A + B/u + Cu \tag{6-16}$$

式中，H 为理论板高，单位 cm；A 为涡流扩散项，单位 cm；B 为纵向扩散系数，单位 cm^2/s；C 为传质阻抗项系数，单位为 s；u 为流动相的线速度（$u \approx L/t_M$），单位为 cm/s。

后来，Giddings 和 Snyder 等人在 van Deemter（范氏）方程（后称气相色谱速率方程）的基础上，根据 HPLC 的流动相为液体，而且柱温多为室温，所以其黏度较大，因此，方程中的纵向扩散项 B/u 很小，以致可以忽略不计，进而范氏方程可简化为：

$$H = A + Cu \tag{6-17}$$

根据上式可知，高效液相影响柱效的主要因素是涡流扩散、分子扩散和传质阻抗。

1. 涡流扩散（eddy diffusion）　指由于色谱柱内填充剂的几何结构不同，分子在色谱柱中的流速不同而引起的峰展宽。涡流扩散项 $A = 2\lambda \cdot d_p$，d_p 为填料（固定相）颗粒的直径，λ 为填充不规则因子，填充越不均匀，λ 越大。HPLC 常用填料粒度一般为 $3 \sim 10\mu m$，最好 $3 \sim 5\mu m$，粒度分布 RSD≤5%。但粒度太小难于填充均匀（λ 大），且会使柱压过高。大小均匀（球形或近球形）的颗粒容易填充规则均匀（λ 小）。总的说来，应采用细而均匀的载体，这样有助于提高柱效。毛细管无填料，A = 0。

为了减少涡流扩散对柱效的影响，色谱柱使用小粒度（$3 \sim 10\mu m$）、颗粒均匀的固定相和匀浆法装柱。

2. 分子扩散（molecular diffusion）　又称纵向扩散，是由于进样后溶质分子在柱内存在浓度梯度，导致轴向扩散而引起的峰展宽。分子扩散项 $B/u = 2\gamma D_m/u$。u 为流动相线速度，分子在柱内的滞留时间越长（u 小），展宽越严重。在低流速时，它对峰形的影响较大。D_m 为分子在流动相中的扩散系数，由于液相的 D_m 很小，通常仅为气相的 $10^{-4} \sim 10^{-5}$，因此在 HPLC 中，只要流速不至过低，此项可以忽略。γ 是考虑到填料的存在使溶质分子不能自由地轴向扩散而引入的柱参数，用以对 D_m 进行校正。γ 一般为 $0.6 \sim 0.7$，毛细管柱的 $\gamma = 1$。

3. 传质阻抗　是由于溶质分子在流动相、静态流动相和固定相中的传质过程而导致的峰展宽。常数 C 为传质阻抗系数溶质分子在流动相和固定相中扩散、分配、转移的过程并不是瞬间达到平衡，实际传质速度是有限的，这一时间上的滞后使色谱柱总是在非平衡状态下工作，从而产生峰展宽。

由于液相传质阻抗的存在，增加了组分在固定相中的滞留时间，使其落后于在两相界面迅速平衡并随同流动相流动的分子，致使色谱峰扩张。采用小粒度的表面多孔性或全多孔性的固定相，低黏度的流动相，并适当升高柱温，可减小传质阻抗，提高柱效。

4. 其他因素 速率理论研究的是柱内峰展宽因素，实际在柱外还存在引起峰展宽的因素，即柱外效应（色谱峰在柱外死空间里的扩展效应）。色谱峰展宽的总方差等于各方差之和。

柱外效应的直观标志是容量因子κ小（如κ<2）的组分峰形拖尾和峰宽增加得更为明显；κ大的组分影响不显著。由于 HPLC 的特殊条件，当柱子本身效率越高（N 越大），柱尺寸越小时，柱外效应显得越突出；而在经典 LC 中则影响相对较小。

任务四 色谱分析法定性和定量的分析

一、定性分析

1. 与标样对照的方法

（1）利用保留时间定性 在相同色谱条件下，将标准品和样品分别进行色谱分析，若两者保留值相同，则可能为同一物质。此种方法仅限于同一仪器同样色谱条件获得的数据进行对比，不同仪器获得的数据不适用，并且要求严格控制操作条件稳定、一致，尤其是流速。

（2）利用相对保留值 为了消除利用保留时间定性控制操作条件的限制，常采用相对保留值 $r_{2,1}$ 定性。$r_{2,1}$ 仅与温度和固定相的种类和性质有关。在色谱手册中可以查找各种物质在不同固定液上的保留数据，可以用于定性鉴别。

（3）利用双色谱系统定性 在同一个色谱柱上，不同的物质仍有可能出现相同的保留值，导致定性结果不准。为了避免这种情况，可分别在选择性不同的两根色谱柱上的相同色谱条件进行分析，如果两根色谱柱的分析结果仍能显示保留值相同，则可证实两者是相同物质。

（4）利用峰高增量定性 对于复杂样品，流出峰距离太近或操作条件不易控制，可将已知物加到样品中，混合进样，若被测组分峰高增加，则可能含有该已知物。

2. 与其他分析仪器联用的定性方法 由于色谱法定性有其局限性，现采用更多的是色谱技术与质谱、红外光谱等技术进行联用进行组分结构的鉴定。

二、定量分析

1. 定量校正因子 色谱定量分析是根据检测器对组分产生的响应信号与组分的含量成正比的原理，通过色谱图上的峰面积或峰高，计算样品中组分的含量。定量分析的依据为：

$$m_i = f_i A_i \text{ 或 } m_i = f_i h_i \qquad (6-18)$$

式中，m 为被测组分 i 的质量；f_i 为比例系数；A_i、h_i 为被测组分的峰面积和峰高。

色谱定量分析是基于峰面积与组分的量成正比关系。但由于同一检测器对不同组分具有不同的响应值，相同的峰面积并不意味着有相等的量，两个相等量的组分的峰面积也往往不相等，故不能直接根据峰面积来计算组分的含量，所以需对检测器的响应值（峰面积或峰高）进行校正。式（6-18）中 f_i 就是"定量校正因子"，

其含义是单位峰面积或峰高所代表组分的含量，也称绝对校正因子：

$$f_i = \frac{m_i}{A_i} \text{ 或 } f_i = \frac{m_i}{h_i} \qquad (6-19)$$

绝对校正因子受操作条件影响较大，要严格控制色谱条件，不易准确测定，没有统一标准，无法直接引用。定量分析中常采用"相对较正因子"，即组分 i 的绝对校正因子与标准物质 s 的绝对校正因子之比：

$$f'_i = \frac{f_i}{f_s} = \frac{m_i/A_i}{m_s/A_s} = \frac{m_i}{m_s} \times \frac{A_s}{A_i} \qquad (6-20)$$

当 m_i、m_s 以摩尔为单位时，所得相对校正因子称为相对摩尔校正因子，用 f'_M 表示；当 m_i、m_s 用质量单位时，所得相对校正因子称为相对质量校正因子，用 f'_m 表示。

通常提到的校正因子就是指相对校正因子。相对校正因子与待测物、基准物和检测器类型有关，与操作条件（如进样量等）无关。

2. 定量方法

（1）归一化法　若试样各组分都出峰，则可用归一化法定量。假设样品中有 n 个组分，每个组分的量分解为 m_1，m_2，$\cdots$，m_n，各组分含量总和为 m，则组分的质量为 m_i，质量分数 ω_i 为：

$$\omega_i = \frac{m_i}{m} \times 100\% = \frac{m_i}{m_1 + m_2 + \cdots + m_i} \times 100\% = \frac{f'_i A_i}{\sum\limits_{i=1}^{n}(f'_n A_n)} \times 100\%$$

此方法的优点是：简便、准确、不需标准物，不必准确称量和准确进样，操作条件稍有变化对结果影响较小；缺点是：试样中所有组分必须全部出峰，必须已知所有组分的校正因子，不适合微量组分的测定。

（2）内标法　内标法指加入样品中不含的纯物质作为标准对照物质（内标物）以待测组分和内标物的响应信号对比进行定量分析的方法。

准确称量质量为 m 的样品（含 m_i 被测组分），加入准确称量质量为 m_s 的内标物，混匀，进样。假设组分 i 的峰面积为 A_i 及内标物的峰面积为 A_s，则：

$$\frac{m_i}{m_s} = \frac{f_i A_i}{f_s A_s}, 即 \; m_i = \frac{f_i A_i}{f_s A_s} \times m_s$$

$$\omega_i = \frac{m_i}{m} \times 100\% = \frac{f_i A_i}{f_s A_s} \times \frac{m_s}{m} \times 100\%$$

内标物需满足的要求：内标物应是样品中不存在的纯物质；内标物不与试样发生化学反应；内标物与被测物的保留时间相近，但又能完全分开（R≥1.5），即 t_R 相差较小。

内标法的准确性较高，操作条件和进样量的稍微变动对定量结果的影响不大，适用于微量组分的测定，应用广泛。但每个试样的分析都要进行两次称量，不适合大批量试样的快速分析。

（3）外标法　外标法也称为标准曲线法。当样品中各组分不能完全流出，又没有合适内标物时，可采用此法。将待测物质配制不同浓度的系列标准溶液，在相同操作条件下定量进样，测定系列峰面积 A 或峰高 h，绘制 A – c 曲线或 h – c 曲线（图6 –4）。

在完全相同条件下，测得待测样品，根据 $A_{待}$ 或 $h_{待}$，从曲线上查出待测组分含量。

外标法不使用校正因子，不需要所有组分出峰，准确性较高，但操作条件的变化对结果准确

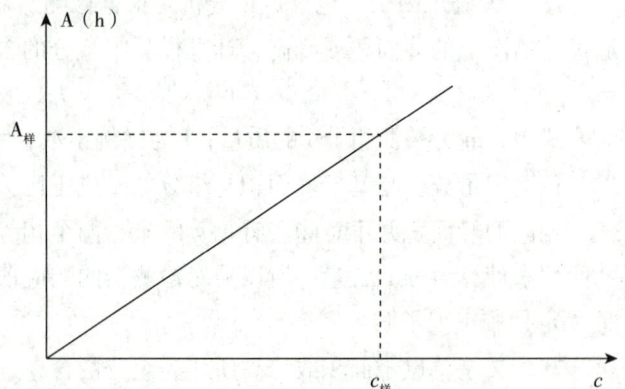

图6 –4　标准曲线

性影响较大，对进样量的准确性控制要求较高，适用于大批量试样的快速分析。

目标检测

答案解析

一、填空题

1. 色谱分析法是一种物理或物理化学的_____方法。色谱法按流动相的状态可分为_____和_____；按色谱过程的分离机制可分为_____、_____、_____、_____和_____；按操作形式可分为_____和_____。

2. 分配系数 $K = C_s/C_m$，其中 C_s 代表_____，C_m 代表_____。

3. 分配系数 K 越大，保留时间越_____，_____从色谱柱流出。

4. 以固体吸附剂为固定相、液体为流动相的色谱法称为_____；以流动相为液体、固定相也为液体的色谱法称为_____。

二、选择题

1. 俄国植物学家茨维特用石油醚为冲洗剂，分离植物色素时采用

　A. 液 – 液色谱法　　　　　　　　　　B. 液 – 固色谱法

　C. 凝胶色谱法　　　　　　　　　　　D. 离子交换色谱法

2. 理论塔板数反映了

　A. 分离度　　　　B. 分配系数　　　　C. 保留值　　　　D. 柱的效能

3. 假如一个溶质的分配系数为 0.10，它分配在色谱柱的流动相中的质量分数是

　A. 0.10　　　　B. 0.90　　　　C. 0.91　　　　D. 0.99

4. 用色谱法进行定量分析时，要求混合物中的每一个组分都出峰的是

　A. 外标法　　　　B. 内标法　　　　C. 归一化法　　　　D. 内加法

5. 衡量色谱柱选择性的指标是

　A. 分离度　　　　B. 容量因子　　　　C. 相对保留值　　　　D. 分配系数

6. 色谱法中用于定量的参数是

　A. 保留时间　　　　B. 相对保留值　　　　C. 半峰宽　　　　D. 峰面积

三、简答题

1. 什么是塔板？塔板理论的要点是什么？

2. 说明容量因子的物理意义及其与分配系数的关系。色谱分离的前提是什么？

四、计算题

1. 已知物质 A 和 B 在一根 30.0cm 长的柱上的保留时间分别 16.40 分钟和 17.63 分钟，不被保留组分通过该柱的时间为 1.30 分钟，峰底宽为 1.11 分钟和 1.21 分钟，试计算：

（1）柱的分离度。

（2）柱的平均塔板数。

（3）塔板高度。

2. 在测定苯、甲苯、乙苯、邻二甲苯的峰高校正因子时，称取的各组分的纯物质质量，以及在一定色谱条件下所得色谱图上的各组分色谱峰峰高分别如下：

组分	苯	甲苯	乙苯	领二甲苯
质量/g	0.5697	0.5478	0.6120	0.6680
峰高	180.1	84.4	45.2	49.0

求各组分的峰高校正因子，以苯为标准（$f_{甲苯}=1.959$，$f_{乙苯}=4.087$，$f_{领二甲苯}=4.115$）。

书网融合……

项目小结　　　　习题

项目七　气相色谱法

学习目标

【知识目标】

1. 掌握气相色谱法的基本原理和定性定量分析方法。

2. 熟悉气相色谱仪常用检测器的结构、工作原理和应用；气相色谱仪固定相的作用、固定液的分类、操作条件的选择。

3. 了解气相色谱法的特点及其在化妆品分析检测中的地位；毛细管气相色谱法的特点。

【技能目标】

1. 能够遵守气相色谱的分析原则。

2. 学会气相色谱分析的一般检测步骤。

3. 能够安全、规范地完成气相测定实验。

【素质目标】

1. 培养学生的安全意识、质量意识和规范意识。

2. 培养学生科学严谨的态度。

3. 培养学生探索新知识、新方法的主动性和创新能力。

岗位情景模拟

情景描述　甲醇属于《化妆品安全技术规范》（2015 年版）中的禁用物质，即不得添加使用。但其可能作为其他化妆品原料的杂质被带入，这种情况下，《化妆品安全技术规范》（2015 年版）规定化妆品中甲醇含量不得超过 2000mg/kg。如果您是一名化妆品质量检验人员，请思考以下问题。

讨论　1. 您会采用哪种分析仪器对化妆品中的甲醇进行测定？

2. 您会采用什么样的方法获得更加高效、准确的检测结果？

任务一　初识气相色谱法

PPT

气相色谱法（gas chromatogaraphy，GC）是以气体为流动相（也称为载气）的色谱分析方法。载气（不与被测物作用，用来载送试样量的惰性气体，如氢气、氮气、氦气等）载送欲分离的试样，通过色谱柱中的固定相，使试样中各组分分离，然后分别对各组分进行检测。气相色谱法最早用于分析石油产品，近年来，随着气相色谱理论的逐渐完善和气相色谱技术的发展，特别是电子计算机和仪器联用技术的应用，气相色谱法在石油化工、医药卫生、环境监测、生物化学、化妆品等领域都得到了广泛的应用。

一、气相色谱法的分类

气相色谱法有多种分类方法。按照固定相的物态，气相色谱法分为气－固色谱法（GSC）和气－液色谱法（GLC）两类。按照色谱柱内径不同，气相色谱法分为填充柱色谱法和毛细管柱色谱法两种。按照色谱分离的原理，气相色谱法可分为吸附色谱法和分配色谱法两类。

二、气相色谱仪的结构

气相色谱仪是用气相色谱法对物质进行定性、定量分析的仪器，目前市场上气相色谱仪无论是在数量上还是质量上，都有了很大的发展，主要集中在开发智能软件、增强数据处理功能及其他色谱仪联用等方面。但总的来说，仪器的基本结构是相似的，主要由载气系统、进样系统、分离系统、检测系统、温度控制系统以及数据处理系统构成（图7-1）。

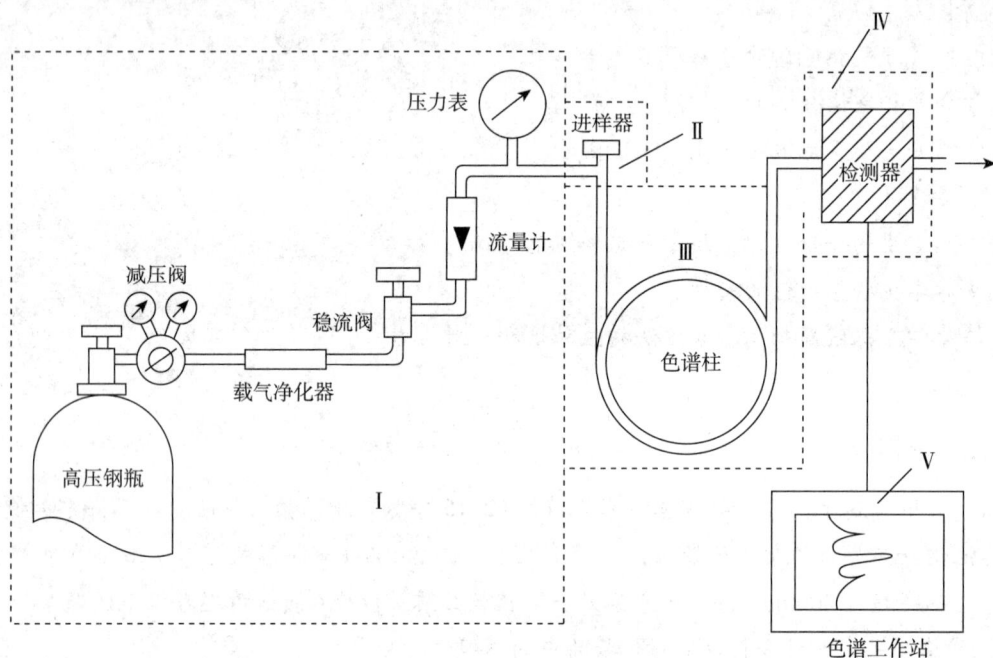

图7-1 气相色谱仪结构示意图

1—高压钢瓶；2—减压阀；3—载气净化器；4—稳流阀；5—流量计；

6—压力表；7—进样器；8—色谱柱；9—检测器；10—色谱工作站

Ⅰ. 载气系统；Ⅱ. 进样系统；Ⅲ. 分离系统；Ⅳ. 检测系统；Ⅴ. 数据处理系统

1. 载气系统　载气系统包括气源、气体净化装置、气体流速控制装置。其作用是提供稳定而可调节的气体流，以保证气相色谱仪的正常运转。在气相色谱法中，流动相为气相，称其为载气。常用的载气有氢、氦、氮、二氧化碳等，对载气的选择视检测器、色谱柱及分析的要求而定，原则上没有腐蚀性且不与被分析组分发生化学反应的气体均可作为载气。例如，氢火焰离子化检测器中，氢气是必用的燃气，用氮气作载气。

在气相色谱法中，载气的纯度、流速对色谱柱的分离效能、检测器的灵敏度均有很大影响。气相色谱法中载气净化的目的是保证基线的稳定性及提高仪器的灵敏度，对载气流速的控制要求也很高，主要是保证操作条件的稳定性。气体流速控制系统的作用就是将载气及辅助气进行稳压、稳流及净化，以满足气相色谱分析的要求。操作气相色谱仪要在满足分析要求的前提下，尽可能选用纯度较高的气体。这样不但会提高仪器的灵敏度，而且会延长色谱柱和整台仪器的寿命。

2. 进样系统 气相色谱进样系统的作用是将样品直接或经过特殊处理后引入气相色谱仪的汽化室或色谱柱进行分析。进样系统包括进样器和汽化室，进样器分为气体进样器和液体进样器，汽化室是将液体样品瞬间汽化的装置。气体样品可用六通阀进样器，进样量由定量管控制。液体样品可用微量进样器，使用时，注意进样量与所选用的注射器相匹配，最好是在注射器最大容量下使用。

3. 分离系统 气相色谱仪的分离系统主要由色谱柱和柱箱组成。分离系统的核心是色谱柱，它是色谱分析工作的关键部分，它的作用是将多组分样品分离为单个组分。色谱柱分为填充柱和毛细管柱两类。

填充柱的填料一般是多孔性粒状物质或是在惰性载体颗粒表面均匀涂敷一层很薄的固定液膜，填充柱材质一般是内部抛光的不锈钢柱管或塑料柱管。色谱柱是实现分离的核心部件，要求色谱柱的柱效高、柱容大和性能稳定。分析型色谱柱的内径通常为 4~8mm，柱长为 50~250mm。液相色谱填充柱内径通常为 3~5mm，典型的柱内径是 4mm。

填充柱制备简单，可供选用的载体、固定液、吸附剂种类很多，因而具有广泛的选择性，有利于解决各种各样组分的分离分析问题，应用比较普遍。

毛细管柱内不装填料，空心柱阻力小。毛细管柱具有渗透性好、相比大、总柱效高和柱容量小等特点，分离效率比填充柱要高得多。毛细管柱是用熔融二氧化硅拉制而成空心管，也叫弹性石英毛细管。柱内径通常为 0.1~0.5mm，柱长 30~50m，绕成直径 20cm 左右的环。

毛细管柱将固定液直接涂在管壁上，总的柱内壁面积较大，涂层可很薄，组分在气相和液相之间的传质阻力降低，这些因素使得毛细管柱的柱效比填充柱有了很大的提高，毛细管色谱技术目前已用于各种复杂混合物分析。

4. 检测系统 检测系统的作用是把被色谱柱分离的样品组分根据其特性和含量转化成电信号，经放大后，由色谱工作站得到色谱图，根据色谱图对待测组分进行定性和定量分析。检测器根据其输出信号与组分含量间的关系不同，可分为浓度型检测器和质量型检测器两大类。①浓度型检测器：测量载气中组分浓度的瞬间变化，检测器的响应值与组分在载气中的浓度成正比。例如热导检测器、电子捕获检测器等。②质量型检测器：测量载气中某组分进入检测器的质量流速变化，即检测器的响应值与单位时间内进入检测器某组分的质量成正比。例如火焰离子化检测器、火焰光度检测器等。

5. 温度控制系统 温度控制系统用于控制和测量色谱柱、检测器、汽化室的温度，仪器中各部分温度控制的好坏会直接影响各组分分离的效果、基线稳定和检测灵敏度等性能，是气相色谱仪的重要组成部分。

6. 数据处理系统 数据处理系统目前多采用配备操作软件包的工作站，用计算机控制，既可以对色谱数据进行自动处理，又可对色谱系统的参数进行自动控制。该系统可打印记录色谱图，并能在同一张记录纸上打印出处理后的结果，如保留时间、被测组分质量分数等。

三、气相色谱法的特点及应用

1. 气相色谱法的特点

（1）灵敏度高 可检测 10^{-10}g 的物质，可做超纯气体、高分子单体的痕量杂质分析和空气中微量毒物的分析。

（2）选择性高 可有效地分离性质极为相近的各种同分异构体和各种同位素。

（3）效能高 可把组分复杂的样品分离成单组分。

（4）速度快　一般分析只需要几分钟即可完成，有利于指导和控制生产。

（5）应用范围广　可分析低含量的气体、液体，亦可分析高含量的气体、液体，可不受组分含量的控制。

2. 气相色谱法的应用　只要在气相色谱仪允许的条件下可以汽化而不分解的物质，都可以用气相色谱法测定。对部分热不稳定物质或难以汽化的物质，通过化学衍生化的方法，仍可用气相色谱法分析。气相色谱法目前在石油化工、医药卫生、环境监测、生物化学、化妆品等领域得到了广泛的应用。

（1）在卫生检验中的应用　空气、水中污染物如挥发性有机物等；农作物中残留的有机氯、有机磷农药等；食品添加剂苯甲酸等；体液和组织等生物材料的分析氨基酸、脂肪酸、微生物；

（2）在医学检验中的应用　体液和组织等生物材料的分析，如脂肪酸、甘油三脂、糖类等。

（3）在药物分析中的应用　中成药中挥发性成分、生物碱类药品的测定等。

（4）化妆品中甲醇含量的测定、化妆品原料丙二醇中二甘醇含量的测定等。

任务二　气相色谱法的固定相

气相色谱分离是在色谱柱中完成的，而分离效果主要取决于柱中固定相的性质，气相色谱法所用的固定相主要有固体固定相、液体固定相、聚合物固定相三类，对于不同的分离对象，需要根据它们的性质选择合适的固定相。

一、固体固定相

固体固定相一般是表面具有一定活性的固体颗粒，主要有吸附剂、高分子多孔微球和化学键合相等。主要用于惰性气体、N_2、H_2、O_2、CO、CO_2等一般气体及低沸点的有机物的分析。特别是对烃类异构体的分离具有很好的选择性和较高的分离效率。其缺点是：吸附等温线常常为非线性，所得的色谱峰往往不对称；只有当试样量很小时，才会有对称峰；重现性差；由于在高温下常具有催化活性，因而不宜分析高沸点和有活性组分的试样。

1. 吸附剂　常用石墨化炭黑、硅胶、氧化铝、分子筛等。多用于永久性气体及相对分子量低的化合物的分析分离，在药物分析上远不如高分子多孔微球用途广。

2. 高分子多孔微球　高分子多孔微球是一种人工合成的新型固定相。该固定相有如下优点：无有害的吸附活性中心，极性组分也能获得正态峰；无流失现象，柱寿命长；具有强疏水性能，特别适用于分析混合物中的微量水分；粒度均匀，机械强度高，具有耐腐蚀性能；热稳定性好，最高使用温度为200～300℃。

3. 化学键合相　化学键合相是新型气相色谱固定相，具有分配与吸附两种作用，传质快、柱效高、分离效果好、不流失、柱寿命长，但价格较贵。

二、液体固定相

液体固定相是将固定液均匀涂渍在载体上而成，故可分为固定液和载体两部分。液体固定相因具有较高的可选择性而受到普遍重视。

1. 固定液

（1）对固定液的要求　固定液一般为高沸点的有机物，能做固定相的有机物必须具备下列条件。

1）热稳定性好，在操作温度下，不发生聚合、分解或交联等现象，且有较低的蒸气压，以免固定液流失。通常，固定液有一个最高的使用温度。

2）化学稳定性好，固定液与样品或载气不能发生不可逆的化学反应。

3）固定液的黏度和凝固点低，以便在载体表面均匀分布。

4）各组分必须在固定液中有一定的溶解度，否则样品会迅速通过柱子，难以使组分分离。

（2）固定液的分类　　目前用于气相色谱的固定液有数百种，一般按其化学结构类型和极性进行分类，方法各有利弊。按官能团分类便于了解固定液的类别，可由结构相似出发来选择固定相，同样也便于寻找同类替代品。而按极性分类的方法可根据被测物极性的大小来查阅，方便寻找极性相似的固定液作为替代品。在实际应用中，若样品较为简单，按官能团类别来选择固定液较为方便。

2. 载体　　又称担体，是固定液的支持骨架，使固定液能在其表面上形成一层薄而匀的液膜，以加大与流动相接触的表面积。

（1）载体的主要特点

1）具有多孔性，即比表面积大。

2）化学惰性，即不与试样组分发生化学反应，但要具有较好的浸润性。

3）热稳定性好。

4）具有一定的机械强度，使固定相在制备和填充过程中不易粉碎。

（2）载体分类　　载体大致可分为硅藻土类和非硅藻土类。硅藻土类载体是天然硅藻土经煅烧等处理后而获得的具有一定粒度的多孔性颗粒。非硅藻土类载体品种不一，如有机玻璃微球、聚四氟乙烯、高分子多孔微球载体等。这类载体常用于极性样品和强腐蚀性物质 HF、Cl_2 等的分析。但由于表面非浸润性，其柱效低。

硅藻土载体是目前气相色谱中常用的一种载体，按其制造方法不同分为红色载体和白色载体。

1）红色载体　　因含少量的氧化铁颗粒呈红色而得名。其机械强度大，孔径小（约 $2\mu m$），比表面积大（$4m^2/g$），表面吸附性较强，有一定的催化活性；适用于涂渍高含量固定液，分离非极性化合物。

2）白色载体　　是天然硅藻土在煅烧时加入少量碳酸钠等助熔剂，使氧化铁转化为白色的铁硅酸钠。白色载体的比表面积小（$1m^2/g$），孔径较大（$8\sim9\mu m$），催化活性小；适用于涂渍低含量的固定液，分离极性化合物。

三、聚合物固定相

聚合物固定相主要是以苯乙烯或乙基苯乙烯为单体，二乙烯基苯为交联剂共聚而成。它既是一种性能优良的吸附剂，直接作为固定相使用，又可以作为载体在表面涂固定液使用。聚合物固定相的主要特点如下。

1. 能控制孔径大小及表面性质。

2. 聚合物固定相颗粒是均匀的圆球，色谱容易填充均匀，机械强度高，可获得较高管柱效率，重现性好。

3. 由于在直接用作固定相时，无液膜存在，也就无流失问题，可获得稳定的基线，有利于大幅度程序升温操作，用于宽沸点的样品分离。

4. 与烃类的亲和力极小，基本上是按照相对分子量顺序分离的，适合样品中水含量的测定。

5. 耐腐蚀，能用来分离活泼性气体，如 HCl、HCN、Cl_2、SO_2、NH_3 等。

任务三 气相色谱仪的检测器

检测器是气相色谱仪的重要组成部分，它是一种换能装置，其作用是将柱后载气中各组分浓度或质量的变化转变成可测量的电信号。气相色谱检测器种类多，原理和结构各异，其中最常用的是热导检测器（thermal conductivity detector，TCD）、氢火焰离子化检测器（hydrogen flam ionization detector，FID）、电子捕获检测器（electron capture detector，ECD）、火焰光度检测器（flame photometric detector，FPD）和热离子检测器（thermionic detector，TID）等。

按照对不同类型组分是否具有选择响应性，可分为通用型检测器和选择性检测器。热导检测器属于通用型检测器，电子捕获检测器、火焰光度检测器等属于选择性检测器。根据检测器的输出信号与组分含量间的关系不同，可分为浓度型检测器和质量型检测器两大类。浓度型检测器的响应值与载气中组分浓度成正比，例如热导检测器、电子捕获检测器等。质量型检测器的响应值与单位时间内进入检测器的组分质量成正比，例如氢火焰离子化检测器、火焰光度检测器和热离子检测器等。在此主要介绍热导检测器和氢火焰离子化检测器两类，其他检测器和参考相关专著。

一、检测器的主要技术指标

检测器质量的好坏，可用以下几项重要性能指标评价。

1. 灵敏度 检测器的灵敏度也称检测器的响应值或应答值。单位浓度或质量的物质通过检测器时所产生的信号大小，一般以电压值（毫伏，mV）或电流值（安培，A）表示，称为该检测器对该物质的灵敏度。检测器的类型不同，灵敏度的计算公式和量纲也不同。

浓度型检测器的灵敏度，可在一定操作条件下，向色谱柱加入一定量纯苯试样，由所得的峰面积计算，当灵敏度和载体流速一定时，进样量与峰面积成正比。这是气相色谱法用于定量分析的基础。另外，当进样量一定时，峰面积与流速成正比。所以要保持载体流速恒定，才能用峰面积定量。

质量型检测器的响应信号主要取决于单位时间内进入检测器的被测组分的量，当灵敏度一定时，峰面积与进样量成正比；当进样量一定时，峰面积与流速无关。

2. 检出限 检测器的灵敏度只能反映出检测器对某物质产生的响应信号的大小，检测器的输出信号可由电子放大器放大，但是当响应信号被放大时，检测器及其电子部件中固有的噪声也同时被放大，所以检测器质量的好坏，不仅要看其灵敏度的高低，而且还要看其检出限的大小。

所谓检出限，是指检测器的响应信号恰好等于噪声的 3 倍时，单位时间所需引入该检测器中该组分的质量，或单位体积载气中所含该组分的量。

3. 最小检测量 检测器的最小检测量是指检测器恰能产生 3 倍噪声的信号时所需进入色谱柱的最小量（最小浓度）。

检出限和最小检测量是两个不同的概念：检出限只用来衡量检测器的性能指标，只与检测器的质量有关；最小检测量不仅与检测器的性能有关，还与色谱柱的柱效及操作条件有关。

4. 线性范围 检测器的线性范围是指检测器响应信号与被测组分质量或浓度呈线性关系的范围，通常以线性范围内最大进样量与最小进样量的比值，或以最大允许进样浓度与最小检测浓度的比值表示，比值越大，线性范围越宽。

二、热导检测器

热导检测器（TCD）是利用被检测组分与载气热导率的差别来响应的浓度型检测器，具有结构简单、测定范围广、稳定性好、线性范围宽、样品不被破坏等优点，因此在气相色谱中得到广泛的应用。缺点是灵敏度低，一般适宜作常量分析。

1. 结构　热导检测器的信号检测部分由热导池组成，热导池由金属池体（铜块或不锈钢制成）和装入池体内两个完全对称孔道内的热敏原件组成。为提高灵敏度，热敏原件一般选用电阻率高、电阻温度系数大、机械强度高、对各种成分都呈现惰性的钨丝、铼钨丝等制成，其特点是它的电阻随温度的变化而灵敏地变化。

2. 工作原理　热导池电路采用惠斯登电桥形式，利用一个孔道内的热敏元件作为参比臂 R_1，另外一个孔道内的热敏元件作为测量臂 R_2，在安装仪器时，挑选配对钨丝使 $R_1 = R_2$。参比臂接在色谱柱前，只有载气通过；测量臂接在色谱柱后，除了载气通过外，还有经色谱柱分离后的组分气体随载体通过。R_1、R_2 与两个阻值相等的固定电阻 R_3 和 R_4 构成惠斯登电桥（图 7-2）。调节电路电阻使电桥处于平衡状态，即 $R_1 \cdot R_4 = R_2 \cdot R_3$，此时无信号输出，记录仪上记录的是一条直线。

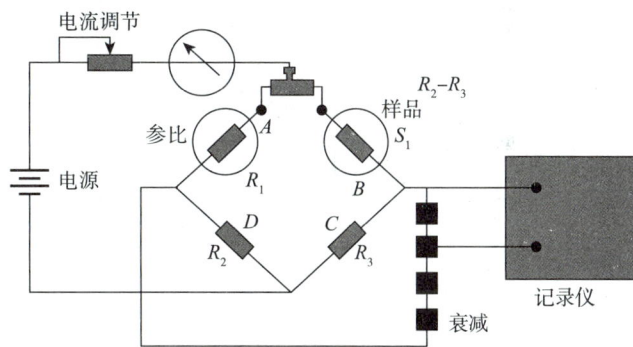

图 7-2　热导检测器的桥式电路示意图

通电后热敏元件温度发生变化。当热导池两臂只有载气通过时，两臂发热量和载气所带走的热量均相等，故两臂温度变化恒定，R_1 与 R_2 的改变量 $\triangle R_1$ 与 $\triangle R_2$ 是相等的。此时电桥平衡，没有电流输出，此时没有信号产生，记录仪上记录的是一条直线。当参比臂只通过载气，而测量臂有载气和样品通过时，参比臂和测量臂导热系数不同，测量臂温度及电阻发生改变，此时 $\triangle R_1$ 与 $\triangle R_2$ 是不相等的，则电桥失去平衡，有电信号产生，记录仪上出现色谱峰。

由此可见，热导检测器的测量是根据被测组分和载气的导热系数不同进行的。当通过热导池池体的气体组成及浓度发生变化时，引起热敏元件温度的变化，由此产生的电阻值变化通过电桥检测，其信号大小和组分浓度成正比。

3. 注意事项

（1）氢气和氦气热导率大，灵敏度较高，不会出倒峰，是常用的载气。氢气价格便宜，但使用时应注意安全；氦气价格较高。氮气的热导率与多数有机物的热导率相差较小，灵敏度低，有时会出倒峰。

（2）不通载气时不能加桥电流，否则热敏元件会烧毁。在灵敏度够用的情况下，应尽量采取低桥电流，以防止热敏元件受损而引起基线噪音的增加。

（3）热导检测器属浓度型检测器，进样量一定时，峰面积与载气流速成反比。因此，用峰面积定量时，应保持载气流速恒定。

（4）检测器温度不能低于柱温。一般检测器温度应高于柱温 20 ~ 50℃，以防止样品组分在检测器中冷凝，引起基线不稳。

三、氢火焰离子化检测器

氢火焰离子化检测器（FID）是利用有机物在氢火焰的作用下，化学电离而形成离子流，通过测定离子流强度进行检测。其具有结构简单、灵敏度高（能检出 ng/ml 级痕量有机物）、稳定性好、线性范围宽等优点，是目前应用最广泛的检测器；缺点是检测时样品容易被破坏，一般只能测定含碳化合物，对火焰中不电离的物质，如惰性气体、O_2、N_2、CO、CO_2、H_2O、H_2S 等，因不能生成或很少生成离子流，而不能用此检测器直接测定。

1. 结构 FID 结构简单，主要部件是一个由不锈钢制成的离子室。离子室由一对电极（收集极和极化极）、气体入口、火焰喷嘴、两极间加有 150 ~ 300V 的极化电压等组成（图7 - 3）。

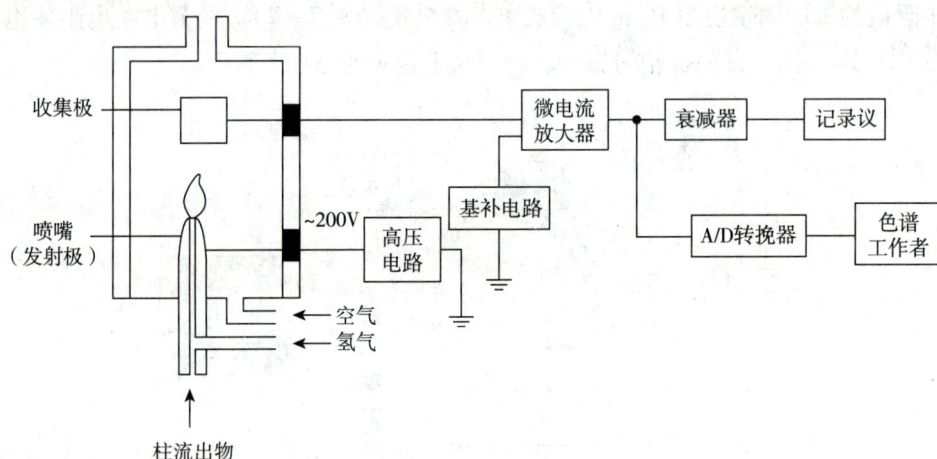

图7 - 3 氢火焰离子化检测器结构示意

2. 工作原理 在离子室底部，被测组分被载气携带，与氢气混合后，通过喷嘴进入离子室，与空气混合点燃，形成约 2100℃ 的高温火焰，使被测有机物电离成正负离子，在氢火焰附近设有收集极（正极）和极化极（负极），在此两极之间加有 150 ~ 300V 的极化电压。产生的离子在收集极和极化极的外电场作用下定向运动而形成电流。离子流强度与进入检测器中组分的量及分子中的含碳量有关。当没有物质通过检测器时，氢气在空气中燃烧生成的离子极少，基流很低，一般只有 10^{-12} ~ 10^{-11}A。当被测物质通过检测器时，火焰中形成的离子增多，电流急剧增大，可达 10^{-7}A。电流大小与单位时间内进入离子化室的被测组分质量成正比，通过高电阻取出信号，经放大后用记录仪记录。因此，在组分一定时，被测电流（离子流）强度可以对组分进行定量。

化学电离理论能较好地解释烃类的离子化机制。该理论认为，有机物在氢火焰中先形成自由基，然后与氧产生正离子，再与水反应生成水合氢离子，由这些离子形成的离子流产生电信号。

3. 注意事项

（1）氢火焰离子化检测器需要使用三种气体，氮气作载气，氢气作燃气，空气作助燃气。三种气体流量比例要适当，否则会影响火焰温度及组分的电离过程。通常氮气、氢气、空气之比为 1：（1 ~ 1.5）：10。

（2）氢火焰离子化检测器属质量型检测器，在进样量一定时，峰高与载气流速成正比。因此，当用峰高定量时，需保持载气流速恒定。

（3）极化电压：氢火焰中生成的离子只有在电场作用下才能向两极定向运动形成电流。因此极化电压的大小直接影响响应值。极化电压低，电流信号小；当极化电压增加到一定值时，再增大电压，则对电流无影响。一般选用的极化电压为 150～300V。

任务四　气相色谱分离条件的选择

一、分离度

分离度（R）又称分辨率。R 是总分离效能指标，它既考虑了两组分保留值的差值，又反映了色谱峰宽度对分离的影响。它是指两组分保留值的差除以两峰宽之和的一半。

$$R = \frac{t_{R2} - t_{R1}}{\frac{1}{2}(W_1 + W_2)} \tag{7-1}$$

当 $R=1$ 时，两峰的峰面积有 2% 的重叠，即两峰分开的程度为 98%。当 $R=1.5$ 时，分离程度可达到 99.7%，可视为达到基本完全分离。

二、分离条件的选择

1. 载气的选择　载气种类的选择首先考虑使用各种检测器。如 TCD 一般选用 H_2 或 He；FID 一般选用 N_2。从范德华方程可知，当载气流速较低时，纵向扩散占主导地位，提高柱效，宜采用相对分子质量较大的载气；当流速较高时，传质阻力项占主导地位，为提高柱效，宜采用低相对分子量的载气。

载气流速主要影响分离效率和分析时间。应选用最佳流速（图 7-4），曲线最低点，塔板高度最小，柱效最高，但分析时间较长。为缩短分析时间，又不明显增加塔板高度，一般选择载气速度要高于最佳流速，此时柱效虽稍有下降，却节省了分析的时间。一般色谱柱常用的载气流速为 20～100ml/min。

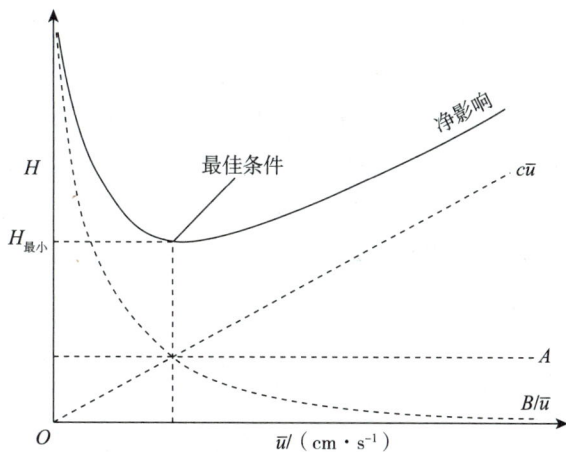

图 7-4　载气流速曲线

2. 柱温的选择　柱温主要影响分配系数、容量因子以及组分在流动相和固定相中的扩散系数，从而影响分离度和分析时间。选择柱温的原则为，在满足分离度条件下，尽可能采用低柱温。柱温一般选试样中各组分的沸点平均温度或稍低些。当试样中各组分沸点范围较宽时，宜采用程序升温，使高沸点及低沸点组分都能获得满意效果。较高柱温可以提高传质速率，提高柱效，但柱温过高又会使组分间分离度减小。实际分析中，一般采用较低的柱温，通过减少固定相的用量和适当增加载气的流速，可在短时间内获得良好的分离效果。

3. 汽化室温度的选择 汽化温度取决于试样的挥发性、试样组分的沸点范围及进样量等因素。汽化温度选择不当，会使柱效下降。通常汽化室的温度选择为组分沸点或高于组分沸点，以保证试样能瞬间汽化；但不要超过沸点50℃以上，以防止试样分解。对于一般的气相色谱分析，汽化温度比柱温高10～50℃即可。应以能使试样迅速汽化而不产生分解为准，通常比柱温高20～70℃。

4. 样量的选择 进样量的多少直接影响色谱峰的初始宽度。因此，只要检测器的灵敏度足够高，进样量越少，越有利于得到良好的分离。一般情况下，色谱柱越长，管径越粗，组分的容量因子越大，则允许的进样量越多。通常填充柱的进样量为：气体样品0.1～1ml；液体样品0.1～10μl。此外，进样时要求操作稳当、连贯、迅速，以减少纵向扩散，有利于提高柱效。

任务五 毛细管气相色谱法的特点和分类

毛细管色谱柱是在填充色谱柱的基础上提出的，它的出现是气相色谱发展中的一个重要里程碑，使传统的填充柱在分离速率和分析速度两方面都提高到一个新的水平，对于分析复杂的有机混合物样品，如石油化工、环境污染、天然产物、生物样品、食品和化妆品等方面开辟了广阔的前景，已成为色谱学科中一个独具特色的分支。

一、毛细管气相色谱法的特点

毛细管柱与填充柱相比有以下特点。

1. 分离效能高 毛细管色谱柱可用比填充柱长得多的色谱柱，可达数百米甚至更长，每米塔板数一般在2000～5000，总柱效可达10^4～10^6。另外，毛细管柱的液膜薄、传质阻力小、开管柱，没有涡流扩散的影响，也使柱效提高。由于柱效高，所以毛细管色谱法对固定液选择性的要求就不再那么苛刻。

2. 柱渗透性好 毛细管柱一般为开管柱、空心，阻力小，可在较高的载气流速下进行分析，且分析速度较快。

3. 柱容量小 由于毛细管柱柱体积小，只有几毫升，固定液液膜薄，涂渍的固定液只有几十毫克，因此柱容量小，允许的最大进样量很少，一般需采用分流进样。

4. 易实现气相色-谱质谱联用 由于毛细管柱的载气流速小，易于维持质谱仪离子源的高度真空。

5. 应用范围广 毛细管色谱具有高效、快速等特点。其应用遍及诸多学科和领域，常用于液体分析、药学动力学研究、药品以及化妆品中有机溶剂残留、兴奋剂检测等。

二、毛细管柱的分类

根据毛细管柱的材质可分为金属毛细管柱、玻璃毛细管柱和弹性熔融石英毛细管柱（fused silica open tubular column，FSOT），目前主要用弹性熔融石英毛细管柱。毛细管柱的内径一般为0.1～1.0mm。根据制备方式可分为开管型毛细管和填充型毛细管，气相色谱法中常用开管型毛细管。

1. 根据开管型毛细管柱按内壁的状态分类

（1）涂壁毛细管柱（wall coated open tubular column，WCOT） 把固定液涂在毛细管内壁上。现在

大部分毛细管柱属于这种类型。

（2）多孔层毛细管柱（porous - layer open tubular column，PLOT）　在毛细管内壁上附着一层多孔固体，如熔融二氧化硅或分子筛等，可涂渍或不涂固定液。这种毛细管柱容量较大，柱效较高。

（3）载体涂层毛细管柱（support coated open tubular column，SCOT）　先在毛细管内壁上黏附一层载体，如硅藻土载体，在此载体上涂以固定液。制柱时可"先涂后拉"或"先拉后涂"。

（4）交联或键合毛细管柱　将固定液通过化学反应键合于毛细管壁或载体上，或通过交联反应使固定液分子间交联成网状结构，可提高柱效，提高使用温度，减少柱流失。

2. 按毛细管内径分类

（1）常规毛细管柱　这类毛细管柱的内径为 0.1~0.35mm，目前常用的是 0.10、0.25 和 0.32mm 的内径毛细管。

（2）小内径毛细管柱（microbore column）　这类毛细管柱是指内径小于 100μm，一般为 50μm 的弹性石英毛细管柱。这类色谱柱主要用于快速分析。

（3）大内径毛细管柱（megabore column）　这类毛细管柱的内径一般为 0.53mm，其固定液液膜可以小于 1μm，也可高达 5μm。大内径厚液膜毛细管柱可以代替填充柱用于常规分析。

三、毛细管柱的色谱系统

毛细管柱与填充柱的色谱系统基本相同。但由于毛细管柱内径很细，柱容量很小，色谱峰流出很快、很窄，因此对色谱仪的进样系统、色谱柱连接、尾吹、检测器有些特殊的要求（图 7-5）。

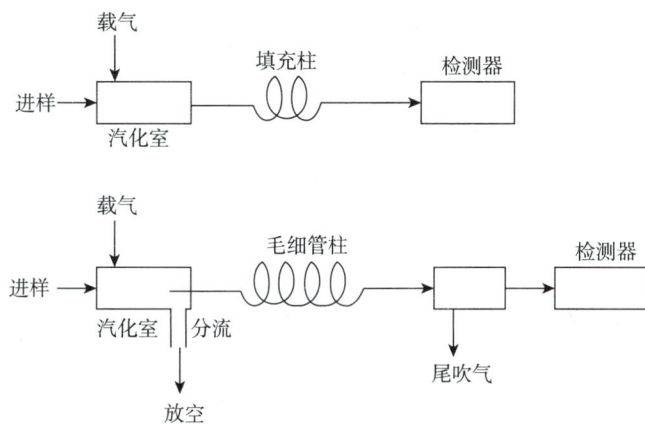

图 7-5　毛细管柱气相色谱仪和填充柱气相色谱仪流路比较

1. 进样系统　毛细管气相色谱的发展主要取决于毛细管柱的制作和进样系统。现在多采用分流进样技术。一般气相色谱仪的气化室体积为 0.5~2ml，而毛细管色谱分离仪的载气流量只有 0.5~2ml/min，载气将样品全部冲洗到色谱柱中，需要 0.25~4 分钟，这样会导致严重的峰展宽，影响分离效果。而且毛细管柱的柱容量低，通常只能进样几纳升的样品，用微量注射器无法准确进样，分流进样器就是为毛细管气相色谱进样而专门设计的。

2. 色谱柱连接　为了减小色谱系统的死体积，毛细管柱的进样器的连接应将色谱柱伸直，插入分流器的分流点，色谱柱出口直接插入检测器内。

3. 尾吹　由于毛细管柱载气流速低，进入检测器后发生突然减速会引起色谱峰展宽，为此，在色谱柱的出口处加一个辅助尾吹气，以加速样品通过检测器。当检测池体积较大时，尾吹更是必要的。

4. 检测器　各种气相色谱检测器都可使用，最常用的为灵敏度高、响应速度快和死体积小的氢火焰离子化检测器，也可和各种微型化的气相色谱检测器相匹配。

实训一　气相色谱法测定化妆品中甲醇含量

本方法规定了气相色谱法测定化妆品中甲醇的含量。本方法适用于化妆品中甲醇含量的测定。样品在经过气–液平衡、直接提取或蒸馏后，采用气相色谱分离，氢火焰离子化检测器检测，根据保留时间定性，峰面积定量，以标准曲线法计算含量。

本方法采用气–液平衡法，取样量为1g时，检出浓度20mg/kg，最低定量浓度80mg/kg；采用直接法，取样量为2g时，检出浓度25mg/kg，最低定量浓度100mg/kg；采用蒸馏法，取样量为10g时，检出浓度25mg/kg，最低定量浓度100mg/kg。

【试剂和材料】

除另有规定外，本方法所用试剂均为分析纯或以上规格，水为GB/T 6682规定的一级水。

（1）高纯氮（99.999%）。

（2）高纯氢（99.999%）。

（3）无油压缩空气　经装5A分子筛的净化管净化。

（4）无甲醇乙醇（色谱纯）　取1.0μl注入色谱仪，应无杂峰出现，无甲醇检出。

（5）75%乙醇　取无甲醇乙醇75ml，用水稀释至100ml。

（6）标准品　甲醇标准品信息详见表7–1。

表7–1　甲醇标准品相关信息

序号	中文名称	CAS号	分子式	分子量	纯度（%）
1	甲醇	67–56–1	CH_3OH	32.04	99.8

（7）氯化钠。

【仪器和设备】

气相色谱仪（配有氢火焰离子化检测器）；微量进样器或自动进样装置；顶空进样器；顶空瓶：20ml；天平；全磨口水浴蒸馏装置。

【分析步骤】

1. 标准系列溶液的制备

（1）甲醇标准溶液　称取甲醇标准品1g（精确到0.0001g）置于100ml容量瓶中，用无甲醇乙醇定容，得10g/L甲醇标准溶液。

（2）气–液平衡法标准系列溶液　取上述甲醇标准溶液0.1、0.2、0.5、1.0、2.0、4.0ml于10ml容量瓶中，用无甲醇乙醇定容，配制成0.1、0.2、0.5、1.0、2.0、4.0g/L的标准系列溶液，取标准系列溶液各1.0ml分别置于顶空瓶中，加75%乙醇10.0ml，顶空盖密封，摇匀，备用。

（3）直接法标准系列溶液　取甲醇标准溶液0.1、0.25、0.50、1.0、2.0ml分别于50ml容量瓶中，用无甲醇乙醇定容，配制成0.02、0.05、0.1、0.2、0.4g/L的标准系列溶液，摇匀，备用。

（4）蒸馏法标准系列溶液　取甲醇标准溶液0.5、1.0、2.0、5.0、10.0ml分别于250ml蒸馏烧瓶中，加水50ml，氯化钠2.0g，无甲醇乙醇35ml，水浴加热蒸馏，收集蒸馏液于50.0ml容量瓶中，至接近刻线，加无甲醇乙醇定容，配制成0.1、0.2、0.4、1.0、2.0g/L的标准系列溶液，摇匀，备用。

2. 样品处理

（1）气－液平衡法　称取样品 1g（精确到 0.001g）于顶空瓶中，加 75% 乙醇 10.0ml，密封振摇，作为样品溶液。

（2）直接法　称取样品 2g（精确到 0.001g）于 10ml 刻度管中，加无甲醇乙醇定容，振摇，涡旋混匀，超声提取 15 分钟，5000r/min 离心 10 分钟，取上清液 0.45μm 滤膜过滤，作为样品溶液。

（3）蒸馏法　称取样品 10g（精确到 0.001g）于蒸馏瓶中，加水 50ml，氯化钠 2.0g，无甲醇乙醇 35ml，水浴加热蒸馏，收集蒸馏液于 50.0ml 容量瓶中，至接近刻线，加无甲醇乙醇定容，作为样品溶液。

3. 仪器参考条件

（1）顶空条件

汽化室温度：70℃。

汽液平衡时间：20 分钟。

进样时间：0.03 分钟（1.2ml，根据气相色谱状况优化选择）。

传输线温度：100℃。

（2）色谱条件

色谱柱：DB－WAXETR 毛细管色谱柱（30m×0.32mm×1.00μm），或等效色谱柱。

载气流速：1.0ml/min。

进样量：1μl（直接法、蒸馏法）。

升温程序：50℃ $\xrightarrow{10℃/min}$ 120℃（1 分钟）$\xrightarrow{40℃/min}$ 230℃（8 分钟）。

进样方式：分流进样，分流比：20∶1（气－液平衡法）；50∶1（直接法、蒸馏法）。

进样口温度：230℃。

检测器温度：250℃。

高纯氢气流量：40ml/min。

高纯空气流量：400ml/min。

4. 测定

（1）标准曲线测定　根据样品性质，选择相应标准系列溶液，注入气相色谱仪，按上述气相条件测定，记录峰面积，以峰面积－浓度（g/L）作图，得到标准曲线。

（2）样品测定　按相应方法处理取得待测样品溶液，注入气相色谱仪，按上述气相条件测定，根据保留时间定性，根据峰面积定量，根据标准曲线得到样品待测溶液中甲醇的质量浓度，按下式计算样品中甲醇的含量。

【分析结果的表述】

1. 计算

$$\omega = \frac{\rho \times V \times 1000}{m}$$

式中，ω—样品中甲醇的质量分数，mg/kg；ρ—测试溶液中甲醇的质量浓度，g/L；V—样品定容体积，ml；m—样品取样量，g。

在重复性条件下获得的两次独立测试结果的绝对值不得超过算术平均值的 15%。

2. 回收率和精密度　气－液平衡法在 0.1~4.0g/L 浓度范围内，高低两点回收率为 85%~115%，RSD≤5%。直接法在 0.02~0.4g/L 浓度范围内，高低两点回收率为 85%~115%，RSD≤5%。蒸馏法在 0.1~2.0g/L 浓度范围内，高低两点回收率为 85%~115%，RSD≤5%。

【图谱】

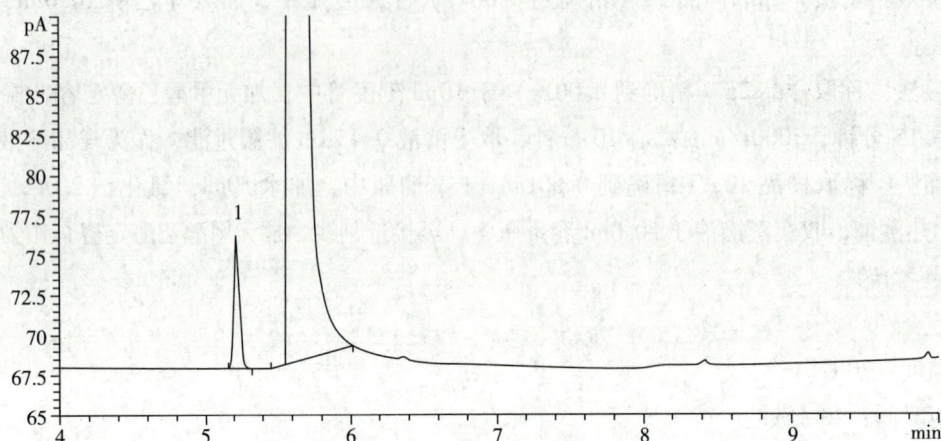

图7-6 甲醇标准溶液色谱图

注：此图引用自《化妆品安全技术规范》（2015版）

实训二 化妆品原料丙二醇中二甘醇含量的测定

本方法规定了气相色谱法测定化妆品原料丙二醇中二甘醇的含量。本方法适用于化妆品原料丙二醇中二甘醇含量的测定。样品提取后，以气相色谱法进行分析，根据保留时间定性、峰面积定量，以标准曲线法计算含量。必要时对阳性结果可采用气相色谱-质谱法进一步确证。本方法对二甘醇的检出限为0.3ng，定量下限为1ng。取样量为1g时，检出浓度为0.003%，最低定量浓度为0.009%。

【试剂和材料】

除另有规定外，本方法所用试剂均为分析纯或以上规格，水为GB/T 6682规定的一级水。

（1）标准品 二甘醇标准品信息详见表7-2。

（2）无水乙醇。

（3）标准储备溶液 称取二甘醇10mg（精确到0.00001g）于100ml容量瓶中，用无水乙醇定容至刻度。准确移取10ml此标准溶液置于50ml容量瓶中，用无水乙醇定容至刻度。

表7-2 二甘醇标准品信息表

序号	中文名称	CAS号	分子式	分子量	纯度（%）
1	二甘醇	111-46-6	$C_4H_{10}O_3$	106.12	≥99.0

【仪器和设备】

气相色谱仪（配有氢火焰离子化检测器）；天平。

【分析步骤】

1. 标准系列溶液的制备 取二甘醇标准储备溶液，用无水乙醇配制成浓度为1、2、4、8、10、16μg/ml的二甘醇标准系列溶液。

2. 样品处理 称取1g样品（精确到0.001g）于100ml容量瓶中，加入无水乙醇定容至刻度，待测。

3. 参考色谱条件

色谱柱：聚乙二醇毛细管柱（30m×0.32mm×0.5μm），或等效色谱柱。

柱温程序：起始温度为160℃，维持10分钟，以20℃/min的速率升温至220℃，维持4分钟。

进样口温度：230℃。

检测器温度：250℃。

载气：N_2，流速为2.0ml/min。

氢气流量：40ml/min。

空气流量：400ml/min。

尾吹气氮气流量：30ml/min。

进样方式：分流进样，分流比：5∶1。

进样量：1.0μl。

注：载气、空气、氢气流速随仪器而异，操作者可根据仪器及色谱柱等差异，通过试验选择最佳操作条件，使二甘醇与丙二醇中其他原料峰分离度1.5以上。

4. 测定

在上述色谱条件下，取标准系列溶液分别进样，进行气相色谱分析，以标准系列溶液浓度为横坐标，峰面积为纵坐标，绘制标准曲线。

取待测溶液进样，进行气相色谱分析，根据保留时间定性，测得峰面积，根据标准曲线得到待测溶液中二甘醇的浓度。按下式计算样品中二甘醇的含量。

【分析结果的表述】

1. 计算

$$\omega = \frac{\rho \times V}{m \times 10^6} \times 100$$

式中，ω—丙二醇中二甘醇的质量分数,%。m—样品取样量，g。ρ—从标准曲线得到二甘醇的浓度，μg/ml。V—样品定容体积，ml。

在重复性条件下获得的两次独立测试结果的绝对差值不得超过算术平均值的10%。

2. 回收率和精密度

方法的回收率为90.7%~103.4%，相对标准偏差小于5.0%（$n=6$）。

【图谱】

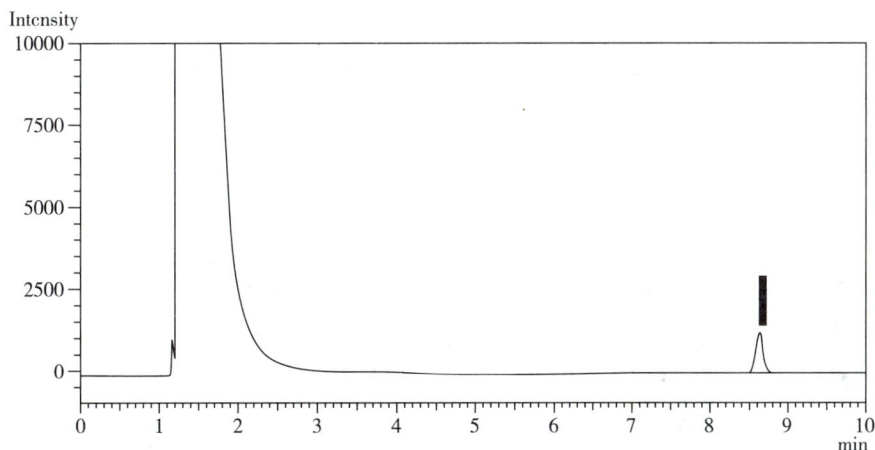

图7-7　二甘醇标准溶液色谱图

1. 二甘醇（8.638min）

注：此图引用自《化妆品安全技术规范》（2015版）

🔗 **知识链接**

微型 GC 系统的应用与发展

微型气相色谱（GC）系统是一种体积小、便携式的 GC 设备，主要用于在实地或特定环境中进行快速和便捷的分析。微型 GC 系统具有以下几个重要方面的进展和趋势。

1. 便携性和小型化   微型 GC 系统的最大特点是体积小巧，易于携带。随着技术的进步，微型 GC 系统的尺寸越来越小，便于在实验室外和实地环境中使用。这种便携性使得微型 GC 能够广泛应用于环境监测、药品、食品化妆品安全快速检测和现场分析等领域。

2. 快速分析   微型 GC 系统的另一个优势是分析快速。通过使用高效色谱柱和最新的分离技术，能够在较短的时间内进行高效、精确的分离和定量分析，对于需要迅速获得结果的应用非常有价值。

3. 低功耗和高效能   为了满足便携性和实地应用的要求，微型 GC 系统采用了低功耗的设计。同时还通过优化仪器的能效、降低能源耗费，以实现更高的效能和性能，使得微型 GC 系统在移动或远程环境中能够长时间工作。

4. 检测器多样化   微型 GC 系统通常结合多种检测器，例如热导、质量选择和火焰离子检测器等，以满足不同化合物的检测需求，提供更全面和准确的分析结果。

5. 数据处理和无线通信   随着信息技术的发展，微型 GC 系统越来越多地集成了数据处理和无线通信功能，使得用户可以实时监测和掌握分析结果，并轻松地将数据传输到其他设备或云端进行进一步的分析和存储。

目标检测

答案解析

一、填空题

1. 气相色谱法是以_____为流动相的色谱法，主要用于分离分析_____的物质。
2. 气相色谱仪的气路系统包括_____、_____和_____。
3. 气相色谱法常用的载气主要有_____、_____和_____。
4. 液体固定相中载体大致可分为_____和_____。
5. 毛细管柱的特点主要有_____、_____和_____。

二、单选题

1. 气相色谱定性的依据是
   A. 物质的密度   B. 物质的沸点
   C. 物质在气相色谱中的保留时间   D. 物质的熔点
2. 气相色谱记录系统中色谱图记录完毕的时间大约为
   A. 5 分钟内   B. 10 分钟内   C. 20 分钟内   D. 30 分钟内
3. 汽化室温度要求比柱温高
   A. 50℃   B. 100℃   C. 200℃   D. 200℃以上
4. 汽化室的作用是将样品瞬间汽化为
   A. 固体   B. 液体   C. 气体   D. 水汽
5. 在气相色谱法中，氢火焰离子化检测器优于热导检测器的方面为

A. 装置简单化   B. 灵敏度   C. 使用范围   D. 分离效果

6. 热导检测器最常用的气体为

     A. 氮气   B. 氢气   C. 氧气   D. 二氧化碳

7. 目前在气相色谱中应用最为广泛的检测器为

     A. 热导检测器   B. 氢火焰离子化检测器

     C. 电子捕获检测器   D. 火焰光度检测器

8. 在气相色谱中氢火焰离子化检测器主要测定的对象为

     A. 通用型   B. 无机物   C. 有机物   D. 小分子化合物

9. 氢火焰离子化检测器需要使用氮气作载气，氢气作燃气，空气作助燃气，氮气、氢气、空气三种气体流量比例为

     A. 1 : (1~1.5) : 1   B. 1 : (1~1.5) : 5

     C. 1 : (1~1.5) : 10   D. 1 : (1~1.5) : 20

10. 毛细色谱柱优于填充色谱柱的方面有

     A. 气路简单化   B. 灵敏度   C. 适用范围   D. 分离效果

11. 气相色谱固定液不具备的性质是

     A. 选择性好   B. 沸点高

     C. 对被测组分有适当的溶解能力   D. 与样品或载气反应强烈

12. 对于色谱柱柱温的选择，应该使其温度

     A. 高于各组分的平均沸点和固定液的最高使用温度

     B. 低于各组分的平均沸点和固定液的最高使用温度

     C. 高于各组分的平均沸点，低于固定液的最高使用温度

     D. 低于各组分的平均沸点，高于固定液的最高使用温度

13. 在气相色谱分析中，采用程序升温技术的目的是

     A. 改善峰形   B. 增加峰面积   C. 缩短柱长   D. 改善分离度

14. 关于气相色谱分离操作条件，下列描述错误的是

     A. 当载气流速较小时，采用相对分子质量较大的载气（氮气、氩气）

     B. 进样速度必须尽可能的快，一般要求进样时间应小于 1 秒

     C. 进样量多少应以能瞬间汽化为准，在线性范围之内

     D. 汽化室的温度一般比柱温低 30~70℃

15. 气相色谱仪分离效率的好坏主要取决于色谱仪的

     A. 进样系统   B. 检测系统   C. 热导池   D. 色谱柱

三、简答题

1. 气相色谱仪由哪几部分组成？各组成部分的作用是什么？

2. 气相色谱分析常用的载气有几种？纯度有何要求？

3. 衡量检测器性能的指标有哪些？

书网融合……

项目小结   习题

项目八　高效液相色谱法

PPT

学习目标

【知识目标】

1. 掌握高效液相色谱法的基本原理、应用范围及其特点，以及其分析方法。

2. 熟悉高效液相色谱法的结果要求及实验数据记录、处理的方法。

3. 了解高效液相色谱法的发展趋势及其在化妆品分析检测中的地位；

【技能目标】

1. 能够遵守高效液相色谱的分析原则。

2. 能够熟练操作高效液相色谱仪。

3. 能够根据不同的样品特性和分析目的，选择合适的柱子、流动相组成、温度等参数，对高效液相色谱法进行有效优化。

4. 能够正确解读高效液相色谱法图谱，判断峰的形状、峰面积和保留时间等，对样品中目标物的含量进行定量分析。

5. 能够处理常见的仪器故障，如压力异常、峰形不对称、漂移等问题，并能进行相应的维护和保养知识，保证仪器的正常运行。

【素质目标】

1. 培养学生的探索化妆品专业检验检测发展前沿技术的兴趣和热情。

2. 培养学生自主学习和自主分析思维的能力。

3. 培养学生的科学精神、创新意识和良好的职业道德。

岗位情景模拟

情景描述　化妆品中的防腐剂虽然有助于保持产品的质量和延长使用寿命，但长期或过量使用可能带来皮肤过敏、产生刺激性反应、皮肤干燥或者在人体内累积增加慢性疾病风险等危害。如果您是一家化妆品公司的品质检验员，负责检测该公司生产的某款化妆品中的防腐剂含量。

讨论　1. 您会采用哪种分析方法对化妆品中常见的防腐剂进行测定，获得更加高效、准确地检测结果？

　　　　2. 您会依据什么法规或行业标准确保该产品符合要求？

任务一　初识高效液相色谱法

高效液相色谱法（high performance liquid chromatography，HPLC）是 20 世纪 60 年代末至 70 年代初发展起来的一种新型分离分析技术，随着它的不断改进与发展，目前已成为应用极为广泛的化学分离分析的重要手段。HPLC 是在经典液相色谱基础上，引入了气相色谱的理论，在技术上采用了高压泵、高效固定相和高灵敏度检测器，因而具备速度快、效率高、灵敏度高、操作自动化的特点。为了更好地了解高效液相色谱法的优越性，现从两方面进行比较。

一、高效液相色谱法与经典液相色谱法

比起经典液相色谱法，高效液相色谱法的最大优点在于高速、高效、高灵敏度、高自动化。高速是指在分析速度上比经典液相色谱法快数百倍。由于经典色谱是重力加料，流出速率极慢；而高效液相色谱配备了高压输液设备，流速最高可达 10ml/min。例如分离苯的羟基化合物，7 个组分只需 1 分钟就可完成。对氨基酸进行分离，若用经典色谱法，柱长约 170cm，柱径 0.9cm，流动相速率为 30ml/h，需用 20 多小时才能分离出 20 种氢基酸；而用高效液相色谱法，不足 1 小时即可完成。又如用 25cm × 0.46cm 的 Lichrosorb – ODS（5μm）柱，采用梯度洗脱，可在不到 0.5 小时内分离出尿中 104 个组分。高效是由于高效液相色谱应用了颗粒极细（几微米至几十微米直径）规则均匀的固定相，传质阻力小，分离效率很高。因此，在经典色谱法中难以分离的物质，一般在高效液相色谱法中能得到满意的结果。高灵敏度是由于现代高效液相色谱仪普遍配有高灵敏度检测器，使其分析灵敏度比经典色谱有较大提高。例如，紫外检测器的检出限可达 10^{-9}g/ml，而荧光检测器则可达 10^{-12}g/ml。

由于高效液相色谱具有以上优点，故又称高速液相色谱或高压液相色谱。

二、高效液相色谱法与气相色谱法

高效液相色谱法与气相色谱法相比，具有以下三方面的优点。

1. 气相色谱法分析对象只限于分析气体和沸点较低的化合物，而它们仅占有机物总量的 20%。对于占有机物总数近 80% 的高沸点、热稳定性差、摩尔质量大的物质，目前主要采用高效液相色谱法进行分离和分析。

2. 气相色谱采用的流动相是惰性气体，它对组分没有亲和力，即不产生相互作用力，仅起运载作用。而在高效液相色谱法中，流动相可选用不同极性的液体，选择余地大，它对组分可产生一定亲和力，并参与固定相对组分作用的选择竞争。因此，流动相对分离起很大作用，相当于增加了控制和改进分离条件的参数，这为选择最佳分离条件提供了极大方便。

3. 气相色谱一般都在较高温度下进行的，而高效液相色谱法则可在室温条件下工作。

总之，高效液相色谱法吸取了气相色谱和经典液相色谱的优点，并经现代化手段加以改进，因此得到迅猛的发展。目前，高效液相色谱法已广泛的用于化妆品的分析中。

任务二　高效液相色谱仪

高效液相色谱仪的结构如图 8 – 1 所示，一般可分为 4 个主要部分：高压输液系统，进样系统，分离系统和检测系统。此外，还配有辅助装置，如梯度淋洗、自动进样及数据处理等。其工作过程如下：首先，高压泵将储液器中的流动相溶剂经过进样器进入色谱柱，然后从控制器的出口流出。当注入欲分离的样品时，流入进样器的流动相将样品同时带入色谱柱进行分离，然后依先后顺序进入检测器，记录仪将检测器送出的信号记录下来，由此得到液相色谱图。

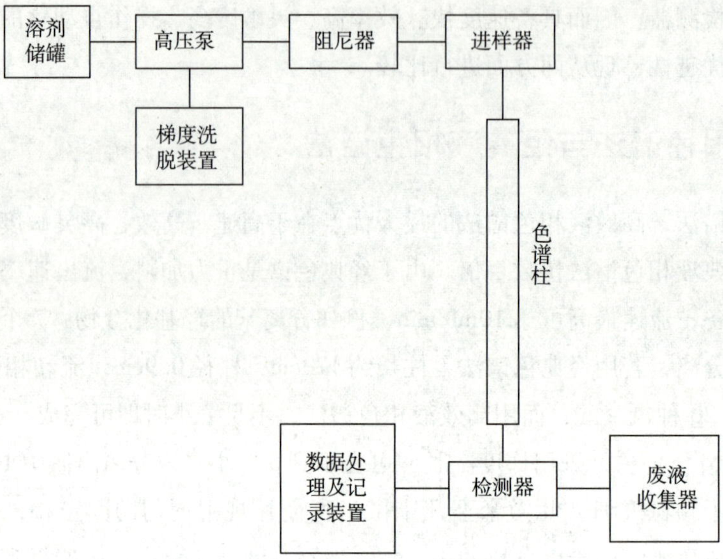

图8-1　高效液相色谱仪的结构示意图

一、高压输液系统

由于高效液相色谱法所用的固定相颗粒极细，因此对流动相阻力很大，为使流动相较快流动，必须配备高压输液系统。它是高效液相色谱仪最重要的部件，一般由储液罐、高压输液泵、过滤器、压力脉动阻力器等组成，其中高压输液泵是核心部件。一个好的高压输液泵，应符合密封性好、输出流量恒定、压力平稳、可调范围宽、便于迅速更换溶剂及耐腐蚀等要求。常用的输液泵分为恒流泵和恒压泵两种。恒流泵特点是在一定操作条件下，输出流量保持恒定而与色谱柱引起阻力变化无关；恒压泵特点是能保持输出压力恒定、但其流量随色谱系统阻力而变化，故保留时间的重现性差。因此，二者各有优缺点，目前恒流泵逐渐取代恒压泵。恒流泵又称机械泵，它又分机械注射泵和机械往复泵两种，应用最多的是机械往复泵。

二、进样系统

高效液相色谱柱比气相色谱柱短得多（5～30cm），所以柱外展宽（又称柱外效应）较突出。柱外展宽是指色谱柱外的因素所引起的峰展宽，主要包括进样系统、连接管道及检测器中存在死体积。柱外展宽可分柱前和柱后展宽，进样系统是引起柱前展宽的主要因素，因此高效液相色谱法对进样技术要求较高。进样装置一般有两类。

1. 隔膜注射进样器　这种进样方式与气相色谱类似。它是在色谱柱顶端装入耐压弹性隔膜，进样时用微量进射器刺穿隔膜将试样注入色谱柱。其优点是装置简单、价廉、死体积小；缺点是允许进样量小、重复性差。

2. 高压进样阀　目前多采用六通阀进样，其结构和工作原理与气相色谱中所用六通阀完全相同。由于进样可由定量管的体积严格控制，因此进样准确，重复性好，适于做定量分析。且可通过更换不同体积的定量管调整进样量。

三、分离系统 - 色谱柱

色谱柱是实现分离的场所，是色谱系统的核心。典型的对色谱柱的要求包括柱效高、选择性好、分析速度快、重现性好等。目前市售的液相色谱柱的填料包括多孔硅胶、氧化铝、有机聚合物微球（包括离子交换树脂）、多孔碳等，其粒度一般为 $3\mu m$、$5\mu m$、$7\mu m$、$10\mu m$ 等，理论塔板数可达 $5\sim 16$ 万/米。不同的场合对塔板数有不同的要求：一般只需 5000 塔板数的柱效即可满足大部分分析；对于同系物分析，塔板数只要 500 即可；而对于较难分离的物质，则可能要求色谱柱的塔板数高达 2 万。在大部分情况下，$10\sim 30cm$ 的柱长就能满足复杂混合物分析的需要。

柱效受柱内外因素影响，为使色谱柱达到最佳效率，除柱外死体积要小外，合理的柱结构（尽可能减少填充床以外的死体积）及装填技术也至关重要。即使采用最好的装填技术，在柱中心部位和沿管壁部位的填充情况总是不一样的，靠近管壁的部位比较疏松，易产生沟流，流速较快，影响冲洗剂的流形，使谱带加宽，这就是管壁效应。这种管壁区大约是从管壁向内算起 30 倍粒径的厚度。在一般的液相色谱系统中，柱外效应对柱效的影响远远大于管壁效应。

1. 柱的构造　色谱柱由柱管、压帽、卡套（密封环）、筛板（滤片）、接头、螺丝等组成。柱管多用不锈钢制成，当压力不高时，也可采用厚壁玻璃管或石英管。管内壁要求有很高的光洁度。为提高柱效，减小管壁效应，不锈钢柱内壁多经过抛光。也可以在不锈钢柱内壁涂敷氟塑料以提高内壁的光洁度，可取得与抛光类似的效果。色谱柱两端的柱接头内装有筛板，由烧结不锈钢或钛合金制成，根据填料粒度，其孔径在 $0.2\sim 20\mu m$，以防止填料漏出。

色谱柱按用途可分为分析型和制备型两类，尺寸规格也不同：①常规分析柱（常量柱），内径 $2\sim 5mm$，柱长 $10\sim 30cm$；②窄径柱（narrow bore），又称细管径柱、半微柱（semi microcolumn），内径 $1\sim 2mm$，柱长 $10\sim 20cm$；③毛细管柱，又称微柱（microcolumn），内径 $0.2\sim 0.5mm$；④半制备柱，内径大于 $5mm$；⑤实验室制备柱，内径 $20\sim 40mm$，柱长 $10\sim 30cm$；⑥生产制备柱，内径可达数十厘米。柱内径一般根据柱长、填料粒径等来确定，目的是避免管壁效应。

2. 柱的发展方向　因强调分析速度而发展出短柱，柱长 $3\sim 10cm$，填料粒径 $2\sim 3\mu m$。为提高分析灵敏度，与质谱（MS）连接而发展出窄径柱、毛细管柱和内径小于 $0.2mm$ 的微径柱（microbore）。细管径柱的优点是：①节省流动相；②灵敏度增加；③样品量少；④能使用长柱以达到高分离度；⑤容易控制柱温；⑥易于实现 LC – MS 联用。

但由于柱体积越来越小，柱外效应的影响就更加显著，需要更小池体积的检测器（甚至采用柱上检测）、更小死体积的柱接头和连接部件。配套使用的设备应具备如下性能：输液泵能精密输出 $1\sim 100\mu l/min$ 的低流量，进样阀能准确、重复地控制微小体积样品的进样。因上样量小，要求高灵敏度的检测器，电化学检测器和质谱仪在这方面具有突出优点。

3. 柱的填充和性能评价　色谱柱的性能除了与固定相性能有关外，还与填充技术有关。在正常条件下，当填料粒度 $>20\mu m$ 时，干法填充制备柱较为合适；当填料粒度 $<20\mu m$ 时，湿法填充较为理想。填充方法一般有 4 种：①高压匀浆法，多用于分析柱和小规模制备柱的填充；②径向加压法，是 Waters 专利；③轴向加压法，主要用于装填大直径柱；④干法。柱填充的技术性很强，大多数实验室使用已填充好的商品柱。

必须指出，高效液相色谱柱的获得，装填技术是重要环节，但根本问题还在于填料本身性能的优劣，以及配套的色谱仪系统的结构是否合理。

无论是自己装填的还是购买的色谱柱，使用前都要对其性能进行考察，使用期间或放置一段时间后也要重新检查。柱性能指标包括在一定实验条件（样品、流动相、流速、温度）下的柱压、理论塔板高度和塔板数、对称因子、容量因子和选择性因子的重复性或分离度。一般说来，容量因子和选择性因子的重复性应在 $\pm 5\%$ 或 $\pm 10\%$ 以内。进行柱效比较时，还要注意柱外效应是否有变化。

4. 柱的使用和维护　色谱柱的正确使用和维护十分重要，稍有不慎就会降低柱效、缩短柱使用寿命甚至损坏色谱柱。在色谱操作过程中，需要注意下列问题，以维护色谱柱。

（1）避免压力和温度的急剧变化及任何机械振动。温度的突然变化或者使色谱柱从高处掉下都会影响柱内的填充状况；柱压的突然升高或降低也会冲动柱内填料，因此在调节流速时应该缓慢进行，进样时阀的转动不能过缓（如前所述）。

（2）应逐渐改变溶剂的组成，特别是反相色谱中，不应直接将有机溶剂全部改为水，反之亦然。

（3）一般说来，色谱柱不能反冲，只有在生产者指明该柱可以反冲时才可以反冲除去留在柱头的杂质，否则反冲会迅速降低柱效。

（4）选择使用适宜的流动相（尤其是 pH），以避免固定相被破坏。有时可以在进样器前面连接一预柱。分析柱是键合硅胶时，预柱为硅胶，可使流动相在进入分析柱之前仪器预先被硅胶"饱和"，避免分析柱中的硅胶基质被溶解。

（5）避免将基质复杂的样品尤其是生物样品直接注入柱内，需要对样品进行预处理或在进样器和色谱柱之间连接一保护柱。保护柱一般是填有相似固定相的短柱。保护柱可以而且应该经常更换。

（6）经常用强溶剂冲洗色谱柱，清除保留在柱内的杂质。在进行清洗时，对流路系统中流动相的置换应以相混溶的溶剂逐渐过渡，每种流动相的体积应是柱体积的 20 倍左右，即常规分析需要 50 ~ 75ml。

（7）保存色谱柱时，应将柱内充满乙腈或甲醇，柱接头要拧紧，防止溶剂挥发干燥。绝对禁止将缓冲溶液留在柱内静置过夜或更长时间。

（8）色谱柱使用过程中，如果压力升高，一种原因是烧结滤片堵塞，这时应更换滤片或将其取出进行清洗；另一种原因是大分子进入柱内，使柱头被污染；如果柱效降低或色谱峰变形，则可能出现柱头塌陷，死体积增大。

在后两种情况发生时，小心拧开柱接头，将柱头填料取出 1 ~ 2mm 高度（注意把被污染填料取净），再把柱内填料整平。然后用适当溶剂湿润的固定相（与柱内相同）填满色谱柱，压平，再拧紧柱接头。这样处理后柱效能得到改善，虽很难恢复到新柱的水平，但可以起到保护、延长柱寿命的作用。柱子失效通常是柱端部分，在分析柱前装一根与分析柱相同固定相的短柱（5 ~ 30mm）。

通常色谱柱寿命在正确使用时可达 2 年以上。以硅胶为基质的填料，只能在 pH 2 ~ 8 范围内使用。柱子使用一段时间后，可能有一些吸附作用强的物质保留于柱顶，特别是一些有色物质更易看清被吸着在柱顶的填料上。新的色谱柱在使用一段时间后柱顶填料可能塌陷，使柱效下降，这时可补加填料使柱效恢复。

每次工作完毕，最好用洗脱能力强的洗脱液冲洗，如 ODS 柱宜用甲醇冲洗至基线平衡。当采用盐缓冲溶液作流动相时，使用完后应用无盐流动相冲洗。含卤族元素（氟、氯、溴）的化合物可能会腐蚀不锈钢管道，不宜长期与之接触。装在高效液相色谱仪上的柱子如不经常使用，应每隔 4 ~ 5 天开机冲洗 15 分钟。

四、检测系统

高效液相色谱仪中检测器的要求与气相色谱检测器的要求基本相同。衡量检测器性能的指标，如灵敏度、检出限、最小定量限、线性范围等，仍可沿用气相色谱的表示方法。

在液相色谱中，有两种基本类型的检测器：一类是溶质性检测器，它仅对被分离组分的物理或化学特性有响应，属于这类检测器的有紫外、荧光、电化学检测器等；另一类是总体检测器，它对试样和洗脱液总的物理或化学性质有响应。属于这类检测器的有示差折光、电导检测器及蒸发光散射检测器等。现将常用的检测器介绍如下。

1. 紫外-可见检测器和光电二极管阵列检测器 紫外-可见检测器（ultraviolet-visible detector，UVD）是 HPLC 中应用最广泛的一种检测器，它适用于对紫外光（或可见光）有吸收的样品的检测。据统计，在高效液相色谱分析中，约有 80% 的样品可以使用这种检测器。它分为固定波长型和可调波长型两类：固定波长紫外检测常采用汞灯的 254nm 或 280nm 谱线，许多有机官能团可吸收这些波长；可调波长型实际是以紫外-可见分光光度计作检测器。紫外检测器灵敏度较高，通用性也较好，它要求试样必须有紫外吸收，但溶剂必须能透过所选波长的光，选择的波长术能低于溶剂的紫外截止波长。

图 8-2 为紫外-可见吸收检测器的光路结构示意图，它主要由光源、光栅、波长狭缝、吸收池和光电转换器件组成。光栅主要将混合光源分解为不同波长的单色光，经聚焦透过吸收池，然后被光敏元件测量出吸光度的变化。近年来，已发展了一种应用光电二极管阵列的紫外检测器，由于采用计算机快速扫描采集版据，可得三维的色谱-光谱图像，即光电二极管阵列检测器（photodiode array detetor，PAD）（图 8-3）。

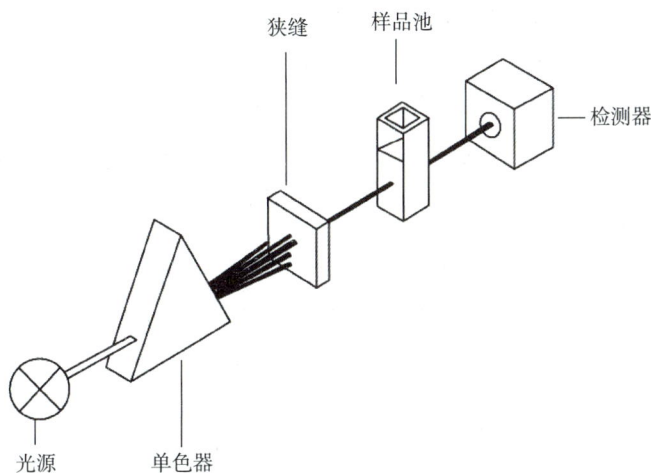

图 8-2 紫外-可见吸收检测器的光路结构示意图

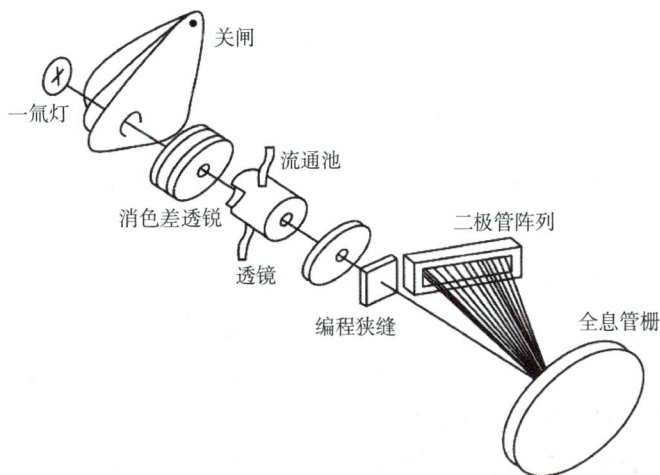

图 8-3 光电二极管阵列检测器结构示意图

PAD 检测器的检测原理与 UV-Vis 的相同，只是 PAD 可同时检测到所有波长的吸收值，相当于全扫描光谱图。它采用 2048 个或更多的光电二极管组成阵列，混合光首先经过吸收池，被样品吸收，然后通过一个全息光栅经色散分光，得到吸收后的全光谱，并投射到光电二极管阵列器上，每个光电二极管输出相应的光强信号，组成吸收光谱。其特点是不再需要机械扫描就可瞬间获得全波长光谱。

PAD 的优点是可获得样品组分的全部光谱信息，可很快地定性判别或鉴定不同类型的化合物。同时，对未分离组分可判断其纯度。尽管 PAD 已具有较高的灵敏度，但其灵敏度和线性范围均不如单波长吸收检测器，主要是单波长吸收检测器可采用效率极高的光敏元件和光电倍增管。

2. 荧光检测器　荧光检测器（fluorescence detector，FLD）是目前各种检测器中灵敏度最高的检测器之一，它是利用某些试样具有荧光特性来检测的。许多有机化合物具有天然荧光活性，其中带有芳香基团的化合物的荧光活性很强。在一定条件下，荧光强度与物质浓度呈正比。荧光检测器是一种选择性很强的检测器，它适合于稠环芳烃、甾族化合物、酶、氨基酸、维生素、色素、蛋白质等荧光物质的测定，其灵敏度高，检出限可达 $10^{-12} \sim 10^{-13}$ g/ml，比紫外检测器高出 2～3 个数量级，也可用于梯度淋洗。缺点是适用范围有一定局限性。另外，尽管 FLD 的灵敏度很高，但其线性范围却较窄，通常在 $10^3 \sim 10^4$。造成非线性的主要原因有：①当样品浓度较高时，可产生非线性响应。因为仅在样品浓度较低或对激发光吸收较小时，荧光强度才与浓度呈正比。②滤光效应。由于进入吸收池光路上的激发光随光程的增加不断地被吸收，造成实际强度减弱，荧光响应线性下降。

图 8-4 是荧光检测器的光路示意图，其原理与荧光分光光度计完全相同，多采用氙灯为激发光源，流通池与 UV 检测器类似，只是收集荧光的方向垂直于激发光入射方向，因为荧光的收集率与采光角度大小直接相关。将收集的荧光聚焦后再经荧光分光，得到荧光光谱。

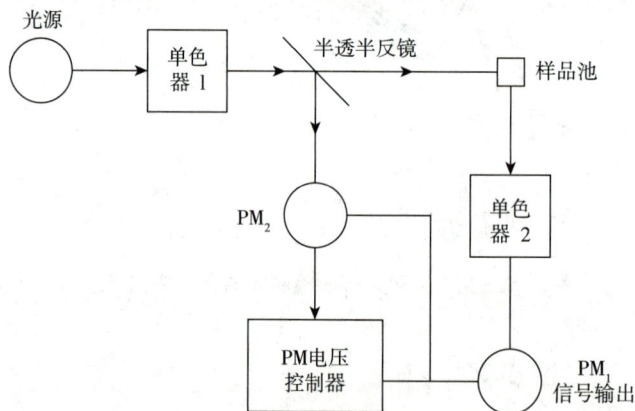

图 8-4　荧光检测器的光路示意图

3. 折光检测器　折光检测器（refractive index detector，RID）又称示差折光检测器，按工作原理，可分偏转式和反射式两种。现以偏转式为例进行介绍。它是基于折射率随介质中的成分变化而变化，如入射角不变，则光束的偏转角是流动相（介质）中成分变化的函数。因此，测量折射角偏转值的大小，便可得到试样的浓度。图 8-5 是偏转式示差折光检测器的光路图。

光源射出的光线由透镜聚焦后，从遮光板的狭缝射出一条细窄光束，经反射镜反射后，由透镜穿过工作池和参比池，被平面反射镜反射，成像于棱镜的棱口上；然后光束被均匀分解为两束，到达左右两个对称的光电倍增管上。如果工作池和参比池都通过纯流动相，光束无偏转，左右两个光电倍增管的信号相等，此时输出平衡信号。如果工作池有试样通过，由于折射率改变，造成了光束的偏移，左右两个光电倍增管所接受的光束能量不等，因此输出一个代表偏转角大小，即反映试样浓度的信号。滤光片可阻止红外光通过，以保证系统工作的热稳定性。透镜用以调整光路系统的不平衡。

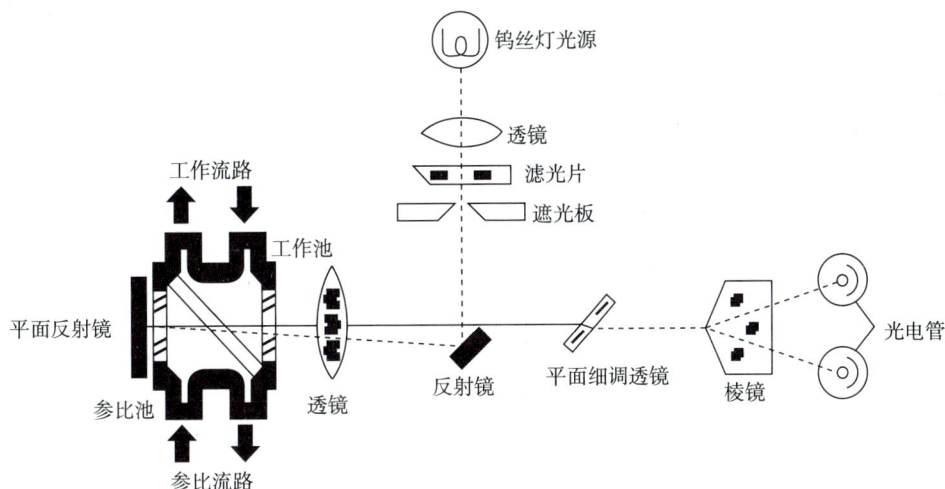

图 8 - 5　偏转式示差折光检测器的光路图

几乎所有物质都有各自的折射率。因此，示差折光检测器是一种通用型检测器，灵敏度为 10^{-7} g/ml。其主要缺点是对温度变化敏感，并且不能用于梯度淋洗。

4. 电化学检测器　广义上来看，电化学检测器（electrochemical detector，ED）包括 4 种类型：介电型（permittivity）、电导型（coductivity）、电位型（potentiometry）和安培型（amperometry）。介电型检测器是基于流动池中样品的浓度的变化导致介电常数变化，通过测量两电极之间电容介质的介电常数变化，即可测得样品浓度的一种电化学检测器。电导型检测器的作用原理是基于物质在某些介质中电离后所产生电导变化来测定电离物质含量的一种方法，是使用较多的一种电化学检测器，主要用于离子型化合物浓度的测定。电位型检测器的检测原理是测定电流为零时电极之间电位差值的一种方法，应用较少。安培检测器的使用非常普遍，灵敏度也很高（10^{-8} ~ 10^{-9} g/ml），其工作原理是在特定的外界电位下，测定电极之间的电流随样品浓度的变化量。安培检测器所测定的样品必须是能进行氧化还原反应的化合物。典型的 ED，工作电极通常位于柱子流出口顶端，辅助电极位于流动池工作电极相反方向，而参比电极位于工作电极后流动池出口的位置。

5. 蒸发光散射检测器　蒸发光散射检测器（evaporation light - scatter detector，ELSD）是比 RID 优越得多的一种通用型检测器，其灵敏度比 RID 高，检出限可达纳克级，对温度的敏感程度也比 RID 低得多，而且适用梯度淋洗。它为那些结构中不具有紫外生色团的样品提供了一种新型检测手段。ELSD 是基于光线通过微小的粒子时会产生光散射现象的原理。由色谱柱分离的组分随流动相进入雾化器中，被高速的载气流（氮气或空气）喷成一种薄雾，进入蒸发器后蒸发成蒸气，然后被光阱捕集。蒸气态的溶剂通过光路后，光线反射到检测器后被记录成基线。云雾状溶质颗粒通过光路时，使光线散射后被光电倍增管收集，得到样品信号。

6. 质谱检测器　质谱检测器（mass spectrometry detector，MSD）的灵敏度高、专属性强，能提供分子结构信息，是非常理想的检测器。它作为一种质量型检测器在近年有较大的发展，其中以分析生物大分子的生物质谱发展尤为迅速。如飞行时间质谱（TOF - MS）、离子阱质谱及离子回旋共振傅里叶变换质谱，都是蛋白质和药物研究的重要工具。其中与 HPLC 联用的质谱仪中，最普遍的是电喷雾离子质谱。

ESI - MS 的工作原理是：色谱流出物通过一个毛细管进入喷口，喷口毛细管的外层有一同轴套管，一种辅助电离液（酸性的鞘流液）经套管流出，在出口处与色谱流出物混合，并用干燥气体使之产生雾化液珠，通过热气帘气，使雾化液体充分蒸发，只留下带电粒子，在喷口与质谱之间的电场（-4000V）作用下，离子逆气流而上，通过毛细管进入真空系统，不带电的溶剂被气流吹掉。然后经过八极杆、离子阱和打拿极，通过电子倍增器测得物质的质荷比。

五、附属系统

附属系统包括脱气、梯度淋洗、恒温、自动进样、馏分收集以及数据处理等装置。其中梯度淋洗装置是高效液相色谱仪中尤为重要的附属装置。所谓梯度淋洗，是指在分离过程中使流动相的组成随时间改变而改变的方式。通过连续改变色谱柱中流动相的极性、离子强度或 pH 等因素，使被测组分的相对保留值得以改变，提高分离效率。梯度淋洗对于一些组分复杂及容量因子值范围很宽的样品分离尤为必要。在高效液相色谱中的梯度淋洗作用十分类似于气相色谱中的程序升温，两者的目的都是使样品的组分在最佳容量因子值范围流出柱子，使保留时间过短而拥挤不堪、峰形重叠的组分或保留时间过长、峰形扁平、宽大的组分，都能获得良好的分离。气相色谱是通过改变柱温来达到改变组分容量因子的目的，而高效液相色谱则是通过改变流动相的组成来完成。现以下例进行说明。

图 8-6 表示了梯度淋洗与分段淋洗的比较。图 8-6 中（a）说明，以某一固定组成 A 作流动相，洗脱样品时，各组分的容量因子数据（k）相差较大，并且 k 大的组分，其峰宽而矮，所需分析时间长。图 8-6 中（b）以溶解力较强的固定组成 B 作流动相，洗脱时，样品各组分很快被洗脱下来，但 k 小的组分得不到分离。若将 A、B 两种溶剂以适当比例混合，组成的流动相的浓度可随时间而改变，找出合适的梯度淋洗条件，就可使样品各组分在适宜的 k 下全部流出，既可获得好的峰形又可缩短分析时间，如图 8-6（c）所示。

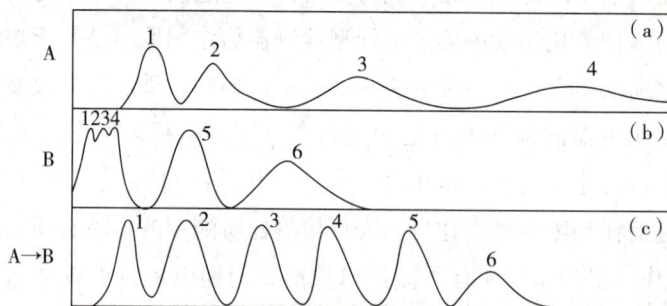

图 8-6　梯度淋洗与分段淋洗

梯度淋洗的优点是显而易见的，它可改进复杂样品的分离，改善峰形，减少拖尾并缩短分析时间。另外，由于滞留组分全部流出柱子，可保持柱性能长期良好。当用完梯度淋洗后，在更换流动相时，要注意流动相的极性与平衡时间，由于不同溶剂的紫外吸收程度有差异，可能引起基线漂移。

🖉 知识链接

超高效液相色谱

超高效液相色谱法（UPLC）是分离科学中的一个全新类别，是采用小颗粒填料色谱柱（粒径 <2μm）结合超高压输液泵（压力 >105kPa）的新兴液相色谱技术。高效液相色谱法（HPLC）使用时往往会消耗大量时间和流动相，且分离度、灵敏度不佳，同时中药成分易分解转化，因此无法快速、精准地完成定量分析。UPLC 具有超高效、超高分离度、超高灵敏度等优点，能大大缩短分析周期，显著提高色谱峰分离度和检测灵敏度，同时其特殊的色谱柱填料可减少固定相表面残余硅羟基，改善色谱峰展宽和拖尾现象。

任务三　高效液相色谱仪的固定相与流动相

在色谱分析中，要实现高效的分离，选择最佳的色谱条件是色谱工作者的重要工作，也是用计算机实现 HPLC 分析方法建立和优化的任务之一。以下着重讨论填料基质、化学键合固定相和流动相的性质及其选择。

一、填料基质

HPLC 填料可以是无机物基质，也可以是有机聚合物基质。无机物基质主要是硅胶和氧化铝。无机物基质物理刚性高，在溶剂中稳定性好，不容易膨胀。有机聚合物基质主要有交联苯乙烯 – 二乙烯苯、聚甲基丙烯酸酯等。有机聚合物基质刚性低、易压缩，并且溶剂以及溶质容易渗入有机基质中，导致填料颗粒膨胀，减少传质，最终使柱效降低。

1. 基质的种类

（1）硅胶　硅胶是 HPLC 填料中最普遍的基质。硅胶除具有高强度外，其表面具有反应活性的硅羟基（Si—OH），可以通过硅烷化技术修饰上各种基团，使表面具有不同的性质（如疏水、亲水、尺寸排阻、离子交换等功能），从而实现各种不同的色谱分离模式。硅胶基质填料适用于各种极性和非极性溶剂。其缺点是：由于硅胶本身的化学性质，它在碱性水溶性流动相中稳定性差，仅适用于酸性和弱碱性条件（pH 范围为 2~8）的分离。

硅胶的主要性能参数如下。

1）平均粒度及其分布。

2）平均孔径及其分布　平均孔径与比表面积成反比。

3）比表面积　在液固吸附色谱法中，硅胶的比表面积越大，溶质的 k 值越大。

4）含碳量及表面覆盖度（率）　在反相色谱法中，含碳量越大，溶质的 k 值越大。

5）含水量及表面活性　在液固吸附色谱法中，硅胶的含水量越小，其表面硅羟基的活性越强，对溶质的吸附作用越大。

6）端基封尾　在反相色谱法中，主要影响碱性化合物的峰形。

7）几何形状　硅胶可分为无定形全多孔硅胶和球形全多孔硅胶。前者价格较便宜，缺点是涡流扩散项及柱渗透性差；后者无此缺点。

8）硅胶纯度　对称柱填料使用高纯度硅胶，柱效高，寿命长，碱性成分不拖尾。

（2）氧化铝　氧化铝具有与硅胶类似的良好物理性质，有较好的刚性，不会在溶剂中收缩或膨胀，同时也可以耐受较大的 pH 范围。其缺点是：相应的化学键合表面修饰在水性流动相中稳定性较差，其应用不如硅胶材料广泛。不过现在已经出现了在水相中稳定的氧化铝键合相，并显示出优秀的 pH 稳定性。

（3）聚合物　以高交联度的苯乙烯－二乙烯苯或聚甲基丙烯酸酯为基质的填料一般用于中低压力下的 HPLC，由于刚性较差，它们所能承受的压力要低于无机填料。苯乙烯－二乙烯苯基质具有较强的疏水性，对不同流动相的兼容性好，在整个 pH 范围内稳定，可以用强碱来清洗色谱柱。甲基丙烯酸酯基质本质上比苯乙烯－二乙烯苯的疏水性更强，但它可以通过适当的功能基修饰变成亲水性的。这种基质的耐酸碱程度比苯乙烯－二乙烯苯稍低，但可以承受在 pH 13 下反复冲洗。

所有聚合物基质在流动相发生变化时都会出现膨胀或收缩。用于 HPLC 的高交联度聚合物填料，其膨胀和收缩要有限制。溶剂或小分子容易渗入聚合物基质中，因为小分子在聚合物基质中的传质比在陶瓷性基质中慢，所以造成小分子在这种基质中柱效低。对于大分子，如蛋白质或合成的高聚物，聚合物基质的效能比得上陶瓷性基质。因此，聚合物基质往往用于高分子量物质的分离。

2. 基质的选择　硅胶基质的填料被用于大部分的 HPLC 分析，尤其是小分子量的被分析物；聚合物填料用于大分子量的被分析物，主要用来制成分子排阻和离子交换柱。

液相色谱中基质材料的性质比较如表 8-1 所示。

表 8-1　液相色谱中基质材料的性质比较

基质	硅胶	氧化铝	苯乙烯－二乙烯苯	甲基丙烯酸酯
耐有机溶剂	+++	+++	++	++
适用 pH 范围	+	++	+++	++
抗膨胀/收缩	+++	+++	+	+
耐压	+++	+++	++	+
表面化学性质	+++	+	++	+++
效能	+++	+++	+	+

注：+++表示"好"，++表示"一般"，+表示"差"

二、化学键合固定相

将有机官能团通过化学反应共价键合到硅胶表面的游离羟基上而形成的固定相称为化学键合固定相。这类固定相的突出特点是耐溶剂冲洗，并且可以通过改变键合相有机官能团的类型来改变分离的选择性。

1. 键合相的性质　目前，化学键合相广泛采用微粒多孔硅胶为基体，用烷烃二甲基氯硅烷或烷氧基硅烷与硅胶表面的游离硅羟基反应，形成 Si—O—Si—C 键型的单分子膜而制得。硅胶表面的硅羟基密度约为 5 个/nm^2，由于受空间位阻效应（不可能将较大的有机官能团键合到全部硅羟基上）和其他因素的影响，有 40% ~50% 的硅羟基未反应。

残余的硅羟基对键合相的性能有很大影响，特别是对非极性键合相，其可能降低键合相表面的疏水性，对极性溶质产生化学吸附，从而使保留机制复杂化（使溶质在两相间的平衡速度减慢，降低了键合相填料的稳定性，结果使碱性组分的峰形拖尾）。为尽量减少残余硅羟基，一般在键合反应后，需使用试剂（如三甲基氯硅烷，TMCS）等对表面进一步进行钝化处理，称为封端（或称为封尾、封顶，end - capping），以提高键合相的稳定性。另外，也有些 ODS（octadecyl silane）填料是不封尾的，以使其与水系流动相有更好的"湿润"性能。

由于不同生产厂家所用的硅胶、硅烷化试剂和反应条件不同，具有相同键合基团的键合相，其表面有机官能团的键合量往往差别很大，使其产品性能有很大的不同。键合相的键合量常用含碳量（C%）来表示，也可以用覆盖度来表示。所谓覆盖度，是指参与反应的硅羟基数目占硅胶表面硅羟基总数的比例。

2. 键合相的种类 化学键合相按键合官能团的极性分为极性和非极性键合相两种。

（1）常用的极性键合相 主要有氰基（—CN）、氨基（—NH₂）和二醇基键合相等。极性键合相常用作正相色谱，混合物在极性键合相上的分离主要是基于极性键合基团与溶质分子间的氢键作用，极性强的组分保留值较大。极性键合相有时也可作反相色谱的固定相。此类应用最广，非极性键合相的烷基链长对样品容量、溶质的保留值和分离选择性都有影响。

（2）常用的非极性键合相 主要有各种烷基（$C_1 \sim C_{18}$）、苯基、苯甲基等，以十八烷基（C_{18}）一般来说，样品容量随烷基链长的增加而增大，且溶质的保留值随链长的增大而变大，从而可获得更好的分离。短链烷基键合相具有较高的表面覆盖度，分离极性化合物时可得到对称性较好的色谱峰。苯基键合相与短链烷基键合相的性质相似。

另外，C_{18}柱稳定性较高，这是由于长的烷基链保护了硅胶基质，但C_{18}基团空间体积较大，使有效孔径变小，分离大分子化合物时柱效较低。

3. 固定相的选择 固定相的选择遵从"相似相溶"原则，即固定相与组分的性质越接近，则保留越强。对于中等极性和极性较强的化合物，可选择极性键合相。氰基键合相对于双键异构体或含双键数不等的环状化合物的分离有较好的选择性。氨基键合相具有较强的氢键结合能力，对某些多官能团化合物，如甾体、强心苷等有较好的分离能力。氨基键合相上的氨基能与糖类分子中的羟基产生选择性相互作用，故被广泛用于糖类的分析，但它不能用于分离羰基化合物，如甾酮、还原糖等，因为它们之间会发生反应生成 Schiff 碱。二醇基键合相适用于分离有机酸、甾体和蛋白质。

分离非极性和极性较弱的化合物可选择非极性键合相。利用特殊的反相色谱技术，如反相离子抑制技术和反相离子对色谱法等，非极性键合相也可用于分离离子型或可离子化的化合物。ODS 是应用最为广泛的非极性键合相，它对各种类型的化合物都有很强的适应能力。短链烷基键合相能用于极性化合物的分离，而苯基键合相适用于分离芳香化合物。

三、流动相

1. 流动相的性质要求 理想的液相色谱流动相应具有低黏度、与检测器兼容性好、易于得到纯品和低毒性等特征。

选好填料（固定相）后，强溶剂使溶质在填料表面的吸附减少，相应的分配比 k 降低；而较弱的溶剂使溶质在填料表面吸附增加，相应的分配比 k 升高。因此，值是流动相组成的函数。塔板数 N 一般与流动相的黏度成反比。因此，选择流动相时应考虑以下几个方面。

（1）流动相应不改变填料的任何性质 低交联度的离子交换树脂和排阻色谱填料有时遇到某些有机相会溶胀或收缩，从而改变色谱柱填床的性质。碱性流动相不能用于硅胶柱系统。酸性流动相不能用于氧化铝、氧化镁等吸附剂的柱系统。

（2）纯度 色谱柱的寿命与大量流动相通过有关，特别是当溶剂所含杂质在柱上积累时。

（3）必须与检测器匹配 使用紫外检测器时，所用流动相在检测波长下应没有吸收或吸收很小。当使用示差折光检测器时，应选择折光系数与样品差别较大的溶剂作流动相，以提高灵敏度。

（4）黏度要低（应小于 2cp） 高黏度溶剂会影响溶质的扩散、传质，降低柱效，还会使柱压增加，分离时间延长。最好选择沸点在100℃以下的流动相。

（5）对样品的溶解度要适宜　如果溶解度欠佳，样品会在柱头沉淀，不但会影响纯化分离，而且还会使柱子恶化。

（6）样品要易于回收　应选用挥发性溶剂。

2. 流动相的选择　在化学键合相色谱法中，溶剂的洗脱能力直接与其极性相关。在正相色谱中，溶剂的强度随极性的增强而增加；在反相色谱中，溶剂的强度随极性的增强而减弱。

正相色谱的流动相通常采用烷烃加适量极性调整剂。

反相色谱的流动相通常以水作基础溶剂，再加入一定量的能与水互溶的极性调整剂，如甲醇、乙腈、四氢呋喃等。极性调整剂的性质及其所占比例对溶质的保留值和分离选择性有显著影响。一般情况下，甲醇－水系统已能满足多数样品的分离要求，且流动相黏度小、价格低，是反相色谱最常用的流动相。但 Snyder 则推荐采用乙腈－水系统做初始实验，因为与甲醇相比，乙腈的溶剂强度较高且黏度较小，还可满足在紫外185～205nm处检测的要求。因此，综合来看，乙腈－水系统要优于甲醇－水系统。

在分离含极性差别较大的多组分样品时，为了使各组分均有合适的上值并分离良好，也需采用梯度洗脱技术。

3. 流动相的 pH　采用反相色谱法分离弱酸（$3 \leq pK_a \leq 7$）或弱碱（$7 \leq pK_a \leq 8$）样品时，通过调节流动相的 pH 抑制样品组分的解离，增加组分在固定相上的保留，并改善峰形的技术，称为反相离子抑制技术。对于弱酸，流动相的 pH 越小，组分的 k 值越大，当 pH 远小于弱酸的 pK_a 时，弱酸主要以分子形式存在；对于弱碱，则情况相反。分析弱酸样品时，通常在流动相中加入少量弱酸，常用 50mmol/L 磷酸盐缓冲液和1%醋酸溶液；分析弱碱样品时，通常在流动相中加入少量弱碱，常用 50mmol/L 磷酸盐缓冲液和 30mmol/L 三乙胺溶液。

需注意，流动相中加入有机胺可以减弱碱性溶质与残余硅羟基的强相互作用，减轻或消除峰拖尾现象。所以在这种情况下有机胺（如三乙胺）又称为减尾剂或除尾剂。

4. 流动相的脱气　HPLC 所用流动相必须预先脱气，否则容易在系统内逸出气泡，影响泵的工作，气泡还会影响柱的分离效率，影响检测器的灵敏度、基线稳定性，甚至导致无法检测（噪声增大，基线不稳、突然跳动）。此外，溶解在流动相中的氧还可能与样品、流动相甚至固定相（如烷基胺）反应。溶解气体还会引起溶剂 pH 的变化，给分离或分析结果带来误差。溶解氧能与某些溶剂（如甲醇、四氢呋喃）形成有紫外吸收的配合物，此配合物会提高背景吸收（特别是在 260nm 以下），并导致检测灵敏度的轻微降低，更重要的是，会在梯度淋洗时造成基线漂移或形成假峰（又称鬼峰），在荧光检测中，溶解氧在一定条件下还会引起荧光猝灭现象，特别是对芳香烃、脂肪醛、酮等。在某些情况下，荧光响应可降低95%。在电化学检测中（特别是还原电化学法），氧的影响更大。

除去流动相中的溶解氧将大大提高紫外检测器的性能，也将改善在一些荧光检测应用中的灵敏度。常用的脱气方法有加热煮沸、抽真空、超声、吹氦等。对混合溶剂，若采用抽真空或加热煮沸法，则需要考虑低沸点溶剂挥发造成的组成变化。使用超声脱气比较好，10～20分钟的超声处理对许多有机溶剂或有机溶剂、水混合液的脱气已足够（一般 500ml 溶液需超声 20～30 分钟），此法不影响溶剂组成。超声处理时应注意避免溶剂瓶与超声槽底部或壁接触，以免玻璃瓶破裂，容器内液面不要高出水面太多。

离线（系统外）脱气法不能维持溶剂的脱气状态，在停止脱气后，气体会立即回到溶剂中。在1～4小时内，溶剂又将被环境气体所饱和。在线（系统内）脱气法无此缺点。最常用的在线脱气法为鼓泡法，即在色谱操作前和进行时，将惰性气体喷入溶剂中。严格来说，此方法不能将溶剂脱气，它只是用一种低溶解度的惰性气体（通常是氦）将空气替换出来。此外还可使用在线脱气机。

一般说来，有机溶剂中的气体易脱除，而水溶液中的气体较顽固。在溶液中吹氦是相当有效的脱气方法，这种连续脱气法在电化学检测时经常使用。但氦气昂贵，难于普及。

5. 流动相的过滤　所有溶剂使用前都必须经 $0.45\mu m$（或 $0.22\mu m$）滤膜过滤，以除去杂质微粒，色谱纯试剂也不例外（除非在标签上标明"已过滤"）。

用滤膜过滤时，特别要注意分清有机相（脂溶性）滤膜和水相（水溶性）滤膜。有机相滤膜一般用于过滤有机溶剂，过滤水溶液时流速低或无溶液滤过。水相滤膜只能用于过滤水溶液，严禁用于有机溶剂，否则滤膜会被溶解。溶有滤膜的溶剂不得用于 HPLC。对于混合流动相，可在混合前分别过滤，如需混合后过滤，首选有机相滤膜。现在已有混合型滤膜出售。

6. 流动相的贮存　流动相一般贮存于玻璃、聚四氟乙烯或不锈钢容器内，不能贮存在塑料容器中。因为许多有机溶剂如甲醇、乙酸等可浸出塑料表面的增塑剂，导致溶剂受污染。这种被污染的溶剂如用于 HPLC 系统，可能造成柱效降低。贮存容器一定要盖严，防止溶剂挥发引起组成变化，以及氧和二氧化碳溶入流动相。

磷酸盐、乙酸盐缓冲液容易被微生物污染，应尽量新鲜配制使用，不要贮存。如确须贮存，可在冰箱内冷藏，并在 3 天内使用，用前应重新过滤。容器应定期清洗，特别是盛水、缓冲液和混合溶液的容器，以除去底部的杂质沉淀和可能生长的微生物。因甲醇有防腐作用，所以盛甲醇的容器无此现象。

任务四　高效液相色谱仪的系统适用性与测定法

一、系统适用性

色谱系统的适用性试验通常包括理论板数、分离度、灵敏度、拖尾因子和重复性等五个参数。即用规定的对照品溶液或系统适用性试验溶液在规定的色谱系统进行试验，必要时，可对色谱系统进行适当调整，以符合要求。

1. 色谱柱的理论板数（n）　用于评价色谱柱的效能。由于不同物质在同一色谱柱上的色谱行为不同，采用理论板数作为衡量色谱柱效能的指标时，应指明测定物质，一般为待测物质或内标物质的理论板数。在规定的色谱条件下，注入供试品溶液或各品种项下规定的内标物质溶液，记录色谱图，量出供试品主成分色谱峰或内标物质色谱峰的保留时间 t_R 和峰宽（W）或半高峰宽（$W_{h/2}$），按 $n=16\ (t_R/W)^2$ 或 $n=5.54\ (t_R/W_{h/2})^2$ 计算色谱柱的理论板数。t_R、W、$W_{h/2}$ 可用时间或长度计（下同），但应取相同单位。

2. 分离度（R）　用于评价待测物质与被分离物质之间的分离程度，是衡量色谱系统分离效能的关键指标。可以通过测定待测物质与已知杂质的分离度，也可以通过测定待测物质与某一指标性成分（内标物质或其他难分离物质）的分离度，或将供试品/对照品用适当的方法降解，通过测定待测物质与某一降解产物的分离度，对色谱系统分离效能进行评价与调整。无论是定性鉴别还是定量测定，均要求待测物质色谱峰与内标物质色谱峰或特定的杂质对照色谱峰及其他色谱峰之间有较好的分离度。除另有规定外，待测物质色谱峰与相邻色谱峰之间的分离度应不小于 1.5。分离度的计算公式如（8-1）所示：

$$R = \frac{2\times(t_{R2}-t_{R1})}{W_1+W_2} \quad \text{或} \quad R = \frac{2\times(t_{R2}-t_{R1})}{1.70\times(W_{1,h/2}+W_{2,h/2})} \tag{8-1}$$

式中，t_{R2} —相邻两色谱峰中后一峰的保留时间；t_{R1} —相邻两色谱峰中前一峰的保留时间；W_1，W_2，$W_{1,h/2}$，$W_{2,h/2}$ 分别为此相邻两色谱峰的峰宽及半高峰宽。

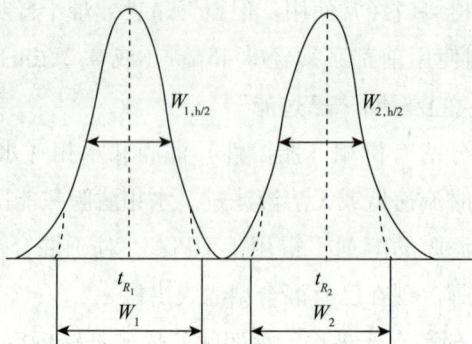

图 8 - 7　两组分基线分离度 R = 1.5 示意图

当对测定结果有异议时，色谱柱的理论板数（n）和分离度（R）均以峰宽（W）的计算结果为准。

3. 灵敏度　用于评价色谱系统检测微量物质的能力，通常以信噪比（S/N）来表示。建立方法时，可通过测定一系列不同浓度的供试品或对照品溶液来测定信噪比。定量测定时，信噪比应不小于10；定性测定时，信噪比应不小于3。系统适用性试验中可以设置灵敏度实验溶液来评价色谱系统的检测能力。

4. 拖尾因子（T）　用于评价色谱峰的对称性。拖尾因子计算公式如式（8 - 2）所示：

$$T = \frac{W_{0.05h}}{2d_1} \qquad (8 - 2)$$

式中，$W_{0.05h}$ — 5% 峰高处的峰宽；d_1 —峰顶在 5% 峰高处横坐标平行线的投影点至峰前沿与此平行线交点的距离（图 8 - 8）。

以峰高作定量参数时，除另有规定外，T 值应在 0.95 ~ 1.05 之间。以峰面积作定量参数时，一般的峰拖尾或前伸不会影响峰面积积分，但严重拖尾会影响基线和色谱峰起止的判断和峰面积积分的准确性。

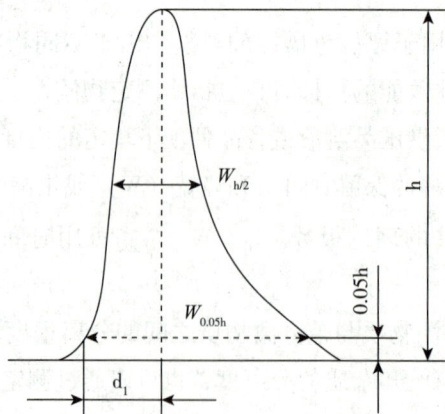

图 8 - 8　拖尾因子示意图

5. 重复性　用于评价色谱系统连续进样时响应值的重复性能。除另有规定外，通常取各品种项下的对照品溶液，连续进样 5 次，其峰面积测量值（或内标比值或其校正因子）的相对标准偏差应不大于2.0%。视进样溶液的浓度、体积、色谱峰响应和分析方法所能达到的精度水平等，对相对标准偏差的要求可适当放宽或收紧，放宽或收紧的范围以满足品种项下检测需要的精密度要求为准。

二、测定法

1. 定性分析　常用的定性方法主要有但不限于以下。

（1）利用保留时间定性　保留时间（retention time）为被分离组分从进样到柱后出现该组分最大响应值时的时间，即从进样到出现某组分色谱峰的顶点时为止所经历的时间，常以分钟（min）为时间单位，用于反映被分离的组分在性质上的差异。通常以在相同的色谱条件下待测成分的保留时间与对照品的保留时间是否一致作为待测成分定性的依据。在相同的色谱条件下，待测成分的保留时间与对照品的保留时间应无显著性差异；两个保留时间不同的色谱峰归属于不同化合物，但两个保留时间一致的色谱峰有时未必可归属为同一化合物，在对未知物进行鉴别时应特别注意。

若改变流动相组成或更换色谱柱的种类，待测成分的保留时间仍与对照品的保留时间一致，可进一步证实待测成分与对照品为同一化合物。

当待测成分（保留时间 t_{R1}）无对照品时，可以样品中的另一成分或在样品中加入另一已知成分作为参比物（保留时间 t_{R2}），采用相对保留时间（RRT）作为定性（或定位）的方法。在品种项下，除另有规定外，相对保留时间通常是指待测成分保留时间相对于主成分保留时间的比值，以未扣除死时间的非调整保留时间按式（8-3）计算：

$$RRT = \frac{t_{R1}}{t_{R2}} \tag{8-3}$$

若需以扣除死时间的调整保留时间计算，应在相应予以注明。

（2）利用光谱相似度定性　化合物的全波长扫描紫外-可见光区光谱图提供一些有价值的定性信息。待测成分的光谱与对照品的光谱的相似度可用于辅助定性分析。二极管阵列检测器开启一定波长范围的扫描功能时，可以获得更多的信息，包括色谱信号、时间、波长的三维色谱光谱图，既可用于辅助定性分析，也可用于峰纯度分析。

同样应注意，两个光谱不同的色谱峰表征了不同化合物，但两个光谱相似的色谱峰未必可归属为同一化合物。

（3）利用质谱检测器提供的质谱信息定性　利用质谱检测器提供的色谱峰分子质量和结构的信息进行定性分析，可获得比仅利用保留时间或增加光谱相似性进行定性分析更多的、更可靠的信息，不仅可用于已知物的定性分析，还可提供未知化合物的结构信息。

2. 定量分析

（1）内标法　按品种正文项下的规定，精密称（量）取对照品和内标物质，分别配成溶液，各精密量取适量，混合配成校正因子测定用的对照溶液。取一定量进样，记录色谱图。测量对照品和内标物质的峰面积或峰高，按式（8-4）计算校正因子：

$$校正因子\ (f) = \frac{A_S/c_S}{A_R/c_R} \tag{8-4}$$

式中，A_S—内标物质的峰面积或峰高；A_R—对照品的峰面积或峰高；c_S—内标物质的浓度；c_R—对照品的浓度。

再取各品种项下含有内标物质的供试品溶液，进样，记录色谱图，测量供试品中待测成分和内标物质的峰面积或峰高，按式（8-5）计算含量：

$$含量(c_x) = f \times \frac{A_x}{A_S'/c_S'} \tag{8-5}$$

式中，A_x—供试品的峰面积或峰高；c_x—供试品的浓度；A_S'—内标物质的峰面积或峰高；c_S'—内标物质的浓度；f—内标法校正因子。

采用内标法，可避免因样品前处理及进样体积误差对测定结果的影响。

（2）外标法　按各品种项下的规定，精密称（量）取对照品和供试品，配制成溶液，分别精密取一定量，进样，记录色谱图，测量对照品溶液和供试品溶液中待测物质的峰面积（或峰高），按式（8-6）计算含量：

$$含量（c_x）= c_R × \frac{A_x}{A_R} \tag{8-6}$$

式中各符号意义同上。

当采用外标法测定时，以手动进样器定量环或自动进样器进样为宜。

（3）加校正因子的主成分自身对照法　测定杂质含量时，可采用加校正因子的主成分自身对照法。在建立方法时，按各品种项下的规定，精密称（量）取待测物对照品和参比物质对照品各适量，配制待测杂质校正因子的溶液，进样，记录色谱图，按式（8-7）计算待测杂质的校正因子。

$$校正因子 = \frac{c_A / A_A}{c_B / A_B} \tag{8-7}$$

式中，c_A—待测物的浓度；A_A—待测物的峰面积或峰高；c_B—参比物质的浓度；A_B—参比物质的峰面积或峰高。

也可精密称（量）取主成分对照品和杂质对照品各适量，分别配制成不同浓度的溶液，进样，记录色谱图，绘制主成分浓度和杂质浓度对其峰面积的回归曲线，以主成分回归直线斜率与杂质回归直线斜率的比计算校正因子。校正因子可直接载入各品种项下，用于校正杂质的实测峰面积，需作校正计算的杂质，通常以主成分为参比，采用相对保留时间定位，其数值一并载入各品种项下。测定杂质含量时，按各品种项下规定的杂质限度，将供试品溶液稀释成与杂质限度相当的溶液，作为对照溶液，进样，记录色谱图，必要时，调节纵坐标范围（以噪声水平可接受为限），使对照溶液的主成分色谱峰的峰高达满程的10%~25%。除另有规定外，通常含量低于0.5%的杂质，峰面积测量值的相对标准偏差（RSD）应小于10%；含量在0.5%~2%的杂质，峰面积测量值的RSD应小于5%；含量大于2%的杂质，峰面积测量值的RSD应小于2%。然后，取供试品溶液和对照溶液适量，分别进样。除另有规定外，供试品溶液的记录时间，应为主成分色谱峰保留时间的2倍，测量供试品溶液色谱图上各杂质的峰面积，分别乘以相应的校正因子后与对照溶液主成分的峰面积比较，计算各杂质含量。

（4）不加校正因子的主成分自身对照法　测定杂质含量时，若无法获得待测杂质的校正因子或校正因子可以忽略时，也可采用不加校正因子的主成分自身对照法。同上述（3）法配制对照溶液、进样、调节纵坐标范围和计算峰面积的相对标准偏差后，取供试品溶液和对照品溶液适量，分别进样。除另有规定外，供试品溶液的记录时间应为主成分色谱峰保留时间的2倍，测量供试品溶液色谱图上各杂质的峰面积，并与对照溶液主成分的峰面积比较，依法计算杂质含量。

（5）面积归一化法　按各品种项下的规定，配制供试品溶液，取一定量进样，记录色谱图。测量各峰的面积和色谱图上除溶剂峰以外的总色谱峰面积，计算各峰面积占总峰面积的百分率。用于杂质检查时，由于仪器响应的线性限制，峰面积归一化法一般不宜用于微量杂质的检查。

（6）其他　如适用，也可使用其他方法，如标准曲线法等，并在品种正文项下注明。

实训一　高效液相色谱法测定化妆品中甲基异噻唑啉酮等防腐剂的含量

本方法规定了高效液相色谱法测定化妆品中甲基异噻唑啉酮等防腐剂的含量。本方法适用于水剂类、膏霜类、乳液类、凝胶类、油剂类、粉类和蜡基类化妆品中甲基异噻唑啉酮等 23 种原料含量的测定。本方法所指的 23 种原料包括甲基异噻唑啉酮、2 - 溴 - 2 - 硝基丙烷 - 1,3 二醇、4 - 羟基苯甲酸、甲基氯异噻唑啉酮、苯甲醇、苯氧乙醇、苯甲酸、4 - 羟基苯甲酸甲酯、氯苯甘醚、脱氢乙酸、5 - 溴 - 5 - 硝基 - 1,3 - 二噁烷、4 - 羟基苯甲酸乙酯、4 - 羟基苯甲酸异丙酯、4 - 羟基苯甲酸丙酯、4 - 羟基苯甲酸苯酯、4 - 羟基苯甲酸异丁酯、4 - 羟基苯甲酸丁酯、4 - 羟基苯甲酸苄酯、苯甲酸乙酯、4 - 羟基苯甲酸戊酯、苯甲酸异丙酯、苯甲酸丙酯和苯甲酸苯基酯。

以甲醇为溶剂提取样品中甲基异噻唑啉酮等 23 种原料，用高效液相色谱仪分离，二极管阵列检测器检测，采用保留时间和紫外光图谱定性，峰面积定量，以标准曲线法计算含量。本方法中各原料的检出限、定量下限和取样量为 1g 时的检出浓度、最低定量浓度见表 8 - 2。

表 8 - 2　各组分的检出限、定量下限、检出浓度和最低定量浓度

组分名称	检出限（μg）	定量下限（μg）	检出浓度（μg/g）	定量浓度（μg/g）
甲基异噻唑啉酮	0.20	0.60	0.20	0.60
2 - 溴 - 2 - 硝基丙烷 - 1,3 - 二醇	5.0	15	5.0	15
4 - 羟基苯甲酸	0.70	2.0	0.70	2.0
甲基氯异噻唑啉酮	0.20	0.60	0.20	0.60
苯甲醇	10	30	10	30
苯氧乙醇	7.0	20	7.0	20
苯甲酸	1.7	5.0	1.7	5.0
4 - 羟基苯甲酸甲酯	0.40	1.0	0.40	1.0
氯苯甘醚	1.0	3.0	1.0	3.0
脱氢乙酸	1.0	3.0	1.0	3.0
5 - 溴 - 5 - 硝基 - 1,3 - 二噁烷	8.0	25	8.0	25
4 - 羟基苯甲酸乙酯	0.80	2.5	0.80	2.5
4 - 羟基苯甲酸异丙酯	0.80	2.5	0.80	2.5
4 - 羟基苯甲酸丙酯	0.80	2.5	0.80	2.5
4 - 羟基苯甲酸苯酯	1.0	3.0	1.0	3.0
4 - 羟基苯甲酸异丁酯	1.0	3.0	1.0	3.0
4 - 羟基苯甲酸丁酯	1.0	3.0	1.0	3.0
4 - 羟基苯甲酸苄酯	1.0	3.0	1.0	3.0
苯甲酸乙酯	2.0	6.0	2.0	6.0
4 - 羟基苯甲酸戊酯	2.0	6.0	2.0	6.0
苯甲酸异丙酯	2.0	7.0	2.0	7.0
苯甲酸丙酯	2.0	7.0	2.0	7.0
苯甲酸苯基酯	2.7	8.0	2.7	8.0

【试剂和材料】

除另有规定外，本方法所用试剂均为分析纯或以上规格，水为 GB/T 6682 规定的一级水。

（1）甲醇（色谱纯）。

（2）乙腈（色谱纯）。

（3）二甲亚砜（色谱纯）。

（4）磷酸（优级纯）。

（5）磷酸水溶液　量取磷酸（3.4）1.2ml，加水至1000ml，混匀。

（6）混合标准储备溶液　准确称取甲基异噻唑啉酮等 23 种原料的标准品适量，精确至 0.0001g，置于同一容量瓶中，先用 2ml 二甲亚砜溶解，再用乙腈定容至刻度，摇匀，置于 4℃冰箱中冷藏保存。各原料浓度见表 8－3。

表 8－3　各组分储备溶液浓度及标准系列浓度

组分名称	混合标准储备溶液浓度（g/L）
甲基异噻唑啉酮	0.60
2－溴－2－硝基丙烷－1,3－二醇	15
4－羟基苯甲酸	2.0
甲基氯异噻唑啉酮	0.60
苯甲醇	30
苯氧乙醇	20
苯甲酸	5.0
4－羟基苯甲酸甲酯	1.0
氯苯甘醚	3.0
脱氢乙酸	3.0
5－溴－5－硝基－1,3－二噁烷	25
4－羟基苯甲酸乙酯	2.5
4－羟基苯甲酸异丙酯	2.5
4－羟基苯甲酸丙酯	2.5
4－羟基苯甲酸苯酯	3.0
4－羟基苯甲酸异丁酯	3.0
4－羟基苯甲酸丁酯	3.0
4－羟基苯甲酸苄酯	3.0
苯甲酸乙酯	6.0
4－羟基苯甲酸戊酯	6.0
苯甲酸异丙酯	7.0
苯甲酸丙酯	7.0
苯甲酸苯基酯	8.0

【仪器和材料】

高效液相色谱仪（二极管阵列检测器）；天平；超声波清洗器；离心机；旋涡振荡器；0.22μm滤膜。

【分析步骤】

1. 混合标准系列溶液的制备　取混合标准储备溶液适量，用甲醇稀释得混合标准系列溶液，各原料标准系列溶液浓度见表8－4。混合标准系列溶液应现用现配。

表8－4　甲基异噻唑啉酮等23种原料标准系列溶液浓度

组分名称	混合标准系列溶液浓度（μg/ml）					
甲基异噻唑啉酮	0.060	0.3	1.5	7.5	15	30
2－溴－2－硝基丙烷－1,3－二醇	1.5	7.5	37.5	187.5	375	750
4－羟基苯甲酸	0.20	1.0	5	25	50	100
甲基氯异噻唑啉酮	0.060	0.3	1.5	7.5	15	30
苯甲醇	3.0	15	75	375	750	1500
苯氧乙醇	2.0	10	50	250	500	1000
苯甲酸	0.5	2.5	12.5	62.5	125	250
4－羟基苯甲酸甲酯	0.10	0.50	2.5	12.5	25	50
氯苯甘醚	0.30	1.5	7.5	37.5	75	150
脱氢乙酸	0.30	1.5	7.5	37.5	75	150
5－溴－5－硝基－1,3－二噁烷	2.5	12.5	62.5	312.5	625	1260
4－羟基苯甲酸乙酯	0.25	1.25	6.25	31.25	62.5	125
4－羟基苯甲酸异丙酯	0.25	1.25	6.25	31.25	62.5	125
4－羟基苯甲酸丙酯	0.25	1.25	6.25	31.25	62.5	125
4－羟基苯甲酸苯酯	0.30	1.5	7.5	37.5	75	150
4－羟基苯甲酸异丁酯	0.30	1.5	7.5	37.5	75	150
4－羟基苯甲酸丁酯	0.30	1.5	7.5	37.5	75	150
4－羟基苯甲酸苄酯	0.30	1.5	7.5	37.5	75	150
苯甲酸乙酯	0.60	3.0	15	75	150	300
4－羟基苯甲酸戊酯	0.60	3.0	15	75	150	300
苯甲酸异丙酯	0.79	3.5	17.5	87.5	175	350
苯甲酸丙酯	0.79	3.5	17.5	87.5	175	350
苯甲酸苯基酯	0.80	4.0	20	100	200	400

2. 样品处理　准确称取样品1.0g，精确至0.001g，置于具塞比色管中，加入甲醇8ml，涡旋振荡30秒，使试样与提取溶剂充分混匀，超声提取20分钟（工作频率20～43kHz，200W），用甲醇定容至10ml，摇匀，以10000r/min离心5分钟。上清液经0.22μm滤膜过滤，取滤液作为待测溶液。粉类基质样品先加入1ml水，蜡基样品先加1～2ml四氢呋喃，使样品均匀分散，再加入甲醇进行提取。

3. 参考色谱条件

色谱柱：C_{18}柱（250mm×4.6mm×5μm），或等效色谱柱。

流动相：A：磷酸水溶液，B：乙腈；梯度洗脱程序详见表8－5。

表8-5 流动相梯度洗脱程序

时间/min	V (A)/%	V (B)/%
0.0	90	10
5.0	90	10
29.0	50	50
41.0	65	35
52.0	35	65
57.0	5	95
62.0	90	10
67.0	90	10

流速：1.0ml/min；柱温：30℃；进样量：10μl；检测波长：甲基异噻唑啉酮、甲基氯异噻唑啉酮、苯氧乙醇、脱氢乙酸的测定采用280nm，4-羟基苯甲酸、苯甲醇、4-羟基苯甲酸甲酯、4-羟基苯甲酸乙酯、4-羟基苯甲酸异丙酯、4-羟基苯甲酸丙酯、4-羟基苯甲酸苯酯、4-羟基苯甲酸异丁酯、4-羟基苯甲酸丁酯、4-羟基苯甲酸苄酯、4-羟基苯甲酸戊酯的测定采用254nm，2-溴-2-硝基丙烷-1,3-二醇、苯甲酸、氯苯甘醚、5-溴-5-硝基-1,3-二噁烷、苯甲酸乙酯、苯甲酸异丙酯、苯甲酸丙酯、苯甲酸苯基酯的测定采用230nm。脱氢乙酸的测定也可选择采用310nm。

4. 测定 取混合标准系列溶液分别进样，进行色谱分析，以标准系列溶液浓度为横坐标，峰面积为纵坐标，绘制标准曲线。取待测溶液进样，进行色谱分析，根据保留时间和紫外光图谱定性，测得峰面积，根据标准曲线得到待测溶液中各测定原料的浓度，按式（8-8）计算计算样品中各待测原料的含量。

注：①4-羟基苯甲酸与4-羟基苯甲酸盐保留时间一致，苯甲酸与苯甲酸盐保留时间一致，脱氢乙酸与脱氢乙酸盐保留时间一致，测定结果均以酸计。②4-羟基苯甲酸丁酯和4-羟基苯甲酸异丁酯为同分异构体。若样品中检出4-羟基苯甲酸异丁酯或4-羟基苯甲酸苄酯时，应注意与4-羟基苯甲酸丁酯的分离度，若未达到基线分离，建议采取峰谷分割的积分方式。

【分析结果的表述】

1. 计算

$$\omega = \frac{\rho \times V \times D}{m} \qquad (8-8)$$

式中，ω—样品中甲基氯异噻唑啉酮等12种组分的质量分数，μg/g；m—样品取样量，g。ρ—从标准曲线上得到待测组分的质量浓度，mg/L；V—样品定容体积，ml；D—稀释倍数（如未稀释则为1）。

在重复性条件下获得的两次独立测试结果的绝对差值不得超过算术平均值的10%。

2. 回收率和精密度 多家实验室验证在定量下限浓度附近回收率为80.0%~115.0%，相对标准偏差小于等于9.7%；其他浓度回收率为81.9%~114.6%，相对标准偏差小于等于9.5%。

【图谱】

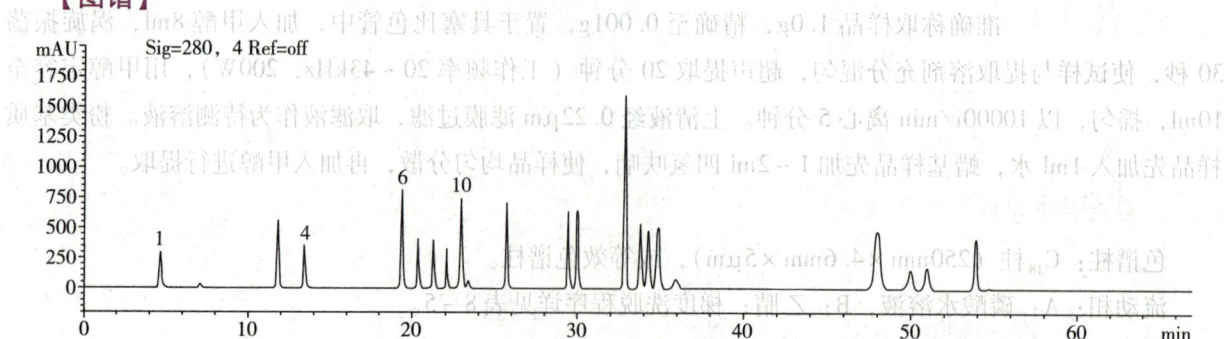

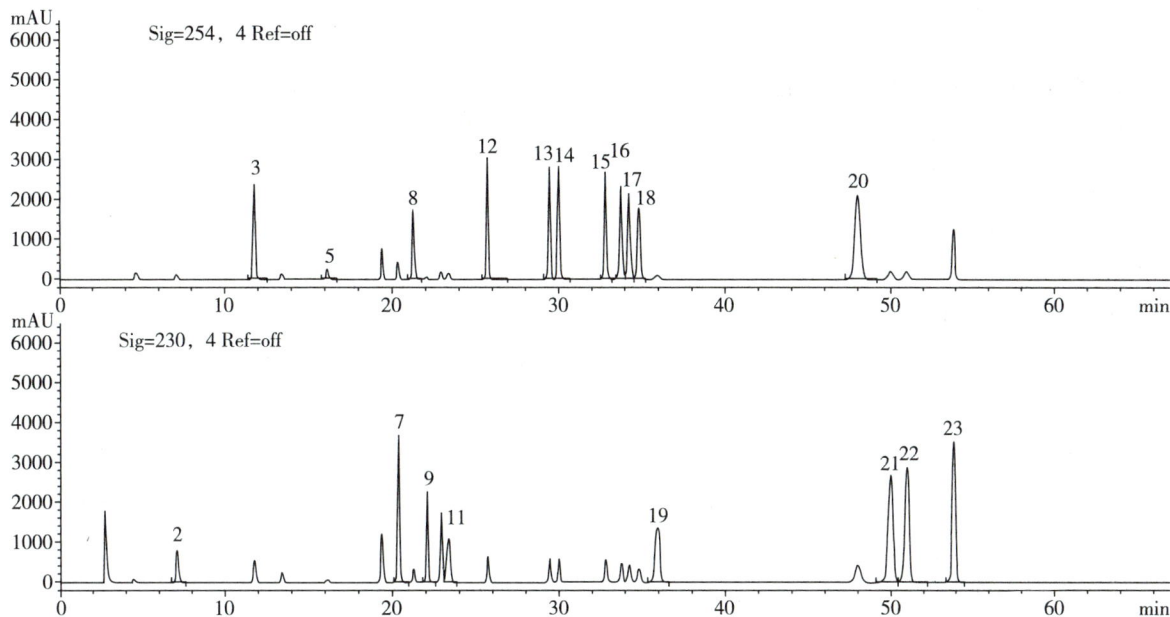

图 8-9　混合标准溶液色谱图

注：此图引自《化妆品安全技术规范》（2015版）

1. 甲基异噻唑啉酮，2. 2-溴-2-硝基丙烷-1,3-二醇，3. 4-羟基苯甲酸，4. 甲基氯异噻唑啉酮，5. 苯甲醇，6. 苯氧乙醇，

7. 苯甲酸，8. 4-羟基苯甲酸甲酯，9. 氯苯甘醚，10. 脱氢乙酸，11. 5-溴-5-硝基-1,3-二噁烷，12. 4-羟基苯甲酸乙酯，

13. 4-羟基苯甲酸异丙酯，14. 4-羟基苯甲酸丙酯，15. 4-羟基苯甲酸苯酯，16. 4-羟基苯甲酸异丁酯，17. 4-羟基苯甲酸丁酯，

18. 4-羟基苯甲酸苄酯，19. 苯甲酸乙酯，20. 4-羟基苯甲酸戊酯，21. 苯甲酸异丙酯，22. 苯甲酸丙酯，23. 苯甲酸苯基酯

实训二　柱前衍生-高效液相色谱法测定化妆品中游离甲醛含量

本方法规定了柱前衍生化液相色谱-紫外检测器法测定化妆品中甲醛的含量。本法适用于化妆品中甲醛含量的测定。样品中的甲醛与2,4-二硝基苯肼反应生成黄色的2,4-二硝基苯腙（方程式如下）衍生物，经高效液相色谱仪分离，紫外检测器在355nm波长下检测，根据保留时间定性，峰面积定量，以标准曲线法计算含量。

本方法对甲醛的检出限为0.01μg，定量下限为0.052μg；取样量为0.2g时，检出浓度为0.001%，最低定量浓度为0.0052%。

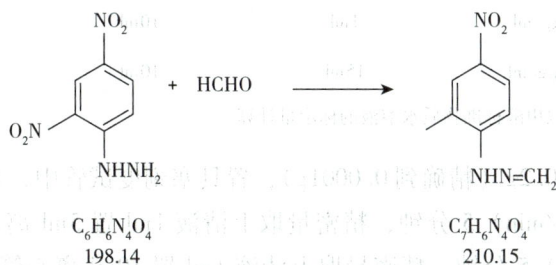

【试剂和材料】

除另有规定外，本方法所用试剂均为分析纯或以上规格，水为GB/T 6682规定的一级水。

（1）甲醛标准物质水溶液。

（2）2,4-二硝基苯肼（纯度 ≥ 99.0%）。

（3）三氯甲烷（色谱纯，含量 ≥ 99.9%）。

（4）盐酸（$\rho_{20}=1.19\mathrm{g/ml}$）。

（5）氢氧化钠。

（6）磷酸氢二钠（$Na_2HPO_4 \cdot 12H_2O$）。

（7）磷酸二氢钠（$NaH_2PO_4 \cdot 2H_2O$）。

（8）乙腈（色谱纯）。

（9）甲醇（色谱纯）。

（10）去离子水。

（11）2,4-二硝基苯肼盐酸溶液　称取2,4-二硝基苯肼0.20g，置于锥形瓶中，加浓盐酸40ml使溶解（必要时可超声助溶），加去离子水60ml，摇匀，即得。

（12）氢氧化钠溶液（1mol/L）　称取氢氧化钠10g，加水适量溶解后，转移到250ml量瓶中，用去离子水稀释并定容至刻度，摇匀，即得。

（13）磷酸缓冲溶液（0.5mol/L）　精密称取磷酸二氢钠（$NaH_2PO_4 \cdot 2H_2O$）2.28g和磷酸氢二钠（$Na_2HPO_4 \cdot 12H_2O$）12.67g，加水适量溶解后，转移到100ml量瓶中，加水稀释至刻度，摇匀，即得。

（14）乙腈水溶液　量取乙腈180ml，置锥形瓶中，加水20ml，摇匀，即得。

（15）标准储备溶液　精密量取甲醛标准物质水溶液适量，置10ml量瓶中，加乙腈水溶液稀释至刻度，摇匀，即得浓度约为1.04mg/ml的甲醛标准储备溶液。

【仪器和材料】

高效液相色谱仪（紫外检测器）；天平；超声波清洗仪；离心机；涡旋振荡器。

【分析步骤】

1. 标准系列溶液的制备　取甲醛标准储备溶液，按照表8-6配制甲醛标准系列溶液。

表8-6　甲醛标准系列溶液

工作溶液	溶液初始浓度	量取体积	定容终体积	标准系列溶液终浓度
储备溶液	10.4mg/ml	1ml	10ml	1.04mg/ml
标准溶液1	10.4mg/ml	2.5ml	10ml	260μg/ml
标准溶液2	10.4mg/ml	2ml	10ml	208μg/ml
标准溶液3	1.04mg/ml	1ml	10ml	104μg/ml
标准溶液4	104μg/ml	5ml	10ml	52.0μg/ml
标准溶液5	104μg/ml	1ml	10ml	10.4μg/ml
标准溶液6	10.4μg/ml	15ml	10ml	5.2μg/ml

注：甲醛标准储备溶液的初始浓度应以甲醛标准物质水溶液的标示量计算。

2. 样品处理　称取样品0.2g（精确到0.0001g），置具塞刻度试管中，加乙腈水溶液至2ml，涡旋2分钟，使混匀，离心（5000r/min）5分钟，精密量取上清液1ml置5ml离心管中，加水2ml，涡旋30秒，必要时离心（5000r/min）5分钟，精密量取上清液1ml置10ml离心管中，加2,4-二硝基苯肼盐酸溶液0.4ml，涡旋1分钟，静置2分钟，加磷酸缓冲液0.4ml，再加氢氧化钠溶液约1.9ml调至中性，涡旋10秒，然后加4ml三氯甲烷，涡旋3分钟，离心（5000r/min）10分钟，取三氯甲烷层溶液1ml置离心管中，离心（5000r/min）10分钟，取三氯甲烷层溶液，作为样品待测溶液，备用。

3. 参考色谱条件

色谱柱：C_{18}柱（250mm×4.6mm×5m），或等效色谱柱。

流动相：甲醇 + 水（60 + 40）。

流速：1.0mL/min。

检测波长：355nm。

柱温：25℃。

进样量：10μl。

4. 测定　在上述色谱条件下，精密量取甲醛标准系列溶液各 1ml 置 5ml 离心管中，加水 2ml，涡旋 30 秒，必要时离心（5000r/min）5 分钟，精密量取上清液 1ml 置 10ml 离心管中，加 2,4 - 二硝基苯肼盐酸溶液 0.4ml，涡旋 1 分钟，静置 2 分钟，加磷酸缓冲液 0.4ml，再加氢氧化钠溶液约 1.9ml 调至中性，涡旋 10 秒，然后精密加入 4ml 三氯甲烷，涡旋 3 分钟，离心（5000r/min）10 分钟，取三氯甲烷层溶液 1ml 置离心管中，离心（5000r/min）10 分钟，取三氯甲烷层溶液，作为标准曲线待测溶液。取本液分别进样，记录色谱图，以标准系列溶液浓度为横坐标，甲醛衍生物 2,4 - 二硝基苯腙的峰面积为纵坐标，绘制标准曲线。取品待测溶液进样，记录色谱图，根据测得的甲醛衍生物 2,4 - 二硝基苯腙的峰面积，从标准曲线得到待测溶液中游离甲醛的质量浓度。按式（8 - 9）计算样品中游离甲醛的含量。

【分析结果的表述】

1. 计算

$$\omega = \frac{\rho \times V}{m \times 1000} \times 100 \qquad (8-9)$$

式中，ω —样品中游离甲醛的含量,%；m—样品取样量，g；ρ —从标准曲线得到甲醛的质量浓度，mg/ml；V—样品定容体积，本方法为 2ml。

在重复性条件下获得的两次独立测定结果的绝对差值不得超过算术平均值的 10%。

2. 回收率和精密度　方法回收率为 99.9% ~ 104%，相对标准偏差小于 7%（n = 6）。

【图谱】

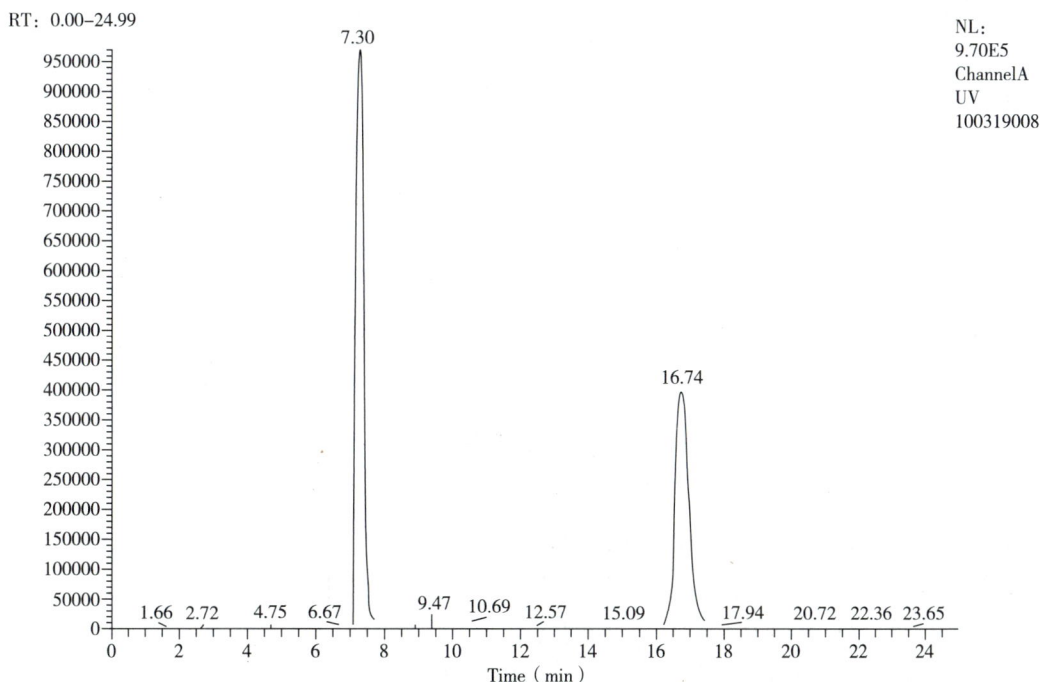

图 8 - 10　甲醛标准溶液衍生化反应后的色谱图

甲醛衍生物（2,4 - 二硝基苯腙）（16.74min）　注：此图引自《化妆品安全技术规范》（2015 版）

目标检测

答案解析

一、填空题

1. 高效液相色谱由 _____ 、 _____ 、 _____ 、 _____ 、 _____ 五部分组成。

2. 流动相使用前必须先 _____ 。

3. 系统适用性试验包括 _____ 、 _____ 、 _____ 、 _____ 四个指标。

4. 梯度洗脱有两种实现方式： _____ 、 _____ 。

二、选择题

1. 在高效液相色谱流程中，试样混合物在何仪器中被分离

    A. 检测器　　　　　B. 记录器　　　　　C. 色谱柱　　　　　D. 进样器

2. 液相色谱流动相过滤必须使用何种粒径的过滤膜

    A. 0.5μm　　　　　B. 0.45μm　　　　　D. 0.6μm　　　　　D. 0.55μm

3. 在液相色谱中，为了改变色谱柱的选择性，可以进行如下哪些操作

    A. 改变流动相的种类或柱子

    B. 改变固定相的种类或柱长

    C. 改变固定相的种类和流动相的种类

    D. 改变填料的粒度和柱长

4. 在液相色谱中，为了改变柱子的选择性，可以进行如下哪些操作

    A. 改变柱长　　　　　　　　　　B. 改变填料粒度

    C. 改变流动相或固定相种类　　　D. 改变流动相的流速

5. 液相色谱中通用型检测器是

    A. 紫外吸收检测器　　　　　　　B. 示差折光检测器

    C. 热导池检测器　　　　　　　　D. 氢焰检测器

6. 在液相色谱法中，提高柱效最有效的途径是

    A. 提高柱温　　　　　　　　　　B. 降低板高

    C. 降低流动相流速　　　　　　　D. 减小填料粒度

三、判断题

1. 液相色谱分析时，增大流动相流速有利于提高柱效能。

2. 高效液相色谱流动相过滤效果不好，可引起色谱柱堵塞。

3. 高效液相色谱分析的应用范围比气相色谱分析的大。

4. 反相键合相色谱柱长期不用时，必须保证柱内充满甲醇流动相。

5. 高效液相色谱分析中，使用示差折光检测器时，可以进行梯度洗脱。

6. 在液相色谱法中，提高柱效最有效的途径是减小填料粒度。

7. 由于高效液相色谱流动相系统的压力非常高，因此只能采取阀进样。

8. 高效液相色谱仪的色谱柱可以不用恒温箱，一般可在室温下操作。

9. 高效液相色谱中，色谱柱前面的预置柱会降低柱效。

四、简答题

1. 为什么作为高效液相色谱仪的流动相，在使用前必须过滤、脱气？

2. 高效液相色谱有哪几种定量方法？其中哪种是比较精确的定量方法，并简述之。

五、计算题

1. 一液体混合物中，含有苯、甲苯、邻二甲苯、对二甲苯。用气相色谱法，以热导池为检测器进行定量，苯的峰面积为 $1.26cm^2$，甲苯为 $0.95cm^2$，邻二甲苯为 $2.55cm^2$，对二甲苯为 $1.04cm^2$。求各组分的百分含量？（重量校正因子：苯 0.780，甲苯 0.794，邻二甲苯 0.840. 对二甲苯 0.812）。

2. 用热导池为检测器的气相色谱法分析仅含乙醇、庚烷、苯和乙酸乙酯的混合试样测得它们的峰面积分别为：$5.00cm^2$、$9.00cm^2$、$4.00cm^2$ 和 $7.00cm^2$，它们的重量相对校正因子分别为：0.64、0.70、0.78 和 0.79。求它们各自质量分数。

3. 用一理论塔板数 n 为 6400 的柱子分离某混合物。从色谱图上测得组分 A 的 t_R，A 为 14 分钟 40 秒，组分 B 的 t_R，B 为 15 分钟。求：

（1）组分 A、B 的分离度 R。

（2）假设保留时间不变，要使 A、B 两组分刚好完全分开，需要理论塔板数。

书网融合……

项目小结

习题

项目九　离子色谱法

学习目标

【知识目标】

1. 掌握离子色谱法的定义、分类与原理。

2. 熟悉离子色谱在化妆品检测中的应用。

3. 了解离子色谱仪的组成和操作。

【技能目标】

1. 能够熟练操作离子色谱仪，设置和调节流速、温度、压力等仪器参数。

2. 能够根据不同的离子目标，选择合适的柱子类型、流动相组成、温度等条件进行方法优化。

3. 能够正确解读离子色谱图谱，判断峰的形状、保留时间、峰面积等参数，并根据标准曲线等方法对样品中目标离子的浓度进行定量分析。

4. 能够处理常见的离子色谱仪器故障并对仪器进行维护和保养，保证离子色谱仪器的正常运行。

【素质目标】

1. 培养学生的实验设计能力和分析解决问题的能力。

2. 培养学生的科学价值观和严谨的科学态度。

3. 培养学生的实践探索精神和创新意识。

岗位情景模拟

情景描述　硼酸和硼酸盐、乙醇胺属于化妆品禁用原料，化妆品质量控制中常涉及对硼酸和硼酸盐、乙醇胺等原料含量的检测。如果您是一名化妆品质量检验人员，请思考以下问题。

讨论　1. 您会遵循何种标准或者规范去对化妆品硼酸和硼酸盐、乙醇胺的含量进行测定？

　　2. 您会采用什么样的分析方法获得更加高效、准确的检测结果？

任务一　初识离子色谱分析法

一、离子色谱的定义和进展

离子色谱（ion chromatography，IC）是利用离子交换原理和液相色谱技术测定溶液中阴离子、阳离子和小分子极性有机化合物的一种液相色谱分析方法。离子色谱是利用不同离子对固定相亲和力的差别来实现分离的，是液相色谱的一种形式，主要用于分离和分析带电荷的物质，如离子和极性分子。溶液中离子型化合物的检测是经典分析化学的主要内容。对阳离子的分析，已有多种快速而灵敏的分析方法，如原子吸收、高频电感耦合等离子体发射光谱和 X 射线荧光分析法等，而对阴离子的分析，长期以来缺乏同时检测多种阴离子的快速灵敏方法，一直是沿用经典的容量法、重量法和光度法等。这些方法不能同时分析多种离子，操作步骤冗长费时，需用多种化学试剂，灵敏度低而且干扰多。还有小分子有机酸和有机胺类等组分，通常难以用其他仪器和方法分析。离子色谱法分析具有快速、灵敏、选择性强、可同时多组分分析、有机溶剂使用少等优点，在环境监测、水质分析、工业生产、医疗卫生、食药及化妆品安全等领域得到广泛应用。

离子色谱（IC）法使用的前提是被测组分在流动相中能够解离成离子，否则无法进行离子交换。离子色谱是利用离子交换树脂为固定相对样品中的离子进行分离，分离是根据电荷进行的，然后用合适的检测器检测，通常是电导检测器，对离子进行分离和定量分析。

离子色谱不同于气相色谱（GC）与高效液相色谱（HPLC）的独特选择性，是其快速发展的推动力。从离子色谱问世至今，已经发生了巨大的变化。在其初期，IC 主要用于常见阴离子的分析，而今，IC 已是一项成熟的分析技术，成为分析无机阴离子与小分子极性有机阴离子的首选方法。离子色谱也广泛应用于阳离子的分析，但由于有多种灵敏的多元素分析方法（特别是 ICP－MS），IC 在阳离子分析中尚未起主要作用。离子交换是 IC 的主要分离方式，离子排斥和离子对色谱在离子型和水可溶有机离子的分析中也起着重要的补充作用。离子色谱中，电导检测器是最通用的检测器，紫外/可见（UV/Vis）、安培或脉冲安培、荧光以及 ICP－MS 等元素特征检测器也得到广泛应用。IC 法早期发展的主要推动力是阴离子的分析，如一次进样，8 分钟内可同时测定几微克每升至数百毫克每升数量级的 F^-、Cl^-、NO_2^-、Br^-、NO_3^-、HPO_4^{2-} 和 SO_4^{2-} 等多种阴离子，因此 IC 问世之后很快就成为分析阴离子的首选方法。

淋洗液在线发生器与自动再生电解抑制器这两项新技术的发展，加速了离子色谱应用的发展。只用水而不用化学试剂进行分析任务，而且废液也是清洁的水的技术，分析化学中几乎找不到先例。

二、离子色谱法的分类

离子色谱的分离机理主要是离子交换，根据分离带电碎片的机制不同，分为离子交换色谱法、离子排阻色谱法和离子对色谱法。

1. 离子交换色谱法　离子交换色谱法（ion exchange chromatography，IEX）是最常见的离子色谱分析方法，离子交换分离是基于流动相中溶质离子（样品离子）与固定相上的离子交换基团之间发生的离子交换。对高极化度和疏水性较强的离子，分离机制中还包括非离子交换的吸附过程。离子交换色谱主要用于无机、有机阴离子和阳离子的分离。目前用于阴离子分离的离子交换树脂的功能基主要是季铵基，用于阳离子分离的离子交换树脂的功能基主要是磺酸基和羧酸基。

离子交换色谱法可以分离有机和无机分子，在分离带电生物大分子方面作用特别明显，包括氨基酸、蛋白质、碳水化合物和核酸。由于蛋白质等分子具有特殊的三位结构，其表面有可电离的基团，在一定的 pH 下，表面净电荷与保留时间具有相关性。流动相中的样品离子可与固定相上带相反电荷的键基之间发生交换，分析阴离子时，采用带正电荷功能团的阴离子交换柱，分析阳离子时，采用带负电荷功能团的阳离子交换柱。离子交换时，先采用含有低盐浓度的流动相缓冲剂，使待测物质与离子交换柱结合，然后不断增加盐分梯度或 pH，使待测物质从柱子上洗脱。洗脱下来的待测物质常采用电导检测器检测，也可使用安培法、紫外或荧光检测器。

2. 离子排阻色谱法　离子排阻色谱法（ion exclusion chromatography，IEC）的分离机制包括 Donnan 排斥、空间排阻和吸附过程。固定相主要是高容量的总体磺化的聚苯乙烯－二乙烯基苯阳离子交换树脂。离子排斥色谱主要用于有机酸、无机弱酸和醇类的分离。离子排阻色谱法的一个特别的优点是可用于弱的无机酸和有机酸与在高酸性介质中完全离解的强酸的分离，强酸不被保留，在无效体积被洗脱。

离子排阻色谱法多用于糖类、酒精和有机酸的分析，特别适用于分离强电解质与弱电解质和非电解质。与离子交换色谱法不同的是，离子排阻色谱法使用的离子交换树脂上的电荷与待测的电离物质电荷相同，其分离机制是利用溶质和固定相之间的唐南排斥（Donnan exclusion）、吸附和空间排阻作用从而达到分离。强酸性阳离子交换树脂的唐南排斥作用特别显著，完全离解的强电解质受负电荷层排斥而不被固定相保留，而未离解的化合物不受排斥，进入树脂的内微孔被吸附保留，保留时间与有机酸的烷基键的长度有关，通常烷基键越长，保留时间越长。对于二元、三元羧酸的分离，空间排斥则起主要作用，保留时间主要取决于样品分子的大小。

3. 离子对色谱法　离子对色谱法（ionpair chromatography，IPC）主要分离机制是吸附，其固定相主要是弱极性和高比表面积的中性多孔聚苯乙烯－二乙烯基苯树脂和弱极性的辛烷或十八烷基键合的硅胶两类。分离的选择性主要由流动相决定。有机改进剂和离子对试剂的选择取决于待测离子的性质。

离子对色谱主要用于表面活性的阴离子和阳离子以及金属络合物的分离。采用带相反电荷的离子配对试剂与待测物质混合形成静电键，使待测物质和离子试剂成为中性的疏水分子。离子配对试剂有一个疏水的尾部和极性的头部，很像肥皂，因此又被称为"肥皂色谱法"。用于阴离子分离的对离子是烷基胺类，如氢氧化四丁基铵、氢氧化十六烷基三甲烷等；用于阳离子分离的对离子是烷基磺酸类，如己烷磺酸钠、庚烷磺酸钠等。IPC 通常使用不带电的反相柱（如苯乙烯－二乙烯苯树脂、C_{18} 柱，C_8 柱、CN 柱），形成的中性非极性分子可以吸附在疏水性的固定相上。对离子的—CH_2键越长，则离子对化合物在固定相的保留越强。分离的选择性主要由流动相决定。

🔖 知识链接

离子色谱（IC）与高效液相色谱（HPLC）

与 HPLC 不同，IC 中改变选择性的关键因素是固定相，分离柱是 IC 的关键部件，新的离子交换固定相的研究一直是 IC 发展中最具挑战性的目标，是 IC 研究的热点。为了改变与改善选择性，研制离子色谱的公司已发展了数十种分离柱，如美国 Dionex 公司（2011 年之后合并入 Thermo Fisher Scientific）已经商品化的阴离子交换分离柱近 40 种，阳离子交换分离柱近 20 种。固定相的几个主要发展是：改进树脂的表面化学性质，用新的键合官能团与结构获得新的离子交换选择性，改进离子交换剂的水解与热稳定性和亲水性以扩大应用范围；增加柱容量，改进直接进样分析含高浓度基质的复杂样品的能力；减小树脂的粒度，提高柱效；减小柱子的直径，可与选择性好、灵敏度高的多元素分析仪器（如 IC－MS、AFS、ESI－MS 等）联用，毛细管离子色谱已经商品化。

当被分析的对象是离子或可离子化的化合物时，离子色谱法是一个可选择的分析方法，IC 提供的分离选择性是对反相 HPLC 的补充，由于分离机制不同，增加了检测被分析的对象的概率。元素的价态与形态分析是分析化学关注的难点之一，离子的不同价态与形态是影响其在离子交换色谱柱上保留的关键因素，因此可在离子色谱柱上很好地被保留与分离，离子色谱与 ICP－MS、AFS 等联用，检测的浓度可低至 pg/L。

高效液相色谱中的固定相主要是硅胶，硅胶稳定的 pH 范围是 2~8。有机高聚物基质离子交换剂在 pH 0~14 和与水互溶的有机溶剂中稳定，因此可用强的酸和碱以及有机溶剂作流动相。IC 的应用已从主要做无机阴、阳离子的分析扩展到有机化合物的分析，特别是难以用 GC 和 HPLC 分析的极性较强的水溶性化合物的分析。

任务二　离子色谱仪

离子色谱仪是高效液相色谱仪的一种，故又称高效离子色谱（HPIC），其色谱柱的树脂具有很高的交联度和较低的交换容量，进样体积很小，用柱塞泵输送淋洗液通常对淋出液进行在线自动连续电导检测。

一、离子色谱仪的工作原理

高效离子色谱分离的原理是基于离子交换树脂上可离解的离子与流动相中具有相同电荷的溶质离子之间进行的可逆交换，以及分析物溶质对交换剂亲和力的差别而被分离。适用于亲水性阴、阳离子的分离。

例如阴离子的分离，样品溶液进样之后，首先与分析柱的离子交换位置之间直接进行离子交换（即被保留在柱上），如用 NaOH 作淋洗液分析样品中的 F^-、Cl^- 和 SO_4^{2-}，保留在柱上的阴离子即被淋洗液中的 OH^- 基置换并从柱上被洗脱。对树脂亲和力弱的分析物离子先于对树脂亲和力强的分析物离子依次被洗脱，这就是离子色谱分离过程。淋出液经过化学抑制器，将来自淋洗液的背景电导抑制到最小，这样当被分析物离开并进入电导池时，就有较大的可准确测量的电导信号。

二、离子色谱仪基本构造

离子色谱系统的构成与高效液相色谱（HPLC）相同，仪器由流动相传送系统、进样系统、分离系统、检测器和数据处理系统（色谱工作站除做数据处理之外，还可控制仪器，半智能地帮助选择和优化色谱条件）五个部分组成。其主要不同之处是，离子色谱的流动相要求耐酸碱腐蚀，以及在可与水互溶的有机溶剂（如乙腈、甲醇和丙酮等）中稳定的系统。因此，凡是与流动相接触的容器、管道、阀门、泵、柱子及接头等，均不宜用不锈钢材料，目前主要是用耐酸碱腐蚀的聚醚醚酮（PEEK）材料的全塑料离子色谱系统。全塑料系统和用微机控制的高精度无脉冲双往复泵，在 0 ~ 14 的整个 pH 值范围内和 0 ~ 100% 与水互溶的有机溶剂中性能稳定的柱填料和液体流路系统，以及用色谱工作站控制仪器的全部功能和做数据处理，是现代离子色谱仪的主要特点。

离子色谱仪最基本的组件是流动相传送部分，具体分两个部件，即检测器和数据处理系统。此外，可根据需要配置流动相在线脱气装置、自动进样系统、流动相抑制系统、柱后反应系统和全自动控制系统等（图 9 – 1）。

1. 分离柱　离子色谱仪的最重要部件是分离柱。柱管材料应是惰性的，一般在室温下使用。高效柱和特殊性能分离柱的研制成功，是离子色谱迅速发展的关键。抑制器是抑制型电导检测器的关键部件之一，高的抑制容量、小的无效体积、能自动连续工作、不用复杂和有害的化学试剂是现代抑制器的主要特点。

2. 检测器　离子色谱仪的检测器分为两大类，即电化学检测器和光学检测器。电化学检测器包括电导和安培检测器。电导检测器是离子色谱的主要检测器，分为抑制型和非抑制型两种。抑制器能够显著提高电导检测器的灵敏度和选择性，可用高离子交换容量的分离柱和高浓度的淋洗液。安培检测器有两种，包括单电位安培检测器（或称直流安培检测器）和多电位安培检测器（或称脉冲安培检测器）。多电位安培检测器除工作电位外，另加一个较工作电位正的清洗电位和一个较工作电位负的清洗电位，

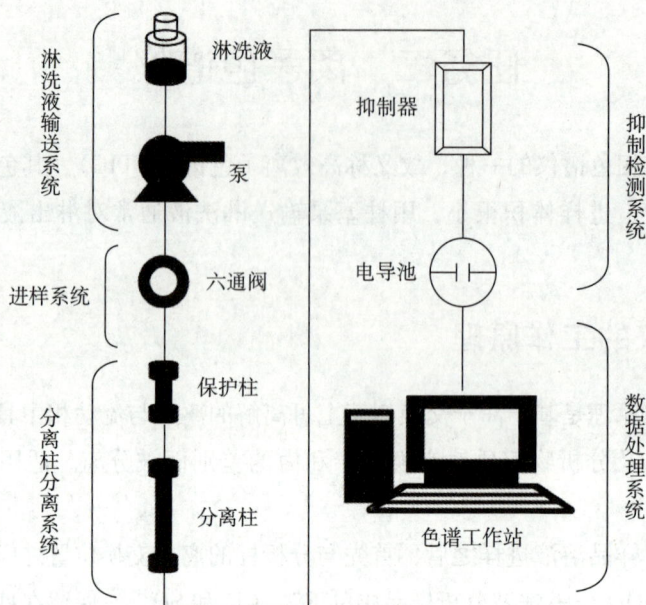

图 9 – 1　离子色谱构造示意图

用于直流安培检测器不能测定的易使电极中毒的化合物，如糖类、醇类和氨基酸等的检测。光学检测器包括紫外/可见和荧光检测器。紫外/可见检测器与普通液相色谱中所用者无明显区别，用可见波长区时，常加进柱后衍生以提高检测灵敏度与选择性。

离子色谱与 ICP – MS、MS、AFS、LED 等多元素检测器的联用，可提高方法的灵敏度与选择性，扩大离子色谱的应用范围，弥补 GC – MS 与 HPLC – MS 存在的不足。联用时，可方便地用抑制器除盐，消除对质谱离子喷雾源的影响与对质谱系统 ESI 部件的损害；在淋洗液或洗脱液中添加有机溶剂提高检测灵敏度。如对火器弹药的分析，虽然 GC – MS 与 HPLC – MS 已广泛应用，但对司法鉴定与环境检测而言，还存在缺口，有些化合物对识别与表征火器弹药至关重要，如识别氯氧化合物与氯离子、金属离子的不同形态（如 Fe^{3+} 与 Fe^{2+}）、含氮化合物（硝酸、亚硝酸、硫氰酸盐与氰酸盐等）的分析。

3. 数据处理系统（色谱工作站）　色谱的数据处理系统是现代离子色谱不可或缺的一个组成部分。借助于网络技术的发展，色谱工作站不仅做数据处理、全程控制仪器运行、实现仪器智能化与自动化，还可以实现对多系统的远程实时遥控。离子色谱工作站的作用在于控制仪器运行、采集信号、处理数据、输出报告，一般分为以下三种类型。

（1）普及型　此种工作站仅采集模拟信号，兼可进行简单的触发控制。功能简单，可以兼容包括气相色谱仪、液相色谱仪的多种检测器，但是对于超出输出范围的色谱峰无法准确定量。

（2）专一型　此种工作站是厂家根据各自生产的仪器需求专门研制的，可以实现从编辑程序、运行样品到分析结果的全自动操作，功能全面，但兼容性较差，对于同时拥有气相色谱仪、液相色谱仪和离子色谱仪的实验室而言，需要操作人员花费大量时间熟悉多种色谱软件的不同操作界面。

（3）多功能型　此种工作站功能完善，可以实现不同厂家、多种型号仪器的网络化控制和分析数据的远程传输。实验人员在办公室中即可控制当地乃至异地仪器的运行，了解其运行情况并分析结果。

三、离子色谱仪的工作流程

输液泵将流动相以稳定的流速（或压力）输送至分析体系，在色谱柱之前通过进样器将样品导入，流动相将样品带入色谱柱，各组分在色谱柱中被分离，并依次随流动相流至检测器，抑制型离子色谱则在电导检测器之前增加一个抑制系统，即用另一个高压输液泵将再生液输送到抑制器，在抑制器中，流动相的背景电导被降低，然后将流出物导入电导检测池，检测到的信号被送至数据系统记录、处理或保存（图9-2）。非抑制型离子色谱仪不用抑制器和输送再生液的高压泵，因此，仪器的结构相对要简单得多，价格也相对便宜。

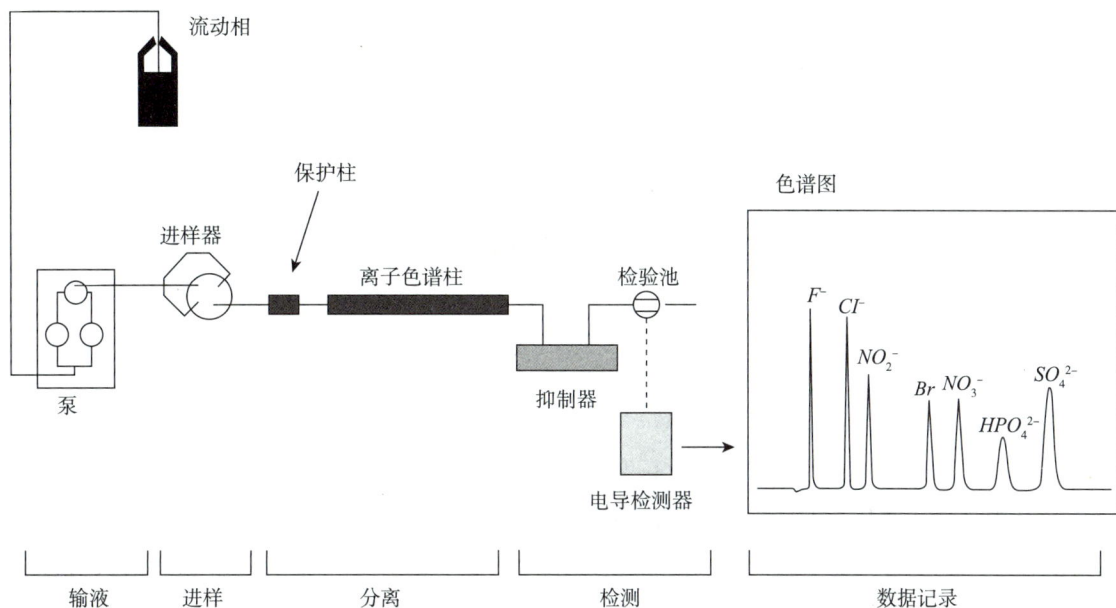

图9-2 离子色谱仪工作流程示意图

任务三 离子色谱条件的选择

一、影响色谱峰扩张的因素

在色谱速率理论中，Van Deemter 方程描述了影响峰扩张的各种动力学因素，即塔板高度的大小由涡流扩散项、纵向扩散项和传质阻力项的总和决定。Giddings 提出涡流扩散项和流动相扩散项是相互影响的，二者对峰扩张的贡献小于它们的单独贡献之和，速率理论方程偶合式如下：

$$H = \left(\frac{1}{A} + \frac{1}{C_m u}\right)^{-1} + \frac{B}{u} + C_s u + C_{sm} u \tag{9-1}$$

式中，C_m、C_s、C_{sm}分别为流动相、固定相和静态流动相中的传质阻力系数。该方程式也可表达为：

$$H = H_A + H_d + H_s + H_{sm} \tag{9-2}$$

式中，H_A、H_d、H_s、H_{sm}分别为偶合项、纵向扩散、固定相内传质阻力、静态流动相传质阻力对塔板高度的贡献。

1. 偶合项（H_A）

$$H_A = \left(\frac{1}{A} + \frac{1}{C_m u}\right)^{-1} \tag{9-3}$$

式中，A 为涡流扩散项：

$$A = 2\lambda d_p \tag{9-4}$$

式中，λ 为与柱填充结构有关的因子，d_p 为树脂的粒径。在固定相颗粒间移动的流动相，处于不同层流时具有不同的流速。溶质在靠近固定相颗粒边缘的流动相层流中的移动比中心层流中慢，因而形成峰扩张，这种现象称为流动相传质阻力（$C_m u$）：

$$C_m u = \frac{Q \, u d_p^2}{D_m} \tag{9-5}$$

式中，Q 为与柱填充结构有关的因子，D_m 为溶质在流动相中的扩散系数。因此，偶合项 H_A 为：

$$H_A = \left(\frac{1}{A} + \frac{D_m}{Q \, u d_p^2} \right)^{-1} \tag{9-6}$$

由上式可见，当流动相的线速度 u 很高时，H_A 趋近于 A，受涡流扩散控制；当 u 较低时，H_A 趋近于 $C_m u$，受流动相传质阻力控制。

2. 纵向扩散项（H_d） 纵向扩散是由于组分分子在柱内存在浓度梯度而引起的。纵向扩散项对塔板高度的贡献 H_d 为：

$$H_d = \frac{B}{u} = \frac{2 r D_m}{u} \tag{9-7}$$

式中，r 为与填充柱均匀程度有关的系数；D_m 为溶质在流动相中的扩散系数。在离子色谱中，D_m 值一般很小，约为 $10^{-5} \mathrm{cm}^2/\mathrm{s}$，所以 H_d 对塔板高度的影响可以忽略不计。

3. 固定相内传质阻力项（H_s） 固定相内传质阻力是在组分分子从流动相进入到固定液内进行质量交换的传质过程中产生的。由于离子交换树脂为多孔性结构，所以 H_s 对塔板高度的贡献较为明显。对于球形离子交换树脂固定相，固定相内传质阻力对塔板高度的贡献 H_s 为：

$$H_s = C_s u = \frac{q k d_p^2}{D_s (1 + k)^2} u \tag{9-8}$$

式中，D_s 为溶质在树脂相内的扩散系数，一般为 $10^{-8} \sim 10^{-5} \mathrm{cm}^2/\mathrm{s}$，；$k$ 为容量因子，q 为构型因子，对于薄壳离子交换树脂，q 值与薄壳树脂球外径和内层实心核半径有关。

4. 静态流动相传质阻力项（H_{sm}） 由于离子交换树脂的多孔性，会使部分流动相滞留在微孔内，这部分流动相一般是静止不动的。流动相中的溶质要与固定相进行质量交换，必须先从流动相扩散到此滞留区。由于孔有一定的深度，试样分子扩散到孔中的路径各不相同。因此，回到流动相的先后也不相同，从而引起色谱峰扩展。固定相中的微孔越小越深，静态流动相传质阻力就越大，对峰扩展的影响也越大。静态流动相传质阻力对塔板高度的贡献 H_{sm} 为：

$$H_{sm} = C_{sm} u = \frac{(1 - \varphi + k)^2 d_p^2}{30 (1 - \varphi)(1 + k)^2 r D_m} u \tag{9-9}$$

式中，为颗粒的孔隙率；r 是与颗粒内孔道弯曲程度有关的系数。由此可见，在离子色谱中，采用小粒径的柱填料、低黏度流动相、降低流速、提高分离温度，有利于提高柱效。

二、树脂的选择

在抑制型离子色谱中，待测离子的洗脱顺序主要由带电荷的溶质与离子交换树脂之间的相互作用决定。离子交换树脂对溶液中的不同离子有不同的亲和力，即对它们的吸附具有选择性。

1. 对阳离子的吸附 在阳离子交换柱上，高价阳离子通常被优先吸附，而对低价阳离子的吸附较弱。在同价的同类离子中，直径较大的离子被吸附较强。一些阳离子被吸附的顺序为：$Fe^{3+} > Al^{3+} > Pb^{2+} > Ca^{2+} > Mg^{2+} > K^+ > Na^+ > H^+$。

2. 对阴离子的吸附 强碱性阴离子树脂对常见离子的吸附能力一般顺序为：$SO_4^{2-} > NO_3^- > Cl^- > HCO_3^- > OH^-$；弱碱性阴离子树脂对阴离子的吸附能力一般顺序为：$OH^- >$ 柠檬酸根 $> SO_4^{2-} >$ 酒石酸根 $> C_2O_4^{2-} > PO_4^{3-} > NO_2^- > Cl^- > CHCOO^- > HCO_3^-$。按物理结构的不同，离子色谱法所用离子交换树脂可分为微孔型（或凝胶型）、大孔型和薄壳型三种。它们的性能和适用范围均不同。

微孔型离子交换树脂的特点是：①孔径小，如交联度大于 8% 的孔径小于 5×10^{-3} mm；②交换容量较大，对于一价阴离子的交换容量达每克干树脂 3.4 ~ 4mmol；一价阳离子的交换容量达每克干树脂 4.5 ~ 5.2mmol。这类树脂已用来制作抑制柱填料，并广泛用于小分子化合物的分离。

大孔型离子交换树脂（macroreticular ion exchanger）在树脂骨架中有直径为数十纳米的大孔结构，交换容量范围较宽，适合于大分子化合物的分离。

薄壳型离子交换树脂是离子色谱中使用最为广泛的一种交换树脂，其又分为两种，即表面薄壳型离子交换树脂和表面覆盖型离子交换树脂。表面薄壳型离子交换树脂用于阳离子分离，具有较高分离效能，但交换容量较小；表面覆盖型离子交换树脂用于阴离子分离，分离效能高，平衡时间短，使用寿命长。通常，交联度高的树脂对离子的选择性较强，大孔结构树脂的选择性小于微孔型树脂，这种选择性在稀溶液中较大，在浓溶液中较小。

三、洗脱液的选择

1. 常用洗脱液 在抑制型离子色谱法中，洗脱液必须具备的条件：①应能从离子交换基团上置换出溶质离子；②洗脱液通过抑制器时，能与抑制柱反应，反应产物为电导率极低的弱电解质或水。

常用的洗脱液是无机弱酸盐。表 9-1 和表 9-2 列出了几种常用的洗脱液。用于阴离子分析的流动相主要有 NaOH、$NaHCO_3$、Na_2CO_3、$Na_2B_4O_7$、邻苯二甲酸盐等；用于阳离子分析的流动相主要有 HCl、HNO_3、苯二胺盐酸盐等。

表 9-1　阴离子交换色谱中常用的洗脱液

洗脱液	洗脱离子	抑制反应产物	淋洗离子强度
$Na_2B_4O_7$	$B_4O_7^{2-}$	HBO_3	极弱
NaOH	OH^-	H_2O	弱
$NaHCO_3$	HCO_3^-	$CO_2 + H_2O$	弱
$NaHCO_3 + Na_2CO_3$	$HCO_3^- + CO_3^{2-}$	$CO_2 + H_2O$	中
Na_2CO_3	HCO_3^-	$CO_2 + H_2O$	强

表 9-2　阳离子交换色谱中常用的洗脱液

洗脱液	洗脱离子	抑制柱树脂类型	抑制反应产物
HCl	H^+	OH^-	H_2O
HNO_3	H^+	OH^-	H_2O
苯二胺盐酸盐	苯二胺 $- H^+$	OH^-	H_2O

在非抑制型电导检测阴离子交换色谱体系中，柱流出物直接流入电导检测池进行检测（直接电导检测法）。要使检测离子具有较高的检测灵敏度，就要求流动相的背景电导很低。所以，这类洗脱液都是弱电解质，如游离羧酸（如烟酸、苯甲酸、柠檬酸、水杨酸等）和羧酸盐（苯甲酸钠、邻苯二甲酸氢钾）。

2. 洗脱液的选择 离子交换色谱分离是基于洗脱离子与待测离子之间对树脂有效容量的竞争。为了得到有效的竞争，待测离子和洗脱离子应具有相近的亲和力。选择洗脱液的一般原则如下。

（1）对于在 Cl^- 之前洗脱的弱保留组分，如 F^-、CN^-、S^{2-}、甲酸、乙酸等，一般用 $pKa > 6$ 的弱酸盐洗脱液，如 $NaHCO_3$、Na_2CO_3、$Na_2B_4O_7$ 和 $NaOH$。

（2）多价阴离子，电荷数高、与阴离子交换剂亲和力强，如 PO_4^{3-}、AsO_4^{3-} 和多聚磷酸盐等，应选择中等强度的洗脱液，如 $NaHCO_3 - Na_2CO_3$。

（3）对于半径较大、疏水性强的高保留组分，如苯甲酸、柠檬酸等，单纯使用中等强度的洗脱液往往难以获得良好的分离效果。可在洗脱液中加入适量极性的有机改进剂（如甲醇、乙腈和对氰酚），其主要作用是占据树脂的疏水位置，减少待测离子与树脂间的吸附作用，从而缩短这些组分的保留时间并改善峰形。

另外，在选择洗脱液时，还应考虑洗脱液浓度和 pH 对保留时间的影响。洗脱液的浓度越高，从树脂上置换溶质离子越有效，可缩短溶质离子的洗脱时间。洗脱液浓度的改变对保留时间的影响，主要取决于溶质和洗脱离子的电荷数。研究表明，改变洗脱液浓度，对二价离子保留时间的影响大于一价离子。因此，在离子色谱中普遍采用改变洗脱液浓度的方法，来改变对一价和二价离子的选择性，特别是以 OH^- 为洗脱液时。

在阴离子分离中，若洗脱液为弱酸、弱酸盐，洗脱液 pH 的改变将影响酸的解离，从而影响洗脱液的洗脱能力。用弱碱性洗脱液分离阳离子时也有相同的现象。同样，pH 的改变还影响多价态溶质离子的存在形式。例如，用 0.001mol/L NaOH 作洗脱液（pH 11）分离 F^-、Cl^-、NO_2^-、PO_4^{3-}、Br^-、NO_3^- 和 SO_4^{2-} 时，由于洗脱液的强度不足，致使 SO_4^{2-} 不被洗脱；在 pH = 11 时，磷酸以 PO_4^{3-}、HPO_4^{2-} 形式存在，电荷增加导致保留时间增加，此时 PO_4^{3-} 也不被洗脱。若改用缓冲溶液（2.7mmol/L Na_2CO_3 + 0.30mmol/L $NaHCO_3$）作流动相，使用紫外检测器或化学抑制型电导检测器，可同时定量检测饮用水中 F^-、Cl^-、NO_2^-、PO_4^{3-}、Br^-、NO_3^- 和 SO_4^{2-} 7 种离子。在 HPIEC 中，洗脱液 pH 的改变影响有机弱酸的解离。pH 增高，解离程度增大，保留时间缩短。

四、流速的选择

在离子色谱法中，使用较低的流动相流速，有利于提高柱效，一般流速小于 1ml/min。在分离效果较好的前提下，增加流速，可缩短分析时间，提高工作效率。对于复杂组分的分析检测，宜采用梯度洗脱方式。

任务四　离子色谱分析法的应用

离子色谱法主要用于环境样品的分析，包括地面水、饮用水、雨水、生活污水和工业废水、酸沉降物和大气颗粒物等样品中的阴、阳离子，与微电子工业有关的水和试剂中痕量杂质的分析。另外，在食品、医药、卫生、石油化工、水及地质等领域也有广泛的应用。

离子色谱法作为一种高效、灵敏、准确、可靠的化学分析方法，还被广泛应用于化妆品检测中，可以帮助化妆品生产商控制化妆品原料与产品中特定离子的含量，从而保证化妆品的质量和安全性。

离子色谱法在化妆品检测中的应用主要是用于检测化妆品中的某些离子的含量，特别是对于一些禁限用物质和风险物质的检测。在《化妆品安全技术规范》2022 年版征求意见稿中，采用离子色谱法进行禁用原料和风险物质检测的项目如下。

（1）水剂类、膏霜乳液类、粉类、凝胶类等化妆品中硼酸和硼酸盐含量的测定。

（2）头发烫卷剂或烫直剂、脱毛膏类化妆品中巯基乙酸含量的测定。

（3）膏霜乳液和粉类化妆品中乙醇胺、二乙醇胺、二甲胺、三乙醇胺及二乙胺等五种原料含量的测定。

一、定性分析

离子色谱法定性分析的依据是保留时间。主要的定性方法是直接与标准品对照和标准加入方法。这两种方法都要求未知组分与标准品的测定必须在完全相同的色谱条件下进行。

然而，在一根色谱柱上仅用保留值鉴定组分有时不一定可靠，因为不同物质有可能在同一色谱柱上具有相近的保留值。为加强定性分析的可靠性，可采用双柱或多柱法进行定性分析，即采用两根或多根性质不同的离子色谱柱进行分离，若未知组分与标准品在不同柱子上的保留时间相同，说明样品与标准品相同。所用色谱柱性质差异越大，定性结果的可靠性越大。

另外，使用二极管阵列检测器进行离子色谱分析时，除比较未知组分与标准品的保留时间外，还可比较两者的紫外3D光谱图，若保留时间相同且光谱图一致，则可基本认定两者是同一物质。

二、定量分析

离子色谱法的定量分析方法主要有外标法和标准加入法。在色谱分析中，标准加入法是一种特殊的内标法，是在没有合适内标物的情况下，将待测组分的纯物质加入样品中，然后在相同的色谱条件下，测定加入纯物质前后待测组分的峰面积或峰高，从而计算待测组分的含量。该定量方法的优点是：不需要另外的标准物质作为内标物，操作简单。缺点是：要求两次色谱测定条件完全一致，否则将引起分析误差。

实训一　离子色谱法测定化妆品中硼酸和硼酸盐含量

本方法规定了离子色谱法测定化妆品中硼酸和硼酸盐的含量。本方法适用于水剂类、膏霜乳液类、粉类、凝胶类等化妆品中硼酸和硼酸盐含量的测定。样品处理后，采用离子色谱系统进行分析，测定硼酸与甘露醇结合生成一价络合物的电响应值，根据保留时间定性，电响应值峰面积定量，以标准曲线法计算含量。取1.0g样品时，本方法对硼酸的检出浓度为0.005%，最低定量浓度为0.02%。

【试剂和材料】

除另有规定外，所用试剂均为分析纯或以上规格，水为GB/T 6682规定的一级水。

（1）标准品　硼酸标准品信息详见本实训附录A。

（2）甲醇（色谱纯）。

（3）无水碳酸钠（分析纯）。

（4）盐酸（优级纯）。

（5）甲烷磺酸（色谱纯）。

（6）甘露醇（分析纯）。

（7）四甲基氢氧化铵（分析纯）。

（8）甲醇溶液　取甲醇900ml，加水100ml，摇匀。

（9）碳酸钠溶液　称取无水碳酸钠1g，加水100ml使溶解。

（10）盐酸溶液　取盐酸 100ml，加水 900ml，摇匀。

（11）硼酸标准储备溶液　精密称取硼酸标准物质 20mg（精确到 0.0001g）于 20ml 塑料容量瓶中，用水溶解并稀释至刻度，配制成浓度为 1mg/ml 的硼酸标准储备溶液。

【仪器和设备】

离子色谱仪，化学抑制型电导检测器；天平；离心机；涡旋振荡器；微孔滤膜（0.45μm，水相）；RP 柱（填料为聚苯乙烯－二乙烯苯高聚物，1cc）；高温炉；Ag 柱（填料为 Ag 型强酸性阳离子交换树脂，1cc）；H 柱（填料为 H 型强酸性阳离子交换树脂，1cc）。

【分析步骤】

1. 标准系列溶液的制备　精密量取硼酸标准储备溶液适量，用水稀释成浓度为 2.0、5.0、20、50、100、200μg/ml 的标准系列溶液。

2. 样品处理

（1）硼酸和可溶性硼酸盐

1）粉类　称取样品 1.0g（精确到 0.0001g）于 100ml 塑料具塞比色管中，加水 50ml，密塞，涡旋 1 分钟，用水定容至 100ml，摇匀，以 10000r/min 离心 5 分钟，取上清液经 0.45μm 微孔滤膜滤过，弃去初滤液，取续滤液作为待测溶液。

2）水剂类、膏霜乳液类、凝胶类　称取样品 1.0g（精确到 0.0001g）于 10ml 塑料具塞比色管中，加 7ml 甲醇溶液涡旋处理 1 分钟，用甲醇溶液定容至 10ml，摇匀，以 10000r/min 离心 5 分钟，取上清液 1ml，置 10ml 塑料容量瓶中，用水稀释至刻度，摇匀，通过 RP 柱，弃去前 3ml 流出液，收集后续流出液作为待测溶液。RP 柱使用前需依次用 10ml 甲醇和 10ml 水活化，静置 20 分钟后使用。

（2）硼酸和硼酸盐总量　称取样品 1.0g（精确到 0.0001g）于 30ml 瓷蒸发皿中，加碳酸钠溶液 10ml，置水浴上蒸干，转移至电炉上碳化，移入高温炉，在 500℃下灰化 5 小时，冷却后向灰分加盐酸溶液 20ml 使溶解，转移至 100ml 塑料容量瓶中，用水定容至刻度，摇匀，依次通过 Ag 柱、H 柱，弃去前 3ml 流出液，收集后续流出液作为待测溶液。

应注意，Ag 柱和 H 柱使用前用 10ml 水活化，静置 20 分钟后使用。

（3）色谱参考条件

色谱柱：IonPac ICE Borate（9mm×250mm）离子排斥分析柱，或等效色谱柱。

抑制器：排斥型阴离子微膜抑制器（ACRS－ICE500 9mm），或等效抑制器。

淋洗液：3mmol/L 甲烷磺酸（3.5）＋60mmol/L 甘露醇。

化学抑制再生液：25mmol/L 四甲基氢氧化铵＋15mmol/L 甘露醇。

淋洗液流速：1.0ml/min。

再生液流速：1.0ml/min。

柱温：30℃。

进样量：25μl。

检测器：化学抑制型电导检测器。

3. 测定　在上述色谱条件下，取硼酸标准系列溶液分别进样，进行离子色谱分析，以标准系列溶液浓度为横坐标、峰面积为纵坐标，绘制标准曲线。

取待测溶液进样，根据保留时间定性，测得峰面积，根据标准曲线得到待测溶液中硼酸的浓度。按下述计算样品中硼酸的含量。

【分析结果的表述】

1. 计算

（1）硼酸和可溶性硼酸盐（以硼酸计）

$$\omega(硼酸,H_3BO_3) = \frac{\rho \times 100}{m \times 10^6} \times 100$$

式中，ω（硼酸，H_3BO_3）—样品中硼酸和可溶性硼酸盐（以硼酸计）的含量，%；m—样品取样量，g；ρ—代入标准曲线计算得到的样品中硼酸和可溶性硼酸盐（以硼酸计）的质量浓度，$\mu g/ml$；100—体积，ml。

在重复性条件下获得的两次独立测试结果的绝对差值不得超过算术平均值的10%。

（2）硼酸和硼酸盐总量（以硼酸计）

$$\omega(硼酸,H_3BO_3) = \frac{\rho \times 100}{m \times 10^6} \times 100$$

式中，ω（硼酸，H_3BO_3）—样品中硼酸和硼酸盐总量（以硼酸计）的含量，%；m—样品取样量，g；ρ—代入标准曲线计算得到的样品中硼酸和硼酸盐总量（以硼酸计）的质量浓度，$\mu g/ml$；100—体积，ml。

在重复性条件下获得的两次独立测试结果的绝对差值不得超过算术平均值的10%。

2. 回收率和精密度　回收率为85%～115%，相对标准偏差小于10%（$n=6$）。

【图谱】

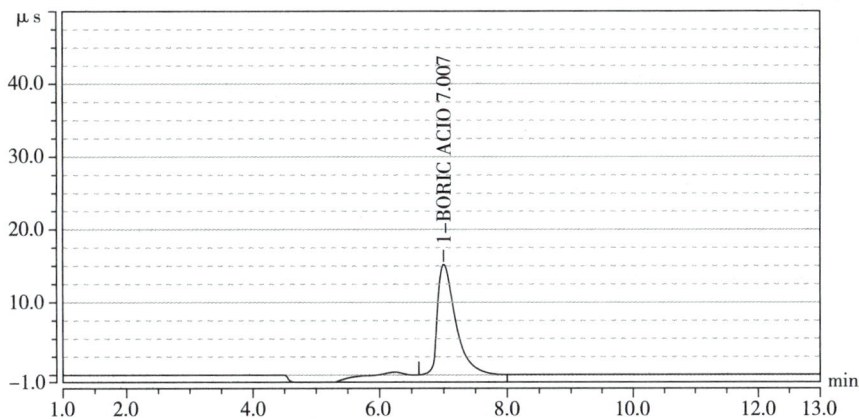

图9-3　硼酸（H_3BO_3）标准溶液色谱图

硼酸（7.007min）

注：此图引自《化妆品安全技术规范》（2015版）

附录A　硼酸信息表

序号	中文名称	CAS号	分子式	分子量
1	硼酸	10043-35-3	H_3BO_3	61.8

实训二　离子色谱法测定化妆品中乙醇胺等原料含量

本方法规定了离子色谱法测定化妆品中乙醇胺等原料的含量。本方法适用于膏、霜、乳、液和粉类化妆品中乙醇胺等5种原料含量的测定。本方法所指的5种原料为乙醇胺、二乙醇胺、二甲胺、三乙醇胺及二乙胺。

样品提取后，经含羧酸功能基的阳离子交换柱分离，电导检测器检测，以保留时间定性，峰面积定量，以标准曲线法计算含量。对于阳性结果，可用气相色谱－质谱进行进一步确证。本方法对乙醇胺、二乙醇胺、三乙醇胺、二甲胺、二乙胺的检出限、定量下限及取样量为0.5g时的检出浓度和最低定量浓度见表9－3。

表9－3　五种原料的检出限、定量下限、检出浓度和最低定量浓度

原料名称	乙醇胺	二乙醇胺	三乙醇胺	二甲胺	二乙胺
检出限（ng）	4.5	4.5	9	4.5	4.5
定量下限（ng）	15	15	30	15	15
检出浓度（μg/g）	18	18	36	18	18
最低定量浓度（μg/g）	60	60	120	60	60

【试剂和材料】

除另有规定外，本方法所用试剂均为分析纯或以上规格，水为GB/T 6682规定的一级水。

（1）标准品　乙醇胺等5种原料标准品信息详见本实训附录A。

（2）甲烷磺酸（优级纯）。

（3）正己烷。

（4）乙腈（优级纯）。

（5）无水乙醇（优级纯）。

（6）无水硫酸钠。

（7）2.5mmol/L甲烷磺酸－5%乙腈　取0.16ml甲烷磺酸、50ml乙腈，加水稀释至1L，过滤后备用。

（8）混合标准储备溶液　分别称取0.1g（精确到0.0001g）乙醇胺、二乙醇胺、二乙胺，及0.2g（精确到0.0001g）三乙醇胺、0.3g（精确到0.0001g）二甲胺水溶液于100ml容量瓶中，用乙腈定容，配成如表9－4所示浓度的混合标准储备溶液。

（9）混合标准工作溶液　吸取5.00ml混合标准储备溶液于100ml容量瓶中，用流动相定容至刻度，摇匀，得到50mg/L乙醇胺、二乙醇胺、二甲胺、二乙胺和100mg/L三乙醇胺混合标准工作溶液。

表9－4　各原料混合标准储备溶液及混合标准系列溶液浓度

名称	乙醇胺	二乙醇胺	三乙醇胺	二甲胺	二乙胺
混合标准储备溶液浓度（mg/L）	1000	1000	2000	1000	1000
混合标准系列溶液浓度（mg/L）	0.5	0.5	1	0.5	0.5
	2	2	4	2	2
	10	10	20	10	10
	25	25	50	25	25
	50	50	100	50	50

【仪器和设备】

离子色谱仪，电导检测器；气相色谱质谱联用仪；天平；超声波清洗器；离心机；旋涡振荡器。

【分析步骤】

1. 标准系列溶液的制备　用流动相稀释混合标准工作溶液配成浓度如表9－3所示的混合标准系列溶液。

2. 样品处理　称取样品0.5g（精确到0.001g）于50ml具塞比色管中，用流动相定容到刻度，加入

2ml 正己烷，用涡旋振荡器分散，超声浸提 10 分钟，并弃去有机相。从水相中吸取部分溶液，经 5000r/min 离心 5 分钟，用 0.45μm 滤膜过滤，滤液作为待测溶液。

3. 参考色谱条件

色谱柱：Ion Pac SCS 1（250mm×4mm×5μm），Ion Pac SCG 1（50mm×4mm×5μm），柱填料为具有羧基功能团的弱阳离子交换剂，或等效色谱柱。

流动相：2.5mmol/L 甲烷磺酸 – 5% 乙腈，等度洗脱。

流速：0.65ml/min。

柱温：25℃。

检测器：电导检测器。

进样量：25μl。

4. 测定

在上述色谱条件下，取混合标准系列溶液分别进样，进行色谱分析，以混合标准系列溶液浓度为横坐标、峰面积为纵坐标，绘制标准曲线。

取待测溶液进样，进行色谱分析，根据保留时间定性，测得峰面积，根据标准曲线得到待测溶液中各测定原料的浓度。按下述计算样品中各测定原料的含量。

【分析结果的表述】

1. 计算

$$\omega = \frac{D \times \rho \times V}{m}$$

式中，ω—化妆品中乙醇胺等 5 种原料的质量分数，μg/g；m—样品取样量，g；ρ—从标准曲线得到各原料的浓度，mg/L；V—样品定容体积，ml；D—稀释倍数（不稀释则取 1）。

在重复性条件下获得的两次独立测试结果的绝对差值不得超过算术平均值的 10%。

2. 回收率和精密度

方法的回收率为 86.6% ~114%，相对标准偏差为 0.24% ~6.4%。

【图谱】

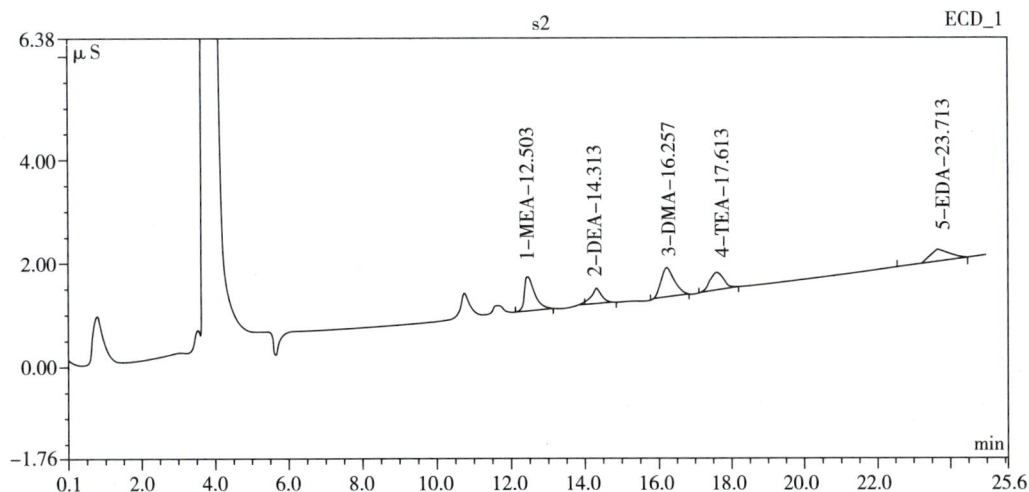

图 9 – 4 标准溶液离子色谱图

1：乙醇胺（12.503min）；2：二乙醇胺（14.313min）；3：二甲胺（16.257min）；

4：三乙醇胺（17.613min）；5：二乙胺（23.713min）

注：此图引自《化妆品安全技术规范》（2015 版）

附录 A　乙醇胺等 5 种原料标准品信息表

序号	中文名称	CAS 号	分子式	分子量	纯度（%）
1	乙醇胺	141 - 43 - 5	C_2H_7NO	61.08	≥99
2	二乙醇胺	111 - 42 - 2	$C_4H_{11}NO_2$	105.14	≥99
3	三乙醇胺	102 - 71 - 6	$C_6H_{15}NO_3$	149.19	≥99
4	二甲胺	124 - 40 - 3	C_2H_7N	45.08	33（水溶液）
5	二乙胺	109 - 89 - 7	$C_4H_{11}N$	73.14	≥99

目标检测

答案解析

一、填空题

1. 离子色谱法根据分离的原理，可分为_____、_____和_____。

2. 离子交换色谱主要用于有机和无机_____、_____离子的分离

3. 离子排斥色谱主要用于_____酸、_____酸和_____的分离。

4. 离子对色谱主要用于表面活性的_____离子、_____离子和_____络合物的分离。

5. 离子色谱仪中，抑制器主要起降低淋洗液的_____和增加被测离子的_____，改善_____的作用。

6. 离子色谱分析样品时，样品中离子价数越高，保留时间_____，离子半径越大，保留时间_____。

7. 离子色谱中抑制器的发展经历了几个阶段，最早的是树脂填充抑制柱、管状纤维膜抑制器，后来又有了平板微膜抑制器。目前用得最多的是_____抑制器。

8. 在离子色谱分析中，为了缩短分析时间，可通过改变分离柱的容量、淋洗液强度和_____，以及在淋洗液中加入有机改进剂和用梯度淋洗技术来实现。

二、选择题

1. 离子色谱中的电导检测器，分为抑制型和非抑制型（也称单柱型）两种。在现代色谱中主要用哪种电导检测器

A. 抑制型　　　　B. 非抑制型　　　　C. 以上都对　　　　D. 以上都不对

2. 离子色谱的电导检测器内，电极间的距离越小，死体积越小，则灵敏度越

A. 高　　　　　　B. 低　　　　　　　C. 以上都对　　　　D. 以上都不对

3. 在离子色谱分析中，水负峰的大小与样品的进样体积、溶质浓度和淋洗液的浓度及其种类有关，进样体积大，水负峰亦大；淋洗液的浓度越高，水负峰越

A. 大　　　　　　B. 小　　　　　　　C. 以上都对　　　　D. 以上都不对

4. 离子色谱的淋洗液浓度提高时，一价和二价离子的保留时间

A. 缩短　　　　　B. 延长　　　　　　C. 以上都对　　　　D. 以上都不对

三、判断题

1. 离子色谱（IC）是高效液相色谱（HPLC）的一种。

2. 离子色谱的分离方式有 3 种，即高效离子交换色谱（HPIC）、离子排斥色谱（HPIEC）和离子对

色谱（MPIC）。它们的分离机制是相同的。

3. 离子色谱分析中，其淋洗液的流速和被测离子的保留时间之间存在一种反比的关系。

4. 当改变离子色谱淋洗液的流速时，待测离子的洗脱顺序将会发生改变。

5. 离子色谱分离柱的长度将直接影响理论塔板数（即柱效），当样品中被测离子的浓度远远小于其他离子的浓度时，可以用较长的分离柱以增加柱容量。

6. 离子色谱分析阳离子和阴离子的分离机理、抑制原理是相似的。

7. 离子色谱中的梯度淋洗与气相色谱中的程序升温相似，梯度淋洗一般只在含氢氧根离子或甲基磺酸根的淋洗液中采用抑制电导检测时才能实现。

8. 离子排斥色谱用高容量的离子交换树脂。

四、简答题

1. 离子色谱的检测器分哪几个大类？简述每类检测器中包括哪几种？

2. 离子色谱仪器主要由哪几部分组成？

3. 离子色谱仪中的抑制器有哪三种主要作用？

书网融合……

项目小结　　　习题

项目十　质谱分析法

PPT

学习目标

【知识目标】

1. 掌握质谱分析法的定义、分类与原理。

2. 熟悉质谱分析在化妆品检测中的应用。

3. 了解质谱仪的组成和操作原理。

【技能目标】

1. 能够熟练操作质谱仪器的离子源、质量分析器和检测器等各个组件，设置和调节电子轨道、碰撞能量、扫描速度等仪器参数。

2. 能够根据不同的分析目标，选择合适的样品处理方法、离子化技术和分析模式等条件进行方法优化。

3. 能够正确解读质谱图谱，判断质谱离子的相对丰度、碎片模式、出现的母离子和特征峰等，并根据碎裂规律和数据库比对等方法对物质进行结构鉴定。

4. 能够处理常见的质谱仪器故障并对仪器进行维护和保养，保证质谱仪器的正常运行。

【素质目标】

1. 培养学生的解决问题的能力、创新思维和团队合作意识。

2. 培养学生形成科学严谨的学习态度和价值观，加强实验安全意识和学术道德意识。

3. 培养学生探索知识的热情、批判性的思维和独立的思考能力。

岗位情景模拟

情景描述　氟康唑作为一种抗真菌药物，在药物治疗中常用于控制和治疗真菌感染。化妆品中添加氟康唑会引起皮疹、发痒、皮肤红肿等过敏反应，长期、过量或不当使用氟康唑可能会导致肝功能损害。如果您是一名化妆品检验人员，需要对化妆品中是否含有氟康唑等9种禁用原料进行测定和确认。

讨论　1. 您会采用哪种分析方法对化妆品是否含有氟康唑等9种禁用原料进行检测？

2. 您会采用什么样的方法获得更加高效、准确的结构确认结果？

任务一　初识质谱分析法

一、质谱分析法的基本原理

质谱分析法（mass spectrometry，MS）的基本原理很简单，即使被研究的物质形成离子，然后使离子按质荷比进行分离。质谱分析法是在离子源中使样品分子以某种方式电离、碎裂，形成各种质荷比

（m/z，指离子的质量 m 与其所带的电荷 z 之比）的离子，应用电磁学原理，利用带电粒子在电场或磁场中运动行为的不同，按其质荷比大小进行分离和检测，记录其相对强度并排列成谱，通过测定离子质量及其强度实现样品定性、定量和结构分析的方法。质谱法根据其应用领域，一般可分为同位素质谱、无机质谱、有机质谱、生物质谱等几大类。质谱法的主要功能是测定物质的分子量，高分辨质谱可获得精确质量数确定元素组成信息和分子式，根据碎片离子特征进行化合物的结构分析与鉴定。

现以 180°均匀磁场（图 10-1）单聚焦质谱仪为例，阐述质谱分析法的基本原理。用高速电子束撞击等不同方式使试样分子成为带正电荷的气态离子，其中有分子离子 M⁺ 和各种分子碎片阳离子。在高压电场加速下，质量为 m 的正电粒子在磁感应强度为 B 的磁场中作垂直于磁场方向的圆周运动，其粒子的质荷比（m/z）与磁场强度（H）、加速电压（V）、离子运动半径（R）之间有如下关系。

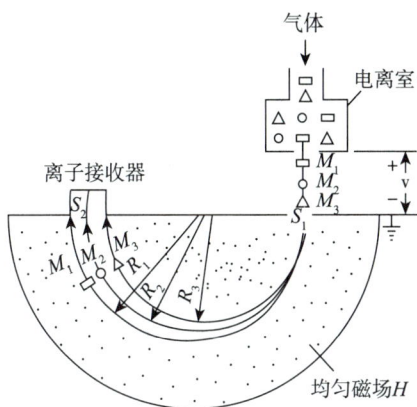

图 10-1 半圆形（180°）磁场

R_1、R_2、R_3—不同质量离子的运动轨道曲率半径；M_1、M_2、M_3—不同质量的离子；S_1、S_2—分别为进口狭缝和出口狭缝

$$\frac{m}{z} = \frac{H^2 R_m{}^2}{2V} \qquad (10-1)$$

由式（10-1）可以看出，质荷比大小不同的正离子将按不同的曲率半径依次分散成不同离子束。当连续改变加速板极电压或磁场时，不同质量的粒子可依次聚焦在出射狭缝上，通过出射狭缝的离子流碰撞在收集极上，再被转化为光电信号记录成质谱图。根据质谱图的位置可进行定性和结构分析，根据质谱峰的强度可进行定量分析。

式（10-1）为质谱分离的基本公式，可以看出：①离子的质荷比与离子在磁场中运动的弧轨道半径（R）的平方成正比。即离子的质荷比越大，其轨道半径越大；反之，则越小。这说明磁场对不同质荷比的离子具有质量色散作用。当保持加速电压（V）、磁场强度（H）不变时，不同质量的离子（绝大多数的离子带一个正电荷，所以质荷比可以看成为质量）将按照质量数的大小在磁场中排列。②离子的质荷比与磁场强度 H 的平方成正比。如保持加速电压（V）和离子在磁场中作弧形运动的轨道半径（R）不变，采用磁场扫描方法，使不同质荷比的离子都射向同一点（收集狭缝）。那么，离子的质荷比越大，所需的磁场强度也越大；反之，则越小。实验时，磁场由小到大（或相反）进行扫描，不同质荷比的离子由小到大（或相反）依次穿过收集狭缝，到达检测器并记录下来，形成质谱图。磁场对不同质量的离子有质量色散作用，同时磁场对于有一定发散角的质量相同的离子有会聚作用，这种会聚作用称为方向聚焦。因此，通常把只依靠磁场进行质量分离的分析器称为单聚焦分析器，使用该分析器的质谱仪称为单聚焦质谱仪。

由式（10-1）可知，要将各种 m/z 的离子分开，可以采用以下两种方式。①固定 H 和 V，改变 R：固定磁场强度 H 和加速电压 V，不同 m_i/z 将有不同的 R_i 与 i 离子对应，这时移动检测器狭缝的位置，就能收集到不同 R_i 的离子流。但这种方法在实验上不易实现，常常是直接用感光板照相法记录各种不同离子的 m_i/z。②固定 R，连续改变 H 或 V：在电场扫描法中，固定 R 和 H，连续改变 V，由式（10-1）可知，通过狭缝的离子 m_i/z 与 V 成反比。当加速电压逐渐增加，先被收集到的是质量大的离子。

二、质谱分析法的表示方法

质谱分析法的表示方法有三种：质谱图、质谱表和元素图。质谱图有两种：峰形图（图 10-2）和条图（图 10 - 3），目前大部分质谱都用条图表示。

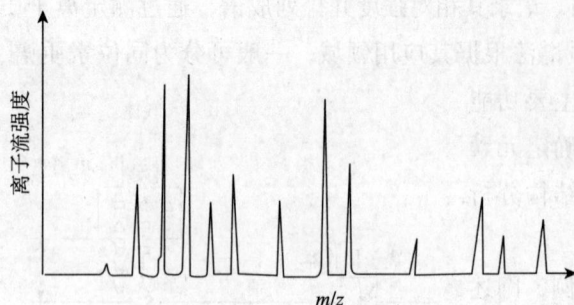

图 10 - 2　峰形质谱图

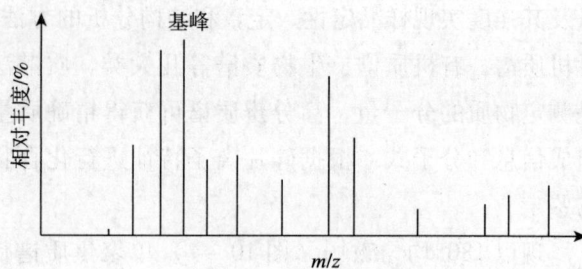

图 10 - 3　标准质谱图

在图 10 - 3 中，横坐标表示质荷比，纵坐标表示相对丰度，以质谱中最强峰的高度作为 100%，然后用最强峰的高度去除其他各峰高度，这样得到的百分数称作相对丰度。用相对丰度表示各峰的高度，其中最强峰称为基峰。纵坐标的另一种表示方法是绝对丰度。绝对丰度为某离子的峰高占 m/z > 40 以上各离子峰高总和的百分数，常以 X% $\sum$ 40 表示。

质谱除了用条图表示外，还可以用表和元素图的形式表示，目前文献中也常以表的形式发表质谱数据，表 10 - 1 为甲苯的质谱。

表 10 - 1　甲苯的质谱

m/z	基峰相对丰度（%）	m/z	分子离子峰相对丰度（%）
38	4.4		
39	5.3		
45	3.9		
50	6.3	92（M）	100
51	9.1	93（M + 1）	7.23
62	4.1	94（M + 2）	0.29
63	8.1		
65	11		
91	100（基峰）		
92	68（分子离子峰）		
93	4.9（M + 1）		
94	0.21（M + 2）		

元素图是由高分辨率质谱仪所得结果，经一定程序运算直接得到的，由元素图可以了解每个离子的元素组成。

三、质谱分析法的特点

1. 定性专属性强、准确度高，质量数可精确测定到小数点后 4 ~ 5 位。

2. 灵敏度高，检测快速。有机质谱仪绝对灵敏度可达 5.0×10^{-11} g，无机质谱仪绝对灵敏度可达 10^{-14} g。

3. 应用范围广，分析对象从无机物小分子到生物大分子，样品形态可以是气体、液体和固体。

4. 与其他分析技术联用，仪器结构复杂，功能更为强大，应用于复杂有机混合物的分离和分析。

但质谱法本身也有局限性，它要求待测样品的纯度很高，价格较昂贵。

📎 知识链接

质谱技术的前世今生

质谱技术问世于 20 世纪初，英国学者 J. J. Thomson 研制了世界上第一台抛物线质谱仪，随后又有人研制出扇形磁场方向聚焦仪器。到 20 世纪 20 年代，质谱逐渐被化学家作为分析手段。20 世纪 50 年代初期，质谱技术得到了飞速发展，成为有机物结构分析的重要手段。20 世纪 60 年代，色谱 – 质谱联用技术开始用于混合物分析。20 世纪 70 年代，出现了场解吸离子化技术。20 世纪 80 年代以后，一些新型离子化技术问世，如快原子轰击离子源、电喷雾电离源、大气压化学电离源和基质辅助激光解吸电离源，这些新技术使得质谱分析法取得了长足进展。现今的质谱仪器汇集了当代先进的电子技术、高真空技术和计算机技术，并实现了与其他分析仪器联用。目前质谱及其联用技术已成为化学、生物学、环境化学、药学、医学、食品化学、毒物学、地质化学、石油化工等领域不可缺少的重要技术手段。

任务二　质谱仪

质谱仪的种类很多，按用途可分为同位素质谱仪、无机质谱仪和有机质谱仪三种，样品可以是无机物、有机物和高聚物。本章主要介绍有机质谱仪。

一、质谱仪的基本结构

质谱仪能产生离子，并将这些离子按其质荷比进行分离记录，它由进样系统、离子源、质量分析器、检测记录系统及真空系统五大部分组成（图 10 – 4），其中离子源和质量分析器是质谱仪的两个核心部件。

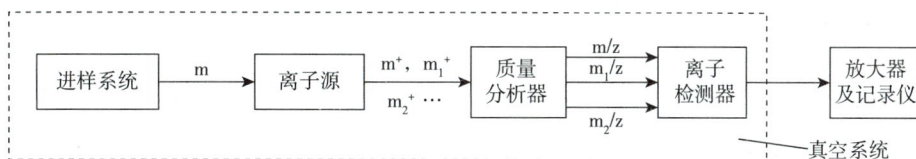

图 10 – 4　质谱仪的方框图

质谱分析的一般过程为：通过合适的进样装置将样品引入并进行气化，气化后的样品进入离子源进行电离，电离后的离子经适当加速后进入质量分析器，按不同的质荷比进行分离，然后到达检测记录系统，将生成的离子流变成放大的电信号，并按对应的质荷比记录下来而得质谱图。

1. 真空系统　质谱仪的离子产生及经过系统必须处于高真空状态，通常离子源的真空度应达 $1.3 \times 10^{-4} \sim 1.3 \times 10^{-5} \mathrm{Pa}$，质量分析器中应达 $1.3 \times 10^{-6} \mathrm{Pa}$，超高分辨质谱仪超高真空度要求达到 $10^{-11} \mathrm{Pa}$。若真空度过低，则会造成离子源灯丝损坏、本底增高、副反应过多，从而使图谱复杂化。一般质谱仪都采用机械泵预抽真空后，再用高效率扩散泵连续运行以保持真空。现代质谱仪采用分子泵可获得更高的真空度。

质谱仪要求高度真空度的主要原因如下。

（1）离子的平均自由程必须大于离子源到收集器的飞行路程。

（2）氧气分压过高影响电子轰击离子源中灯丝的寿命。

（3）离子源内的高气压可能引起高达数千伏的加速电压放电。

（4）高气压产生的高本底会干扰质谱图及分析结果。

（5）离子源内高气压会引起离子－分子反应，改变质谱图。

（6）电离盒内的高气压会干扰轰击电子束的正常调节。为了降低背景及减少离子间或离子与分子的碰撞，离子源、质量分析器及检测器必须处于高度真空状态。

2. 进样系统　进样系统的作用是高效重复地将样品引入离子源，并且不能造成真空度的降低。目前常用的进样系统有三种：直接探针进样系统、色谱进样系统和高频电感耦合等离子体进样系统等。

（1）直接探针进样系统　适用于挥发性较低、热稳定性好的固体和液体样品，是将样品装在探针或样品板（如基质辅助激光解吸电离）上，探针送入真空腔内，直接引入离子源中，通过热或激光解吸使之挥发和离子化。

（2）色谱进样系统　是质谱中应用最多的样品引入方式，适于色谱－质谱联用仪器中，经色谱分离的组分通过接口元件直接导入电离源，质谱和色谱之间的接口技术是进样系统的研究热点。

（3）电感耦合等离子体进样系统　常用于无机物分析，常用的进样方式是利用气动雾化器将样品溶液变成气溶胶，由载气带入等离子体焰炬的中心通道。

3. 离子源　离子源是质谱仪的核心部件，其功能是将进样系统引入的样品分子电离成带电的离子，同时具有聚集和准直作用，并使离子会聚成具有一定几何形状和能量的离子束进入质量分析器。由于离子化所需要的能量随分子不同差异很大，因此，对于不同的分子应选择不同的离解方法。通常将能给样品较大能量的电离方法称为硬电离方法，而将给样品较小能量的电离方法称为软电离方法，后一种方法适用于易破裂或易电离的样品。使分子电离的手段很多，因此有各种各样的离子源，表10－2列出了一些常见离子源的基本特征。

表10－2　质谱研究中的常见离子源及电离方式比较

名称	简称	类型	离子化试剂	应用年代
电子轰击离子化（electron bome Ionization）	EI	气相	高能电子	1920
化学电离（chemical ionization）	CI	气相	试剂电子	1965
场电离（field Ionization）	FI	气相	高电势电极	1970
场解吸（field desorption）	FD	解吸	高电势电极	1969
快原子轰击（fast atom bombandment）	FAB	解吸	高能原子束（或离子束）	1981
二次离子质谱（secondary ion MS）	SIMS	解吸	高能离子	1977
激光解吸（laser desorption）	LD	解吸	激光束	1978
离子喷雾（electrohydrodynamic ionization）	EH	解吸附	高场	1978
热喷雾离子化（thermospray ionization）	ES	解吸	荷电微粒能量	1985
电喷雾电离（electrospray ionization）	ESI	解吸	高电场	1984
基质辅助激光解吸电离（matrix－assisted laser desorption ionization）	MALDI	解吸	激光束	1988

（1）电子轰击源（electron impact ionization source，EI）　是使用最早、应用最广泛的一种电离方式，是一种硬电离方法。主要由电离室（离子盒）、灯丝、离子聚焦透镜和一对磁极组成。样品需经过气化进入电离室，与电子流撞击，电子流传递部分能量（多小于6eV）形成离子及部分碎片。电子轰击法是通用的电离方法，使用高能电子束从试样分子中撞出一个电子而产生正离子，即 $M + e \rightarrow M^+ + 2e$。

电子轰击源的构造如图 10－5 所示。

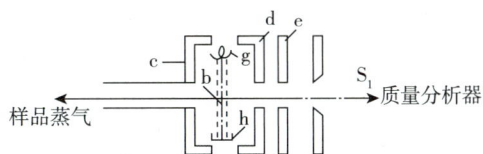

图 10－5　电子轰击离子源示意图

当样品蒸气进入离子源后，受到由灯丝 g 发射的电子 b 的轰击，生成正离子。在离子源的后墙 c 和第一加速极 d 之间有一个低正电位，将正离子排斥到加速区，正离子被 d 和 e 之间的加速电压加速，通过狭缝 S_1 射向质量分析器。

电子 b 的能量可以通过调节灯丝 g 和正极 h 间的电压来控制，通常在 g 和 h 间施加 70V 电压，则轰击电子 b 的能量为 70eV。对有机化合物常选用轰击电子的能量为 70～80eV，有时为了减少碎片离子峰，简化质谱图，也采用 10～20eV 的电子能量。

EI 的优点：①非选择性电离，只要样品能气化，便能够离子化，电离效率高，能量分散小，保证了质谱仪的高灵敏度和高分辨率；②EI 源应用最广，标准质谱图基本都是采用 EI 源得到的，谱图重复性好，EI 谱能提供丰富的结构信息，是化合物的"指纹图谱"，被称作经典的 EI 谱；③EI 源稳定，操作方便，电子流强度可精密控制；④结构简单，控温方便。

EI 的缺点：①样品必须能气化，不适用于难挥发、热不稳定的样品；②某些化合物分子量太大或稳定性差，在 EI 方式下分子离子不稳定，易碎裂，分子离子峰强度较弱或不出现，得不到分子量信息，谱图复杂，不易解析；③EI 方式只能检测正离子，不能检测负离子。

（2）化学电离源（chemical ionization source，CI）　其离子化机制是样品分子在承受电子轰击前，被一种反应气（常用的反应气体有甲烷、氢、氮、CO 和 NO 等）稀释，稀释比例约为 $10^4：1$，因此样品分子与电子的碰撞概率极小，待测分子则通过与试剂气体的一系列反应被间接离子化，所生成的样品分子离子主要经过离子－分子反应组成，因而 CI 是待测物通过气相离子－分子反应而被离子化的电离方法。在此过程中，只有狭窄分布的少量能量能够通过碰撞转移给待测分子，所以 CI 又常被称为"软"离子化技术，软离子化导致产生较少的碎片。其特点是样品离子通过离子－分子反应产生，核心是质子转移，而不是用强电子束进行电离。与 EI 相比，CI 是相对温和的离子化方式。

假设样品是 M，反应气体是 CH_4，将两者混合后送入电离源，先用能量大于 50eV 的电子使反应气体 CH_4 电离，发生一级离子反应：

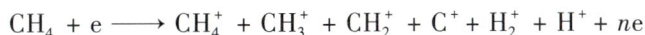

$$CH_4 + e \longrightarrow CH_4^+ + CH_3^+ + CH_2^+ + C^+ + H_2^+ + H^+ + ne$$

生成的 CH_4^+ 和 CH_3^+ 约占全部离子的 90％。电离生成的 CH_4^+ 和 CH_3^+ 很快与大量存在的 CH_4 作用，发生二级离子反应：

$$CH_4^+ + CH_4 \longrightarrow CH_5^+ + CH_3 \cdot$$

$$CH_3^+ + CH_4 \longrightarrow C_2H_5^+ + H_2$$

生成的 CH_5^+ 和 $C_2H_5^+$ 活性离子与样品分子 M 进行分子－离子反应生成准分子离子。准分子离子是指获得或失掉一个 H 的分子离子：

$$M + CH_5^+ \longrightarrow [M+H]^+ + CH_4$$

$$M + C_2H_5^+ \longrightarrow [M+H]^+ + C_2H_4$$

或：

$$M + CH_5^+ \longrightarrow [M - H]^+ + CH_4 + H_2$$

$$M + C_2H_5^+ \longrightarrow [M - H]^+ + C_2H_6$$

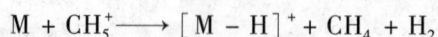

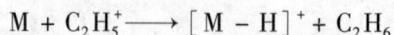

此外，下列反应也存在：

$$M + C_2H_5^+ \longrightarrow [M + C_2H_5]^+$$

$$M + C_3H_5^+ \longrightarrow [M + C_3H_5]^+$$

在生成的这些离子中，以 $[M + H]^+$ 或 $[M - H]^+$ 的丰度为最大，成为主要的质谱峰，且通常为基峰。

CI 的优点是：①可得到准分子离子峰，便于确定化合物的分子量；②突出特点是可以通过试剂气的选择调整选择性，获得正离子或负离子，某些电负性较强的化合物（卤素及含氮、氧化合物）采用 CI 方式检索负离子，选择性好，对提高灵敏度非常有效；③适宜做多离子检测。

CI 缺点是：①CI 图谱与实验条件有关，反应气类型、离子源结构等因素影响质谱图，所以不同仪器获得的 CI 图谱不能比较或检索，给定性分析带来不便；②碎片离子峰少，缺乏 EI 源的碎片峰的"指纹"信息，不适于热不稳定和不易气化的样品；③CI 的操作比 EI 源要复杂一些，反应试剂的压力需要摸索。

（3）快原子轰击源（fast atomic bombardment source，FAB）　是应用较广泛的软电离技术，它是利用惰性气体（氦、氩、氙）的中性快速原子束轰击样品使之分子离子化。氙气或氩气在电离室依靠放电产生离子，离子通过电场加速并与热的气体原子碰撞，发生电荷和能量转移，得到高能原子束（或离子束），该高能粒子打在涂有非挥发性底物（如甘油等）和样品分子的靶上使样品分子电离，产生的样品离子在电场作用下进入质量分析器。FAB 与 EI 源得到的质谱图是有区别的，一是相对分子质量的获得不是靠分子离子峰 $M^{+\cdot}$，而是靠 $[M + H]^+$ 或 $[M + Na]^+$ 等准分子离子峰；二是碎片峰比 EI 谱要少。FAB 适合于强极性、相对分子质量大、难挥发或热稳定性差的样品分析，如肽类、低聚糖、天然抗生素和有机金属络合物等。

（4）电喷雾电离源（electrospray ionization source，ESI）　ESI 电离模式常用离子蒸发模型解释，是在高静电梯度（约 3kV/cm）下，使样品溶液发生静电喷雾，在干燥气流中形成带电雾滴，随溶剂蒸发，通过离子蒸发等机制由很小的带电雾滴生成气态离子，以进行质谱分析的过程。电喷雾接口通过使用强电场去溶剂和使待测物离子化，常可产生大分子的多电荷离子。

ESI 电离模式主要用于液相色谱－质谱联用仪，适于热不稳定或难于气化的极性化合物的质谱分析。ESI 是软电离技术，通常只产生分子离子峰，因此可直接测定混合物，并可测定热不稳定的极性化合物；其易形成多电荷离子的特性，可分析蛋白质和 DNA 等生物大分子；通过调节离子源电压控制离子的碎裂，测定化合物结构。小分子化合物的 ESI 电离模式容易得到 $[M + H]^+$、$[M + Na]^+$、$[M + K]^+$、$[2M + H]^+$、$[2M + Na]^+$、$[2M + K]^+$、$[M + NH_4]^+$ 或 $[M - H]^-$ 等。

ESI 电离模式主要用于液相色谱－质谱联用仪，适于热不稳定或难于气化的极性化合物的质谱分析。ESI 是软电离技术，通常只产生分子离子峰，因此可直接测定混合物，并可测定热不稳定的极性化合物；其易形成多电荷离子的特性，可分析蛋白质和 DNA 等生物大分子；通过调节离子源电压控制离子的碎裂，测定化合物结构。

（5）大气压化学电离源（atmospheric pressure chemical ionization，APCI）　是在处于大气压下的离子化室中完成样品离子化的。APCI 和 ESI 类似，样品溶液由蠕动泵输送，由具有雾化气套管的不锈钢毛细管流出，被大流量的氮气流雾化，加热管加以较高温度使样品溶液通过加热管时被气化在加热管端口进行电晕尖端放电，溶剂分子首先被电离，与 CI 电离源类似，形成反应气等离子体，样品分子在穿过等离子体时通过质子转移被电离形成 [M＋H]⁺ 或 [M－H]⁻ 离子，再进入质量分析器。APCI 的优点是检出限低，易于与 GC 或 LC 连接。APCI 适用弱极性小分子化合物，如醇类和醚类。APCI 产生极少的碎片提供的结构信息有限，已发生裂解，不适宜做分子量大于 1000 的化合物，应用范围有限。APCI 与 ESI 都是在大气压条件下实现离子化的，也是液相色谱－质谱联用的主要接口技术，二者互为补充，但 ESI 应用更为广泛，操作相对容易。

（6）基质辅助激光解吸电离源（matrix－assisted laser desorption ionization，MALDI） 是一种用于大分子离子化的方法，利用对使用的激光波长范围具有吸收并能提供质子的基质（一般常用小分子液体或结晶化合物，如烟酸和芥子酸），将样品与其混合溶解并形成共结晶薄膜，在真空下 MALDI 用一定波长的脉冲激光束轰击样品和基质的共结晶，基质分子吸收激光能量，并传递给样品分子，从而使样品分子解吸电离。基质的作用是把样品分子彼此分开，减弱样品分子之间的相互作用（稀释样品）；吸收激光能量，并将部分能量传递给样品；辅助样品离子化。方法要求基质能吸收 337nm 紫外光并气化。MALDI 主要通过质子转移得到单电荷离子 M⁺ 和 [M＋H]⁺，也可与基质产生加合离子，有时也得到多电荷离子。由于这些离子的过剩能量很少，因此较少产生碎片离子。MALDI 属于软电离，通常形成单电荷离子，提供分子离子峰获得分子量信息，对蛋白质鉴定非常有用；抗基质干扰能力强适用于较复杂样品的分析；灵敏度高，可达 pmol 级。MALDI 的突出特点是准分子离子峰很强，对样品中杂质的耐受量较大。由于应用脉冲式激光，MALDI 特别适合与飞行时间质谱（TOF）相配，也可以与傅里叶变换质谱联用，MALDI 使一些难电离的化合物电离，应用于生物大分子化合物分析，如蛋白质、DNA 等，现已测得分子量达 30 万～40 万的蛋白质。MALDI 的缺点是使用基质会产生背景干扰，准确度不够高，只能精确至小数点后两位，不适于低分子量检测。

（7）电感耦合等离子体（inductively coupled plasma，ICP） ICP 作为质谱的高温离子源（7000K），使样品在通道中进行蒸发、解离、原子化、电离等过程。离子通过样品锥接口和离子传输系统进入高真空的 MS 部分，MS 部分为四极快速扫描质谱仪，通过高速顺序扫描分离测定所有离子，扫描元素质量数范围为 6～260，并通过高速双通道分离后的离子进行检测。该法几乎可分析地球上所有元素，且具有检出限低，动态线性范围宽，高达 10⁹ 数量级，分析精密度高、分析速度快，可进行多元素同时测定以及可提供精确的同位素信息等分析特性。

（8）场致电离源/场解吸电离源（field ionization source/field desorption source，FI/FD） 场致电离也是一种软电离方式，样品在较低能量下电离（12～13eV），从而减少了碎片离子，提高了分子离子峰的相对丰度。主要由相距很近的阴阳电极和一组聚焦透镜组成，电压高达几千伏的电极形成一个强电场，当气态的样品被导入离子化区，在强电场作用下使气态分子的电子被拉出而电离，形成的离子不会有过剩的能量，这种方式得到的分子离子不易进一步裂解成碎片。因此分子离子峰很强，碎片峰少。FI 电离源要求样品必须先气化，不适用于难气化、热不稳定性样品的分析。

对于不易挥发和热不稳定样品的电离，可以采用场解吸电离方法，其工作原理与 FI 基本相同。不同的是，FD 阳极需要进行活化处理，样品涂敷在长有晶须的电极上，通过电流加热使样品解吸并在强电场作用下发生电离。

FI/FD 的优点：与 EI 相比，它是更软的电离方式，只有分子离子，几乎没有碎片离子，而且没有反应试剂形成的本底，比 EI 谱更为简洁，适合于聚合物和同系物的分子量测定，尤其是各类烃的分子量测定。

FI/FD 的缺点：FD 源的发射丝需要活化，成本较高，重现性较差，与 EI、CI 相比，灵敏度要差；另外，高电压易发生放电效应，操作较困难。

需要指出的是，四极杆和离子阱质谱都不能配置 FI 源，仅在扇形磁场质谱和飞行时间－质谱联用仪器上使用这种配置。

（9）火花源　对于金属合金或离子型残渣之类的非挥发性无机试样，必须使用不同于上述离子源的火花源。火花源类似于发射光谱中的激发源，向一对电极施加约 30kV 脉冲射频电压，电极在高压火花作用下产生局部高热，使试样仅靠蒸发作用产生原子或简单的离子，经适当加速后进行质量分析。火花源对几乎所有元素的灵敏度都较高，可达 10^{-9}，可以对极复杂样品进行元素分析。但由于仪器设备价格昂贵，操作复杂，限制了其使用范围。

4. 质量分析器　质量分析器是质谱仪的核心部件，位于离子源和检测器之间，其作用是把加速后的离子束按照质荷比的大小、在空间的位置、时间的先后或轨道的稳定与否进行分离，得到按质荷比大小顺序排列而成的质谱图。

常用的质量分析器类型有四极杆质量分析器（四极滤质器）、离子阱质量分析器、飞行时间质量分析器和 Orbitrap 质量分析器等，相应的质谱仪则分别称为四极杆质谱仪、离子阱质谱仪、飞行时间质谱仪和 Orbitrap 质谱仪。

不同类型的质谱仪器所涉及的工作原理、功能、指标、应用范围不同，可采用的实验方法不同。按质量分析器的工作原理，可把质谱仪器分为静态仪器和动态仪器两大类（表 10-3）。静态仪器的质量分析器采用稳定的电磁场，按照空间位置把不同质荷比的离子区分开；动态仪器则采用变化的电磁场，按照时间或空间区分不同质荷比的离子。

表 10-3　质谱仪器分类

静态仪器	动态仪器
扇形磁场仪（单聚焦）	离子回旋质谱仪
	飞行时间质谱仪
电场、磁场串联仪器（双聚焦）	四级杆质谱仪
	离子阱质谱仪
	Orbitrap 质谱仪

（1）四极杆质量分析器（quadrupole mass analyzer，Q）　由四根严格平行并与中心轴等间隔的圆柱形或双曲面柱状电极构成的正负两组电极构成（图 10-5）。被加速的离子束穿过对准四根极杆之间空间的准直小孔。两组电极各加上一定的直流电压 u 和射频交流电压 $v \cos wt$，在极间形成一个射频场，离子进入此射频场后，会受到电场力作用，只有合适 m/z 的离子才会通过稳定的振荡进入检测器。只要改变 u 和 v 并保持 u/v 比值恒定，就可以实现对不同 m/z 的检测。

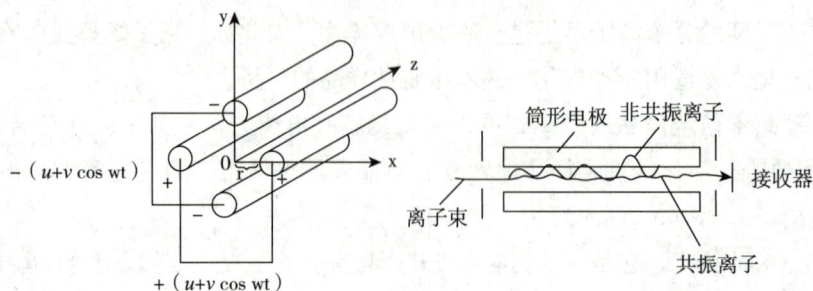

图 10-6　四级杆质量分析器

四极杆质量分析器分辨率可达 2000。其主要优点是：①传输效率较高，入射离子的动能或角发散影响不大；②制作工艺简单，价格较低，仪器紧凑，性能稳定；③对真空度要求较宽容；④有全扫描和选择离子监测两种扫描模式，扫描速度快，灵敏度高，是目前 GC 或 LC 与 MS 联用技术中常用的质量分析器之一。

三重四极质量分析器（triple quadrupole mass analyzer，Q - Q - Q）是将三组四极杆串联起来的质量分析器，第一组和第三组是质量分析器，中间一组四极是碰撞活化室。三重四极质谱仪具有多种扫描功能，它的产物离子扫描（也称子离子扫描）、前体离子扫描（也称母离子扫描）、中性丢失扫描和多反应选择检测方式，都是由两个质量分析器在不同操作条件下完成的。如在第二个质量分析器不加电压，三重四极质量分析器可作为单四极仪器使用。多反应选择离子检测方式主要用于定量分析，比单四极杆质量分析器的选择离子监测方式的选择性更好，排除干扰能力更强，信噪比更高，检测限更低，在许多标准的定量分析中常作为最重要的确证方法。与单四极分析器一样，三重四极质量分析器多配置 EI 和正负 CI 离子源。

（2）离子阱质量分析器（ion trap mass analyzer，IT） 离子阱是一种通过电场或磁场将气相离子控制并贮存一段时间的装置（图 10 - 6）。离子阱由一环形电极上下各加一端罩电极构成，以端罩电极接地，在环电极上施以变化的射频电压，此时处于阱中具有合适的 m/z 的离子将在阱中指定的轨道上稳定旋转，若增加该电压，则较重离子转至指定稳定轨道，而轻些的离子将偏出轨道并与环电极发生碰撞。当一组由电离源（化学电离源或电子轰击源）产生的离子由上端小孔中进入阱中后，射频电压开始扫描，陷入阱中离子的轨道则会依次发生变化而从底端离开环电极腔，从而被检测器检测。这种离子阱质量分析器结构简单、成本低且易于操作，已被用于 GC - MS 联用装置，适用于 m/z 200 ~ 2000 的分子分析。

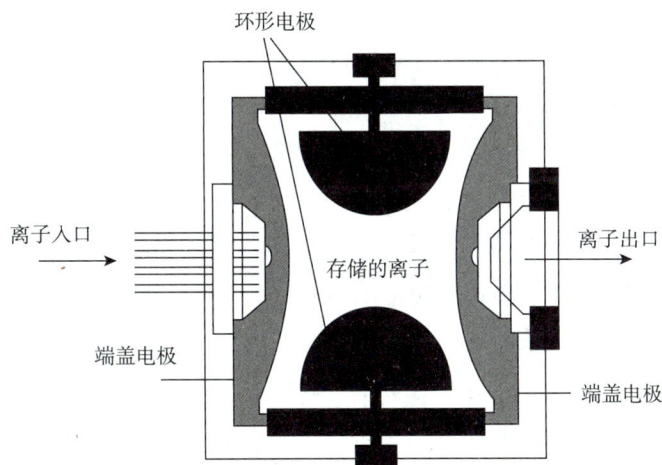

图 10 - 7　离子阱质量分析器

离子阱质谱有全扫描和选择离子扫描功能，可利用离子存储技术，选择任一质量的离子进行碰撞解离，实现二级或多级质谱分析的功能，有时也称作 MS - MS 功能。但离子阱有别于三重四极串联质谱及其他形式的串联质谱（tandem mass spectrometry/mass spectrometry，MS/MS）功能。事实上，串联质谱意味着两个质量分析器串联，两个质量分析器分别扫描母离子和子离子，离子实现在空间上的质量分离；而离子阱质谱仪只有一个质量分析器，是在时间上实现多级质量分离。与其他串联质谱相比，离子阱体积小、结构简单，且价格便宜，广泛应用于蛋白组学和药物代谢分析领域的定性分析。离子阱的选择离子扫描与全扫描模式的灵敏度相似。

（3）飞行时间质量分析器（time of flight analyzer，TOF） 是一种结构最简单的质谱仪分析器，主要由一个长度 L 的无场真空管（漂移管）构成（图 10 - 7）。飞行时间质谱仪的质量分析器的工作原理是：获得相同能量的离子在无场的空间漂移，不同质量的离子，其速度不同，行经同一距离后到达收集器的时间不同，从而可以得到分离。

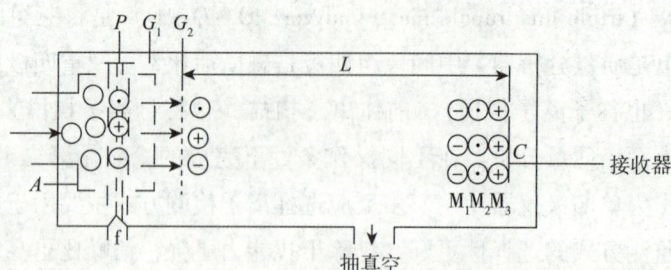

图 10-8 飞行时间质量分析器

质荷比为 m/z 的离子从离子源被加速（加速电压为 V）引出后，进入无场空间，经过一定时间 t 后到达漂移管另一端，不同质荷比的离子因速度不同，到达固定飞行时间距离所需的时间不同，其运动方程为：

$$\frac{m}{z} = \frac{2V}{L^2}t^2 \tag{10-2}$$

当 V、L 不变的条件下，飞行时间 t 与质荷比的平方根成正比。测定飞行时间 t 即可确定 m/z 的值。离子质量越大，到达接收器所用时间越长，离子质量越小，到达接收器所用时间越短，根据这一原理，可以把不同质量的离子按 m/z 的大小进行分离。这种依据飞行时间来测定质量的分析器叫飞行时间分析器。

连续电离和加速将导致检测器的连续输出，无法获得有用信息，TOF 是以大约 10kHz 的频率进行电子脉冲轰击法产生正离子，随即用具有相同频率的脉冲加速电场加速，被加速的粒子按不同的质荷比的飞行时间经漂移管到达收集极上，并反馈入一个水平扫描与电场脉冲频率一致的示波器上，从而得到质谱图。

TOF 质量分析器在 20 世纪 90 年代取得重大技术突破而得到迅速发展，它既不需电场也不需磁场，快速的扫描和极高的离子采集效率，宽的质量范围和能达到 10000 以上的分辨率，使其具有广泛的应用前景，主要应用在生物质谱领域。飞行时间质谱仪对离子质量的检测没有上限，特别适用于核酸、蛋白质等生物大分子的测定，已成为生物大分子分析不可缺少的工具。

（4）静电场轨道阱（Orbitrap） 静电场轨道阱是一种通过使离子围绕一中心电极的轨道旋转而捕获离子的装置。其质量分析器形状如同纺锤体，由纺锤形中心内电极和左右 2 个外纺锤半电极组成。仪器工作时，在中心电极逐渐加直流高压，在 Orbitrap 内产生特殊几何结构的静电场。当离子进入 Orbitrap 室内后，受到中心电场的引力，即开始围绕中心电极做圆周轨道运动，同时离子受到垂直方向的离心力和水平方向的推力，而沿中心内电极做水平和垂直方向的振荡。外电极除限制离子的运行轨道范围，同时检测由离子振荡产生的感应电势，其中水平振荡的频率和分子离子的质荷比（m/z）的关系可由式（10-3）来描述。

$$\omega = \sqrt{\frac{k}{m/z}} \tag{10-3}$$

通过不同 m/z 离子在 z 方向运动频率的差别将不同 m/z 的离子分开，可实现高分辨功能。C 形阱（C-Trap）内充有高纯氮气，主要作用是降低从前端飞来的离子的动能，并将离子注入 Orbitrap。从 Orbitrap 的每个外电极输出的信号经过微分放大器放大后由快速傅里叶转换变成频谱，频谱再转换为质谱，然后在质谱软件中处理。

Orbitrap 的突出优点是：分辨率高，可达百万级分辨率，可以设定不同等级分辨率（如 17500、35000、70000、140000），灵敏度不随分辨率增大而降低。17500 以下适合色谱分离好、多级质谱的高分辨分析，70000 以上则针对多电荷（>5+）和同位素峰（如^{13}C和^{34}S的 A+2 峰）的识别。质量准确度高，在外标校正的条件下是 3ppm，内标校正的条件下是 1ppm；与 TOF 不同，Orbitrap 操作时一般不采用内标法。Orbitrap 在分子量低于 300 和多级质谱分析时，质量准确度不变，要优于 Q-TOF（10~20ppm）。

Orbitrap 质量轴准确度的稳定性为一周，环境温度对 TOF 类仪器的影响是质量准确度偏差大的主要原因。Orbitrap 的动态范围接近 4 个数量级，在实际样品分析中，不同浓度或含量范围的成分都可以得到指标所述的质量准确度。TOF 类仪器的动态范围在 2~3 个数量级，且要控制内标和待测物的比例。线性离子阱可提供多达 10 级的碎片离子，且各级碎片之间有关联性，所有信息被用于建立一个分子结构的指纹特征，是复杂结构式确证，尤其是同分异构体确证必需的质谱数据。关于 Orbitrap 的灵敏度，LTQ-Orbitrap 为阱的技术，即在质谱分析前，首先要进行离子的预富集（存储），Q-TOF 是线束形结构，没有离子存储。这个特点使线性离子阱-Orbitrap 在全扫描方面的性能优于 Q-TOF，更适合做定性和确证分析，灵敏度为数百 fg 水平。

5. 检测系统 离子检测器的功能是接受由质量分析器分离的离子，进行离子计数并转换成电压信号放大输出，输出的信号经计算机采集和处理，最终得到按不同 m/z 值排列和对应离子丰度的质谱图。

质谱仪的检测器种类很多，电子倍增管及其阵列、离子计数器、感应电荷检测器、法拉第收集器等是比较常见的检测器。单个电子倍增管基本上没有空间分辨能力，难以满足质谱发展的需要，将电子倍增管微型化集成为微型多通道板检测器后，实际应用价值大为提高。对一般电子倍增管而言，一个离子能够在 10^{-7} 秒内引发 10^5~10^8 个电子，其灵敏度可以满足绝大多数有机物或生物化学物质检测的需要。离子计数器是一种非常灵敏的检测器，一般多用来进行离子源的校正或离子化效率的表征。法拉第盘（杯）是一种最简单的检测器。它将一个具有特定结构的金属片接入特定的电路中，收集落入金属片上的电子或离子，然后进行放大等处理，得到质谱信号。

二、质谱仪的主要性能指标

质谱仪的技术指标很多，各厂商使用的定义和测试方法亦不同，此处只介绍三个主要指标。

1. 分辨率 分辨率是指仪器能分开两个相邻质量离子的能力。两个刚好完全分开的相邻的质谱峰之一的质量数与两者质量数之差的比值，规定为仪器的分辨率，用 R 表示：

$$R = \frac{M_2(或 M_1)}{M_2 - M_1} = \frac{M}{\Delta M} \qquad (10-4)$$

式中，M_1 与 M_2 为两个相邻峰的质量；ΔM 为两峰质量数之差。所谓正好分开，目前国际上有两种定义：①10% 谷定义，若两峰重叠后形成的谷高为 10%，则认为两峰正好分开；②50% 谷定义，若两峰在 50% 峰高处相交，则认为两峰正好分开。在实际测量中，不易找到两峰等高，且谷高正好为 10%（或 50%）。实际分辨率计算公式为：

$$R_{10\%} = \frac{M}{\Delta M} \cdot \frac{a}{b} \qquad (10-5)$$

式中，a 为两峰中心线之间的距离；b 为其中一峰在高度为 5% 峰高处的峰宽。

2. 灵敏度 质谱仪的灵敏度有绝对灵敏度、相对灵敏度和分析灵敏度等几种表示方法。绝对灵敏度是指仪器可以检测到的最小样品量；相对灵敏度是指仪器可以同时检测的大组分与小组分含量之比；

分析灵敏度则指输入仪器的样品量与仪器输出的信号之比。

3. 质量测定范围　质量测定范围是指仪器所能测定的离子质荷比的范围。不同用途的质谱仪质量测定范围差别很大，例如气体分析用质谱仪，质量范围一般为 2 ～ 100，而有机质谱仪一般为几十到几千。质量测定范围的大小取决于质量分析器，四极滤质器的质量范围上限一般在 1000 左右，有的可达 3000，而飞行时间质量分析器可达几十万。由于质量分析器的质量分离原理不同，不同的质谱仪具有不同的质量范围。了解一台仪器的质量范围，主要是知道它所能分析样品的相对分子质量范围。

任务三　离子类型及离子的开裂规则

一、离子类型

化合物在离子源中形成的离子类型是多种多样的，主要可归纳为以下几类：分子离子、同位素离子、碎片离子、亚稳离子、多电荷离子及负离子等。识别和了解这些离子的形成规律，对解析质谱十分重要。

1. 分子离子　一个分子不论通过何种电离方法，使其失去一个外层价电子而形成带正电荷的离子，称为分子离子或母离子，质谱中相应的峰称为分子离子峰或母离子峰。通式为：

$$M + e \longrightarrow M^{+\cdot} + 2e$$

式中，$M^{+\cdot}$ 表示分子离子。

分子离子峰一般位于质荷比最高位置，它的质量数即是化合物的相对分子质量。质谱法是目前测定相对分子质量最准确而又用样最少的方法。在质谱中，用" + "或" + · "表示正电荷，前者表示分子中有偶数个电子，后者表示有奇数个电子。正电荷位置要尽可能在化学式中明确表示，这有利于判断以后的开裂。正电荷一般都在杂原子上、不饱和键的 π 电子系统和苯环上。当正电荷位置不明确时可用 [ ]$^+$ 或 [ ]$^{+\cdot}$ 表示，若化合物结构复杂，可在化学式的右上角标出 ⌐$^+$ 或 ⌐$^{+\cdot}$。

若有机化合物产生的分子离子足够稳定，质谱中位于质荷比最高位置的峰就是分子离子峰，但有时因分子离子不稳定，或与其他离子或分子碰撞产生质量数更高的离子等原因，给分子离子峰的识别造成困难，此时可根据下述方法来辨认分子离子峰。

（1）从化合物结构来判断分子离子峰的强度。分子离子峰的强弱甚至消失，主要决定于分子离子的稳定性，而稳定性又与化合物的结构类型有关，各类化合物的分子离子稳定性次序为：芳香族 > 共轭链烯 > 脂环化合物 > 烯烃 > 直链烷烃 > 硫醇 > 酮 > 胺 > 酯 > 醚 > 酸 > 支链烷烃 > 腈 > 伯醇 > 叔醇 > 缩醛。

若已知化合物的类型，根据预见的强度和观察到的强度是否基本一致来判断分子离子峰。

（2）有机化合物通常由 C、H、O、N、S 和卤素等原子组成，其相对分子质量应符合氮规则，即分子中含有偶数氮原子或不含氮原子时，其相对分子质量应为偶数；含有奇数氮原子时，相对分子质量应为奇数。如不符合上述规律，则必然不是分子离子峰。

（3）判断最高质量峰与其他碎片离子峰之间的质量差是否合理。以下质量差不可能出现：3 ～ 14，19 ～ 25（含氟化合物例外），37、38，50 ～ 53，65、66。如果出现这些质量差，最高质量峰就不是分子离子峰。

（4）根据断裂方式来判断分子离子峰。如醇的质谱经常看到最高质量处有相差三个质量单位的两峰，这两峰分别由 $M-CH_3$ 和 $M-H_2O$ 产生。假设这两峰的 m/z 分别为 m_1 和 m_2，则该化合物的相对分子质量为 m_1+15 或 m_2+18。

（5）醚、酯、胺、酰胺、腈、氨基酸酯和胺醇等 $M+1$ 峰显著，而醛、醇或含氮化合物 $M-1$ 峰较大。

（6）改变实验条件检验分子离子峰。

2. 同位素离子　组成有机化合物的一些主要元素，如 C、H、O、N、S、Cl 和 Br 等都具有同位素，它们的天然丰度如表 10-4 所示。

表 10-4　常见元素丰度表

元素	轻同位素	$M+1$	丰度	$M+2$	丰度
氢	^1H	^2H	0.016		
碳	^{12}C	^{13}C	1.08		
氮	^{14}N	^{15}N	0.38		
氧	^{16}O	^{17}O	0.04	^{18}O	0.20
硫	^{32}S	^{33}S	0.80	^{34}S	4.40
硅	^{28}Si	^{29}Si	5.10	^{30}Si	3.35
氯	^{35}Cl			^{37}Cl	32.5
溴	^{79}Br			^{81}Br	98.0

分子离子峰是由丰度最大的轻同位素组成，用 M 表示。在质谱图中，会出现由不同质量同位素组成的峰，称为同位素离子峰。例如，分子离子峰 M 的右侧往往还有 $M+1$ 峰和 $M+2$ 峰，即为同位素峰。

同位素离子峰在质谱中的主要应用是根据同位素峰的相对强度确定分子式，有时还可以推定碎片离子的元素组成。同位素离子峰的相对强度可用下述方法计算：

（1）由 C、H、O、N 组成的化合物　根据化合物的分子式，由表 10-3 可得：

$$(M+1)\% = 1.12n_C + 0.016n_H + 0.38n_N + 0.04n_O \tag{10-6}$$

$$(M+2)\% = (1.1n_C)^2/200 + 0.20n_O \tag{10-7}$$

式中，n_C、n_H、n_N 及 n_O 分别表示分子式中所含 C、H、N 及 O 的原子数目。

例 10-1　计算化合物 $C_8H_{12}N_3O$ 的 $M+1$ 和 $M+2$ 峰相对于 M 峰的强度。

解：$(M+1)\% = 1.12 \times 8 + 0.016 \times 12 + 0.38 \times 3 + 0.04 \times 1 = 10.3$

$(M+2)\% = (1.1 \times 8)^2/200 + 0.20 \times 1 = 0.59$

所以，$M : (M+1) : (M+2) = 100 : 10.3 : 0.59$

（2）含 Cl、Br、S、Si 的化合物　分子中含有以上四种元素之一时，各同位素相对强度的比值等于式 $(a+b)^n$ 展开后得到的各项数值之比，即：

$$(a+b)^n = a^n + na^{n-1}b + \frac{n(n-1)}{2!}a^{n-2}b^2 + \frac{n(n-1)(n-2)}{3!}a^{n-3}b^3 + \cdots + b^n \tag{10-8}$$

式中，a 为轻同位素的相对丰度；b 为重同位素的相对丰度；n 为分子中含同位素原子的个数。

例 10-2　计算 $CHCl_3$ 的分子离子峰与其同位素离子峰的强度比。

解：在 $CHCl_3$ 分子中含有 3 个 Cl，故 $n=3$。

因为 $^{35}Cl : ^{37}Cl = 75.5 : 24.5 = 3 : 1$，故 $a=3$，$b=1$。

$(a+b)^3 = a^3 + 3a^2b + 3ab^2 + b^3 = 27 + 27 + 9 + 1$

所以 $M:(M+2):(M+4):(M+6)=27:27:9:1$

1963 年，贝农（Beynon）按照天然同位素的相对丰度，计算了由 C、H、O、N 组成的质量从 12～500 的各种组成式的 $(M+1):M$ 和 $(M+2):M$ 的值，排成一个表，称为贝农（Beynon）表，利用此表可以很快求得化合物的分子式。

例 10 -3　某有机化合物的相对分子质量为 102，在质谱图中测出 M、M +1 和 M +2 峰的强度分别为 1.5、0.084 和 0.009，试确定分子式。

解：$(M+1)/M=5.6\%$

$(M+2)/M=0.6\%$

由于 $(M+2)/M<4\%$，故可知该化合物不含 S、Cl 和 Br。

查贝农表，在相对分子质量为 102 栏中给出 21 个式子，其中与 $(M+1)/M$ 和 $(M+2)/M$ 值相近的有：

	$(M+1)/M$	$(M+2)/M$
$C_4H_{12}N_3$	5.66	0.13
$C_5H_{10}O_2$	5.64	0.53
$C_5H_{11}NO$	6.02	0.35

由氮规则可知，$C_4H_{12}N_3$ 和 $C_5H_{11}NO$ 均含有奇数 N，相对分子质量不可能为偶数，应予以排除，剩下的 $C_5H_{10}O_2$ 与实验数据最接近，因此该化合物的分子式应为 $C_5H_{10}O_2$。

3. 碎片离子　由于分子离子具有过剩的能量，其中一部分会进一步发生键的断裂，产生质量较低的离子，这就是碎片离子。在一张质谱图上看到的峰大部分是碎片离子峰。碎片离子的形成受化学结构的支配，了解碎片形成规律，即可根据碎片把分子结构"拼凑"起来。关于碎片离子断裂的一般规律，将在后文详细讨论。

4. 亚稳离子　质谱中的离子峰不管是强还是弱，一般都是很尖锐的，但有时会出现一些矮而宽，呈土包形的峰，质荷比通常不是整数，这种峰被称为亚稳离子峰。

亚稳离子的产生要从离子本身的寿命来考虑，若某一离子的平均寿命小于 5×10^{-6} 秒时，它在脱离电离室后，在向质量分析器飞行的过程中会发生开裂形成亚稳离子。在电离室内形成的碎片离子称为正常离子，假设正常离子和亚稳离子都是由 m_1^+ 开裂形成的，则可表示为：

正常离子　$m_1^+ = m_2^+ + $ 中性碎片$(m_1 - m_2)$

亚稳离子　$m_1^+ = m^* + $ 中性碎片$(m_1 - m_2)$

在质量上 $m^* = m_2^+$，但二者的运动速度不相等，m_2^+ 的运动速度由 $m_2v_2^2/2 = zV$ 给出，而 m^* 的速度却等于 m_1^+ 的速度，即由 $m_2v_1^2/2 = zV$ 给出。由此看来，生成的亚稳离子 m^* 运动速度与 m_1^+ 相同，而在质量分析器中按 m_2^+ 发生偏转，因而在质谱中记录的位置既不在 m_1^+ 也不在 m_2^+，而在 m^* 处，亚稳离子的表观质量 m^* 与其真实质量 m_2^+ 和原离子质量 m_1^+ 间的关系为：

$$m^* = m_2^2/m_1 \qquad (10-9)$$

已知 m_2^+ 和 m_1^+，就可计算出 m^*。如果能找到 m^*，就可以确证有 $m_1^+ \to m_2^+$ 的开裂，这对解析质谱，推测分子结构很有帮助。

例 10 -4　某化合物质谱图的最高质量处有两个峰 $m/z=172$ 和 187，并在附近找到亚稳离子峰 $m/z=170.6$。试问离子峰 $m/z=172$ 和 187 间是否存在裂解关系？$m/z=187$ 是否为分子离子峰？

解：设 $m_1=187$，$m_2=172$，$m^*=170.6$。

因为 $m_2^2/m_1 = 172^2/187 = 158.2$ 与已知 $m^* = 170.6$ 不相等，由此可以断定 m_1 与 m_2 间无裂解关系。再寻找与 $m/z = 187$ 有裂解关系的离子。

因 $m^* = m_2^2/m_1$，设 m_1 为未知，则 $m_1 = m_2^2/m^* = 187^2/170.6 = 205$，这就是说，子离子 $m/z = 187$ 是由母离子 $m/z = 205$ 开裂而成，并由此知道 $m/z = 187$ 不是分子离子峰。

5. 多电荷离子 在电离过程中，分子或其碎片失去两个或两个以上电子形成 $m/2z$、$m/3z$ 等多电荷离子，在质谱中可能出现在非整数位置上，芳香族化合物、有机金属化合物或含共轭体系化合物易产生多电荷离子，如苯的质谱图中 $m/z = 37.5$ 和 38.5 就是双电荷离子峰。

6. 负离子 由电子轰击法所形成的负离子是极少的，仅是正离子的万分之一左右。用通常的质谱仪不能观测负离子，若要研究负离子，要求仪器有很高的灵敏度。目前较新型的质谱仪器，已附有测定负离子的离子源。

二、离子开裂的表示方法

分子中共价键的断裂叫作开裂，开裂有三种表示方法。

1. 均裂 两个电子构成的 σ 键开裂后，每个碎片各留有一个电子。用双钩箭头 ⌢⌢ 表示一个电子的转移。

$$X \frown\frown Y \longrightarrow X\cdot + Y\cdot$$

电子向两边转移。

2. 异裂 σ 键上的两个电子，开裂后都留在其中的一个碎片上。用单钩箭头 ⌢ 表示两个电子的转移。

$$X \frown Y \longrightarrow X^+ + Y^-$$

两个电子向一个方向转移。

3. 半异裂 已离子化的 σ 键的开裂。

$$X +\cdot \frown Y \longrightarrow X^+ + Y\cdot$$

单电子向一个方向转移。

三、影响离子开裂的因素

1. 化学键的相对强度 化学键的相对强度可由键能大小反映出来，键能小的共价键先断裂，表 10-4 为有机化合物的键能。

表 10-5 某些有机化合物的键能（kJ/mol）

化学键	C—H	C—C	C—N	C—O	C—S	C—F	C—Cl	C—Br	C—I	O—H
单键	409.7	345.83	304.8	359.65	326.04	485.67	339.13	284.7	213.53	463.06
双键		607.5	615.46	749.44	535.91					
三键		835.69	890.11							

由表 10-5 可见，单键较弱，先断裂，其中尤以 C—I、C—Br 键最易断。

2. 碎片离子的稳定性 决定正离子稳定性有以下因素。

（1）诱导效应 有分支的正碳离子比较稳定，稳定次序为：

$$R_3\overset{+}{C} > R_2\overset{+}{C}H > R_2\overset{+}{C}H_2 > \overset{+}{C}H_3$$

故断裂容易发生在取代基最多的碳原子上。这是因为分支部分的键受到侧链烃基推电子诱导效应，键的极化度大，容易断裂。

（2）碳原子相邻有 π 电子系统时，易产生相对稳定的正离子。如烯丙基型化合物容易发生如下的开裂，这是由于烯丙基正离子的电荷能被双键的离域 π 电子所分散，增加了它的稳定性，故 m/z 41 的离子峰常为强峰。

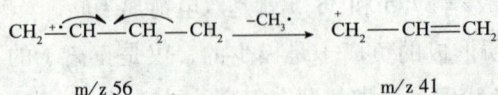

$$\text{m/z 56} \qquad\qquad\qquad \text{m/z 41}$$

（3）碳原子近邻有杂原子时，易产生稳定的正离子，这是由于杂原子上的未共用电子与带正电荷的 α - 碳发生共振，增加了正离子的稳定性。

例如，$\rangle\overset{+}{C}\!-\!\ddot{N}\langle$ 是较稳定的正离子，该体系具有共振效应，即 $\rangle\overset{+}{C}\!-\!\ddot{N}\langle \longleftrightarrow \rangle C\!=\!\overset{+}{N}\langle$ 这类分子离子可用通式表示为：

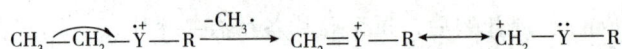

此处，Y ＝N、S、O、X（卤素）等杂原子。杂原子稳定邻位正电荷的能力次序为 N > S > O > X。

3. 空间因素对形成碎片的影响　一个分子由于某些原子或基团的空间排列不同，可以引起不同的断裂方式。例如，消除反应：

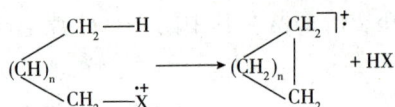

此处，X = Cl、Br、I、OH、OR、OCOR、NH_2、NR_2 和 S。对于不同的消去基团 X 有不同的最适当的碳原子个数 n，即 X 与 H 间必须有适当的空间关系。

四、离子的开裂类型

离子开裂类型可分为四种：单纯开裂、重排开裂、复杂开裂和双重重排。

1. 单纯开裂　开裂过程只断一个键并脱离一个游离基的称为单纯开裂。由于单纯开裂要脱离一个游离基，因此，前体离子如含有奇数个电子，所产生的离子一定含偶数个电子。反之，前体离子若含偶数个电子，产生的离子一定含有奇数个电子。

2. 重排开裂　指重排时有两个或两个以上键发生断裂，有一个氢原子发生转移，同时脱去一个中性分子，或发生键的内重排。由于脱去中性分子是失去偶数个电子，所以含奇数个电子的离子经重排后所产生的离子一定含奇数个电子，而含偶数个电子的离子产生的离子一定含偶数个电子。因此，在失去中性分子前后两个离子质量的奇偶数是不发生变化的，据此可以判断该离子是否由重排产生。但含氮化合物断偶数个键时，若 N 原子数的奇偶性不同，则质量奇偶性发生变化。

3. 复杂开裂　复杂开裂往往需要几个键的开裂，并伴有氢原子的转移，常见于含杂原子的环状化合物的开裂。

4. 双重重排　质谱上有时会出现比单纯开裂产生的离子多两个质量的离子峰，这是由于有两个氢从脱离的基团上转移到该离子上。由于有两个氢的转移，故称为双重重排。

一个有机化合物，常具有两个以上的官能团，究竟按哪种途径开裂，要看产生的正离子的稳定性及产生这一稳定正离子所需能量的高低，产生稳定正离子所需能量越低，则这种开裂就越容易发生。

任务四 质谱解析

质谱有机化合物的分子离子峰（或准分子离子峰）能提供相对分子质量的信息碎片。离子峰及亚稳离子峰能提供许多结构信息，因而在结构解析鉴定中具有很重要的作用。

一、分子离子峰的确定

在质谱中，分子离子峰的质荷比即为化合物的相对分子质量确认分子离子峰即确定了相对分子质量。质谱中 m/z 最大的质谱峰是否是分子离子峰，通常可根据下列几点来判断。

1. 分子离子必须是一个基电子离子。

2. 符合氮规则。氮规则指当化合物不含氮原子或含有偶数个氮原子时，其相对分子质量为偶数；当化合物含奇数个氮原子时，其相对分子质量为奇数。凡不符合氮规则的质谱峰都不可能是分子离子峰，其原因在于有机化合物主要由 C、H、O、N、S、Cl、B、I、F 等元素组成。在这些元素中，只有氮的相对原子质量为偶数，而化合价却为奇数（3 价或 5 价）。

3. m/z 最大的离子与其他碎片离子之间的质量差是否合理。质谱中碎片离子峰是由分子离子失去某个基团形成的，如失去 H（M − 1）、CH_3（M − 15）、H_2O（M − 18）。如果质量差为 3 ~ 14，则该峰不可能是分子离子峰，因为分子离子一般不能直接失去一个亚甲基或者 3 个以上氢原子。

（4）分子离子峰和 M − 1 或 M + 1 峰的判别。某些化合物（如醚、酯、胺等）的质谱中，分子离子峰强度很低，甚至不出现，而 M + 1 峰的强度却很大。此时应根据氮律、丢失碎片是否合理加以确认。

二、分子式的确定

在质谱分析中，常用的确定化合物分子式的方法主要有两种，分别为同位素离子丰度比法和高分辨率质谱提供的精确质量数法。

1. 同位素离子丰度比法 同位素丰度法分为计算法和查表法，计算法主要依据表 10 − 4 以及同位素峰的二项式展开式，在此主要介绍查表法。在使用时只需将质谱所得的 M 峰的质量数，（M + 1）% 及（M + 2）% 数据查贝农（Beynon）表即可得出分子式。

例 10 − 5 某未知化合物 M 为 150，（M + 1）% = 10.2，（M + 2）% = 0.88。

解：经查贝农表，质量数为 150 的大组，该组表示的元素组成共 29 个，（M + 1）% 在 9 ~ 11 之间的有 7 个。

分子式	（M + 1）%	（M + 2）%	分子式	（M + 1）%	（M + 2）%
$C_7H_{10}N_4$	9.25	0.38	$C_9H_{10}O_2$	9.96	0.84
$C_8H_8NO_2$	9.23	0.78	$C_9H_{12}N_0$	10.34	0.68
$C_8H_{10}N_2O$	9.61	0.61	$C_9H_{14}N_2$	10.71	0.52
$C_8H_{12}N_3$	9.98	0.45			

根据氮规则，分子式中只能是不含氮或含偶数个氮。因此可排除 $C_8H_8NO_2$、$C_8H_{12}N_3$、$C_9H_{12}NO$，在剩余的元素组成式中，$C_9H_{10}O_2$ 的（M + 1）%、（M + 2）% 与未知物最接近，因此可确定此化合物的分

子式为 $C_9H_{10}O_2$。为了判断分子中是否含有 S、Br、Cl 等原子应注意 $(M+2)\%$ 的百分比。由于 Beynon 表仅列出了含 C、H、N、O 的化合物。因此，当化合物中含有上述原子时，应从测得的 M 值中扣除 S、Br、Cl 等元素的质量，另外从 M+1 和 M+2 的百分比中减去它们的百分比，剩余的数值再查 Beynon 表。

例 10 - 6　某化合物的 M 为 132，$(M+1)\% = 8.62$，$(M+2)\% = 4.70$，试求分子式。

解：因 $(M+2)\% = 4.70 > 4.4$，可知分子中必含一个 S，扣除 S 的贡献。

M = 132 - 32 = 100

$(M+1)\% = 8.62 - 0.78 = 7.84$

$(M+2)\% = 4.70 - 4.40 = 0.30$

用剩余数查贝农表，分子量为 100 的式子共有 18 个，其中 $(M+1)\%$ 及 $(M+2)\%$ 接近的离子只有四个。

元素组成	$(M+1)\%$	$(M+2)\%$
$C_6H_{14}N$	7.09	0.22
C_7H_2N	7.98	0.28
C_7H_{16}	7.82	0.26
C_8H_4	8.71	0.33

其中 $C_6H_{14}N$ 和 C_7H_2N 含奇数个氮，不符合氮规则，应排除。剩下的式子中 C_7H_{16} 的 $(M+1)\%$ 与 $(M+2)\%$ 很接近，所以分子式应为 $C_7H_{16}S$。

高分辨质谱仪可测得小数点后四位甚至更多的数字，可对有机化合物的分子量进行精密测定。若配合其他信息，立即可以从可能的分子式中判断最合理的分子式。

例 10 - 7　用高分辨率质谱仪得到分子离子峰的 m/z 为 66.0459（测量误差为 ±0.006），试确定化合物的分子式。

解：已知 $^{12}C = 12.000$，$^1H = 1.0078$，$^{16}O = 15.9949$，$^{14}N = 14.0031$，$^{32}S = 31.9721$。按照原子量的排列组合计算分子量为 66（±0.006）的可能有下列分子式：$C_3NO = 65.9980$，$C_2N = 66.0093$，$C_4H_2O = 66.0125$，$C_3H_2N_2 = 66.0218$，$C_4H_4N = 66.0343$，$C_5H_6 = 66.0468$。从上述六个分子式的分子量来看，$C_5H_6 = 66.0468$ 最接近 66.0459（±0.006），且符合氮规则，由此可以确定此化合物的分子式为 C_5H_6。

三、质谱解析步骤及示例

1. 质谱解析步骤

（1）确认分子离子峰，确定相对分子质量。

（2）根据分子离子峰与同位素峰的丰度比，确定是否含有高丰度的同位素元素，如 Cl、Br、S 等；用同位素丰度法或高分辨质谱法确定分子式。

（3）计算不饱和度。

（4）注意分子离子峰相对于其他峰的强度，以此为化合物类型提供线索。

（5）注意观察特征离子碎片和丢失的碎片，确定化合物的类别。

（6）若有亚稳峰存在，要利用 $m^* = \dfrac{(m_2)^2}{m_1}$ 的关系式，找到 m_1 和 m_2，并推断出 $m_1 \rightarrow m_2$ 的裂解过程。

（7）解析质谱中主要峰的归属，按各种可能方式，连接已知的结构碎片及剩余的结构碎片，提出可能的结构式，并进行确认。

（8）验证。

2. 解析示例

例 10 - 8　某化合物质谱图如 10 - 9，m* 显示 *m/z* 154→*m/z* 139→*m/z* 111，推测其可能的结构。

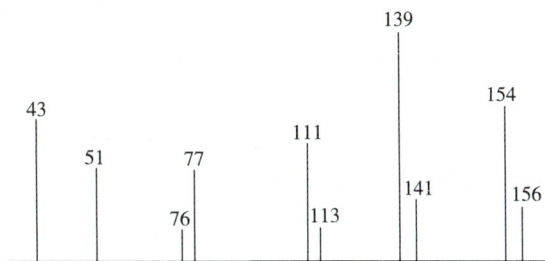

图 10 - 9　未知化合物质谱图

解：（1）m* 的 m/z 为偶数，提示为不含氮或不含奇数氮原子，从同位素峰其丰度比大致为 3∶1，提示含一个 Cl 原子。

（2）m* 提示 *m/z* 154→*m/z* 139→*m/z* 111。*m/z* 154→*m/z* 139 失去—CH$_3$，表明 *m/z* 154 为分子离子峰。

m/z 139→*m/z* 111 失去 CO 或 CH$_2$＝CH$_2$。*m/z* 43 峰出现，提示有 C$_3$H$_7^+$ 或 CH$_3$CO$^+$ 存在。m/z 51、76、77 表明含苯环。因此可能的结构为 A 或 B：

（A）　　　　　　　　　　（B）

若为 B 结构，则不可能出现 *m/z* 139→*m/z* 111 的裂解过程，而结构 A 符合此裂解，其裂解过程如下：

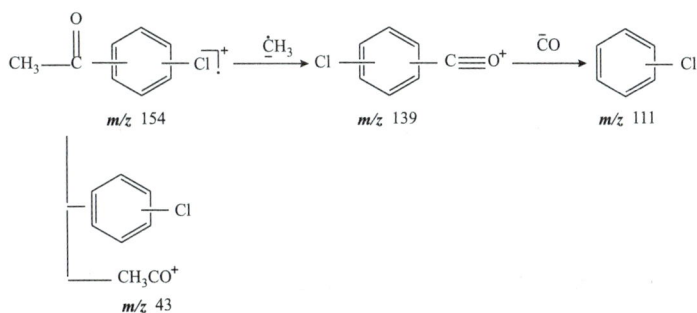

但—Cl 和—COCH$_3$ 彼此处于什么位置需借助于其他光谱才能确定。

例 10 - 9　一个有机化合物的分子式为 C$_8$H$_8$O$_2$，它的 IR 在 3100 ~ 3700cm^{-1} 间无吸收，质谱图如图 10 - 10，试推断其结构式。

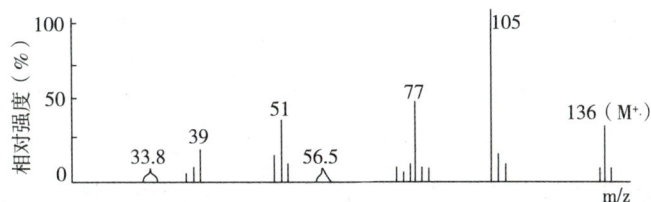

图 10 - 10　未知化合物的质谱图

解：（1）*m/z* 136 为分子离子峰

计算不饱和度 $\Omega = \dfrac{2 + 2n_4 + n_3 - n_1}{2} = \dfrac{2 + 2 \times 8 - 8}{2} = 5$

（2）亚稳峰 m/z 56.5 提示有 m/z 105→m/z 77 的开裂过程，因 $\dfrac{(m_2)^2}{m_1} = \dfrac{(77)^2}{105} = 56.5$；亚稳峰

m/z 33.8 提示有 m/z 77→m/z 51 的开裂过程，因 $\dfrac{(m_2)^2}{m_1} = \dfrac{(51)^2}{77} = 33.8$。

m/z 105 查常见碎片离子图可能是 $C_6H_5CO^+$ 的离子峰，若该结构正确，还应有 m/z 77 和 m/z 51 的碎片离子峰，质谱图上有这三种离子峰，证明有 $C_6H_5CO^+$ 存在。

（3）剩余的碎片组成为—OCH_3，剩余的碎片可能的结构为—OCH_3 或 CH_2OH。从 IR 可知在 3100 ~ 3700 间无吸收，因此没有—OH，所以只能是—OCH_3。因此该化合物的结构式为 $C_6H_5COOCH_3$。

验证：$\Omega = 5$

碎片离子的归属：

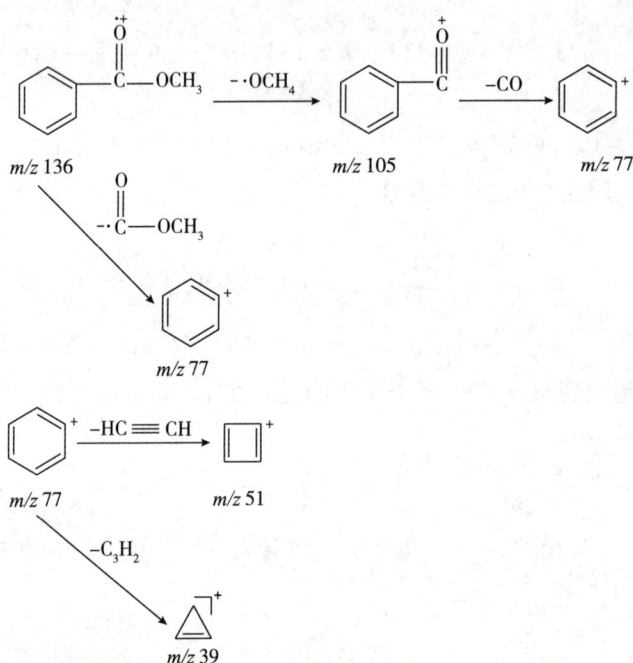

上述各离子均能在未知物质谱上找到，证明结构正确。

任务五　质谱法的应用

一、质谱的定性方法

质谱是纯物质鉴定的最有力工具之一，其中包括相对分子质量测定、化学式确定及结构鉴定等。得到质谱图后，利用计算机进行谱库检索是一种快速、简便的定性方法。一般质谱仪都储存有几十万个化合物的标准质谱图，质谱最主要的定性方式是谱库检索，检索结果可以给出几种最可能的化合物，并以匹配度大小顺序给出这些化合物的名称、分子式、分子量、结构式和基峰等信息。GC – MS 联用仪有几种数据库，应用最为广泛的是 NIST 库和 Willey 库。

1. 相对分子质量的测定　如前所述，从分子离子峰质荷比的数据可以准确地测定其相对分子质量，

因而正确地确认分子离子峰十分重要。虽然理论上可以认为除同位素峰外分子离子峰应是最高质量处的峰，但在实际中并不能由此简单认定。有时由于分子离子稳定性差而观察不到分子离子峰，因此在实际分析时必须加以注意。

2. 化学式的确定　在低分辨的质谱仪上，则可以通过同位素相对丰度法推导其化学式，同位素离子峰相对强度与其中各元素的天然丰度及存在个数成正比，对于一个 $CwHx - NyOz$ 的化合物，利用精确测定的 $(M+1)^+$、$(M+2)^+$ 相对于 M^+ 的强度比值，可从 Beynon 表中查出最可能的化学式，再结合其他规则确定化学式。

3. 结构鉴定　纯物质结构鉴定是质谱应用最成功的领域，通过谱图中各碎片离子、亚稳离子、分子离子的化学式、m/z 相对峰高等信息，根据各类化合物的分裂规律，找出各碎片离子产生的途径，从而拼凑出整个分子结构。根据质谱图拼出来的结构，对照其他分析方法，得出可靠的结果。另一种方法就是与相同条件下获得的已知物质标准图谱比较来确认样品分子的结构。

二、质谱的定量方法

质谱检出的离子强度与离子数目成正比，通过离子强度可进行定量分析。

1. 同位素测量　同位素离子的鉴定和定量分析是质谱发展起来的原始动力，稳定同位素测定至今依然十分重要，只不过不再是单纯的元素分析而已。分子的同位素标记对有机化学和生命化学领域中化学机制和动力学研究十分重要，而进行这一研究前必须测定标记同位素的量，质谱法是常用的方法之一。例如确定氘代苯 C_6D_6 的纯度，通常可用 $C_6D_6^+$ 与 $C_6D_5H^+$、$C_6D_4H_2^+$ 等分子离子峰的相对强度来进行。其他涉及标记同位素探针、同位素稀释及同位素年代测定工作，都可以用同位素离子峰来进行。后者是地质、考古等工作中经常进行的质谱分析，通过测定石英中 $^{40}Ar/^{39}Ar$ 离子峰相对强度之比，推算矿物的成矿年代。

2. 无机痕量分析　火花源的发展使质谱法可应用于无机固体分析，成为金属合金、矿物等重要的分析方法，它几乎能分析周期表中所有元素，灵敏度极高，谱图简单且各元素谱线强度大致相当，应用十分方便。电感耦合等离子源引入质谱后（ICP - MS），有效地克服了火花源的不稳定、重现性差、离子流随时间变化等缺点，使其在无机痕量分析中得到广泛应用。

3. 定量常用的扫描模式　选择离子监测（selective ion monitoring，SIM）是用于检测已知或目标化合物，只对选定的特征离子进行选择性扫描，而其他离子不被记录的检测方式。优点是：①选择性好，仅对指定离子选择性检测，干扰离子可有效消除；②灵敏度高，比正常扫描方式灵敏度提高大约 100 倍。其不足是：选择离子扫描只能检测有限的数个离子，不能得到完整的质谱图，不能进行未知化合物的定性分析（若选定的离子有很好的选择性，也可以用来表示某种化合物的存在）。SIM 最主要的用途是定量分析，由于它的选择性好，可把全扫描方式得到的非常复杂的总离子色谱图变得十分简单，消除其他组分的干扰。

SIM 比全扫描方式能得到更高的灵敏度。这种数据采集的方式一般用在定量目标化合物之前，往往需要已知化合物的性质。若几种目标化合物用同样的数据采集方式监测，可对几种离子同时测定。

串联质谱 MS - MS 仪器主要的数据采集方式如下。

（1）子离子扫描　选择一定的母离子经 CID 活化，MS2 记录产生的子离子。该方式特别适合于软电离（如 ESI、CI、FD、FAB）得到的分子离子进一步裂解以获得分子的结构信息。

（2）母离子扫描　选择 MS2 中的某一子离子，测定 MS1 中的所有母离子。该方式能帮助追溯碎片离子的来源，能对产生某种特征碎片离子的一类化合物进行快速筛选。

（3）中性丢失扫描　MS1 和 MS2 同时扫描，但 MS2 与 MS1 始终保持质量差 Δm，最终的谱图将显示那些来自一级谱图中通过裂解丢失中性碎片（Δm）的离子。中性丢失最能反映化合物特定官能团的信息。

三、色谱－质谱联用技术及应用

色谱－质谱联用是分离分析复杂物质的一种理想方法。色谱是一种极强的分离手段，它能将微量的多组分样品分离成许多单一组分，并可测得各组分的相对含量，而对分离出来的各组分做出明确的鉴定却是很困难的。质谱则恰恰相反，它对混合物的分析很困难，而对纯化合物的定性及结构鉴定却是一种非常有效的手段。因此，色谱与质谱联用既能充分发挥两者的优势，又能弥补双方的不足之处。

目前，色谱－质谱联用是有机质谱研究的一个重要领域。利用联用技术的气相色谱－质谱、液相色谱－质谱等，其主要问题是如何解决与质谱相连的接口及相关信息的高速获取与贮存。

1. 气相色谱－质谱联用（GC－MS）　是目前最常用的一种联用技术，在销售的商品质谱仪中占有相当大的一部分。

（1）GC－MS 的工作原理　如图 10－11 所示。

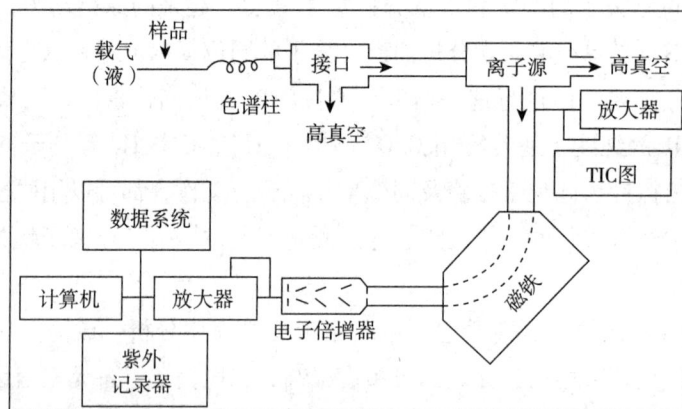

图 10－11　气相色谱－质谱联用原理流程图

当一个混合物样品注入色谱仪后，在色谱柱上进行分离，每种组分以不同的保留时间离开色谱柱，经分子分离器除去载气，只让组分分子进入离子源，经电离后，分子离子和碎片离子被加速并射向质量分析器。在进入质量分析器之前，设置一个总离子检测极，收集总离子流的一部分，经放大后可得到该组分的色谱峰，该图称为总离子流色谱图（TIC）。当记录仪上开始画出某组分的色谱峰时，表明该组分正出现在质谱仪的离子源内。当某组分的总离子色谱峰的峰顶将要出现时，总离子流检测器发出触发信号，启动质谱仪开始扫描而获得该组分的质谱图。

（2）GC－MS 的定性分析　GC－MS 最主要的定性方式是库检索。目前的 GC－MS 联用仪有多种数据库，应用最广泛的有 NIST 库和 Willey 库，前者有标准化合物谱图 13 万张，后者有近 30 万张，此外还有毒品库、农药库等专用谱库。由总离子流色谱图可以得到任一组分的质谱图，由质谱图可以利用计算机在数据库中检索。检索结果可以给出几种最可能的化合物，包括化合物名称、分子式、相对分子质量、基峰及可靠程度。在利用数据库检索之前，应首先得到一张较好的质谱图，并利用质量色谱图等技术判断质谱中有没有杂质峰。得到检索结果之后，还应根据未知物的理化性质及色谱保留值、红外、核磁谱等综合考虑，才能给出准确的定性结果。

（3）GC－MS 的定量分析　该方法类似于色谱法定量分析。由 GC－MS 得到的总离子流色谱图或质量色谱图，其色谱峰面积与相应组分的含量成正比，若对某一组分进行定量测定，可以采用色谱分析法中的归一化法、外标法、内标法等不同方法进行。这时，GC－MS 法可以理解为将质谱仪作为色谱仪的检测器，其余均与色谱法相同。与色谱法定量不同的是，GC－MS 法除可利用总离子流色谱图进行定量之外，还可以利用质量色谱图进行定量，后者可以最大限度地去除其他组分的干扰。

2. 液相色谱－质谱联用（LC－MS） 对于高极性、热不稳定、难挥发的大分子有机化合物，使用 GC－MS 有困难，液相色谱的应用不受沸点的限制，并能对热稳定性差的试样进行分离、分析。由于液相色谱的一些特点，在实现联用时所遇到的困难比 GC－MS 大得多，它需要解决的问题主要在两个方面：液相色谱流动相对质谱工作环境的影响和质谱离子源的温度对液相色谱分析试样的影响。

（1）LC－MS 的工作原理 与 GC－MS 类似，LC－MS 由液相色谱、接口和质谱仪三部分构成。LC－MS 的工作原理是：从 LC 柱出口流出液，先通过一个分离器，如果所用的 HPLC 柱是微孔柱（1.0mm），全部流出液可以直接通过接口，如果用标准孔径（4.6mm）HPLC 柱，流出液被分开，仅有约5%流出液被引进电离源内，剩余部分可以收集在馏分收集器内，当流出液经过接口时，接口将承担除去溶剂和离子化的功能。产生的离子在加速电压的驱动下，进入质谱仪的质量分析器。整个系统由计算机控制。

（2）LC－MS 的定性分析 与 LC 联机的质谱质量分析器有四极杆分析器、离子阱分析器、飞行时间分析器及 FT－ICR 池子分析器。离子阱分析器、飞行时间分析器的灵敏度很高，而 FT－ICR 池子分析器可以测定的质量精度很高。与 GC－MS 类似，LC－MS 也可以通过采集质谱得到总离子流色谱图。但是由于电喷雾是一种软电离源，通常不产生或产生很少碎片，谱图中只有准分子离子，因此，单靠 LC－MS 很难做定性分析，利用高分辨率质谱仪（FTMS 或 TOFMS）可以得到未知化合物的组成，对定性分析非常有利。为了得到未知化合物的碎片结构信息，必须使用串联质谱仪。

（3）LC－MS 的定量分析 基本方法与普通液相色谱法相同。但由于色谱分离方面的问题，一个色谱峰可能包含几种不同的组分，如果仅靠峰面积定量，会给定量分析造成误差。因此，对于 LC－MS 定量分析不采用总离子流色谱图，而是采用与待测组分相对应的特征离子的质量色谱图。此时，不相关的组分不出峰，可以减少组分间的互相干扰。然而，有时样品体系十分复杂，即使利用质量色谱图，仍然有保留时间相同、分子量也相同的干扰组分存在。为了消除其干扰，最好是采用串联质谱的多反应监测（MRM）技术。

3. 色谱－质谱/质谱联用 包括气相色谱－质谱/质谱联用（GC－MS/MS）和液相色谱－质谱/质谱联用（LC－MS/MS）。样品经 GC 或 LC 分离后，通过联用接口完成溶液的气化和样品分子的电离，随后串联质谱将采用不同的操作模式对电离离子进行定性和定量分析。将两个或多个质谱仪连接在一起，称为串联质谱。串联质谱也称为质谱－质谱法、多级质谱法、二维质谱法和序贯质谱法。最简单的串联质谱（MS/MS）是由两个质谱仪串联而成，最常见的串联质谱为三级四极杆串联质谱。

（1）色谱－质谱/质谱联用的定性分析 根据 MS/MS 的扫描模式，如子离子扫描、母离子扫描和中性碎片丢失扫描，可以查明不同质量数离子间的关系。在质谱与气相色谱或液相色谱联用时，即使色谱未能将样品完全分离，也可以通过 MS/MS 对组分进行定性分析。

（2）色谱－质谱/质谱联用的定量分析 对复杂基质生物样品中低浓度组分进行定量分析时，来自基质中其他化合物的信号可能会掩盖检测信号，可采用多反应监测模式（MRM）来消除干扰。MRM 也可同时定量分析多个化合物。

四、电感耦合等离子体－质谱联用

电感耦合等离子体－质谱联用（inductively coupled plasma－mass spectrometry，ICP－MS）属于无机

质谱，也称原子质谱，是以电感耦合等离子体（ICP）作为质谱仪的高温离子源（7000~8000K），将样品中待测元素原子化并进一步电离，质谱仪（MS）将来自ICP的正离子高速顺序扫描，根据质荷比（m/z）对待测元素进行分离并检测，实现定性和定量分析的方法。它是一种以独特的接口技术将具有高温电离特性的电感耦合等离子体与灵敏快速扫描的质谱仪相结合而形成的高灵敏元素分析手段，是用于微量、痕量元素和同位素分析以及形态分析的新型测试技术，是目前元素分析的最佳方法。由于其独特的同位素及其比率测定能力，这项技术在地质科学研究、冶金、石油、化工、核材料、半导体、环境监测、生物和医疗卫生等领域具有十分重要的地位。

1. ICP – MS 的定性分析　由 ICP – MS 得到的质谱图，其横坐标为离子的质荷比，纵坐标是离子计数。根据离子的质荷比可以进行定性分析，确定存在的元素种类。图 10 – 12 是 14 种稀土元素的 ICP – MS 质谱图，可以看出，其图谱简单清晰，容易解析。这里需要注意的是，无机质谱中用到的原子量术语与通常所说的原子平均质量 A 有所不同，因为在无机质谱中要区分同位素，即：

$$A = A_1 p_1 + A_2 p_2 + \cdots + A_n p_n \tag{10-9}$$

式中，A 是原子平均质量，A_1，$A_2 \cdots A_n$ 是同位素原子的质量，p_1，$p_2 \cdots p_n$ 是这些同位素的自然丰度。

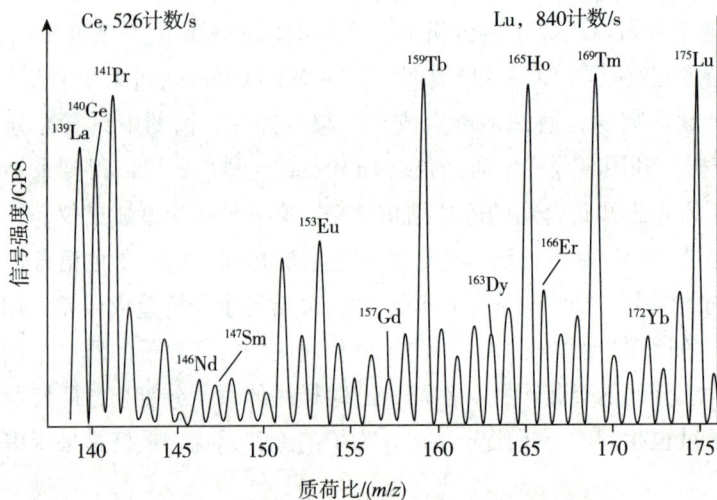

图 10 – 12　14 种稀土元素的 ICP – MS 质谱图

2. ICP – MS 的定量分析

（1）半定量分析　当仅需要了解样品中待测元素大致含量范围时，利用 ICP – MS 仪器所提供的软件可获得半定量分析结果。具体操作步骤包括：测定包含低、中、高质量数元素（一般需 5~8 个元素）的混合标准溶液，根据元素周期表中元素的电离度及同位素丰度等数据，获得质量数 – 灵敏度响应曲线。利用该曲线校正所用仪器的多元素灵敏度，存储灵敏度信息，然后测定未知样品。未知样品中所有元素的浓度都可以根据该响应曲线求出，从而获得样品的半定量分析结果。一般 ICP – MS 半定量分析误差可以控制在 ±（30% ~50%），甚至可控制在 20% 范围内。在用标准加入法进行定量分析前，用 ICP – MS 的半定量分析手段预先确定标准加入量的大小，可以提高标准加入法定量分析的准确度。

（2）定量分析　根据某一质荷比下的计数，可以进行定量分析。常用的方法有标准曲线法、内标校正法、标准加入法和同位素稀释法等。

1）标准曲线法　ICP – MS 定量分析与其他分析方法相似，最常用的也是标准曲线法。如果未知样品中溶解固体总浓度低于 2000mg/L，选用水配制的标准溶液即可。对于基体元素含量较高的样品，应配制尽量与样品基体匹配的标准溶液。

2）内标校正法 为了补偿和校正仪器漂移和基体效应，经常采用在标准和样品中同时加入内标元素作为参考点，对另一个或多个元素的含量进行校正。选择的内标物的原则为：①一般选择样品中很少存在的并且原子质量和电离势与待测元素相近的元素，其在等离子体中的电离行为与被测元素基本一致；②内标元素不应受同质异位素重叠、多原子离子干扰，也不应对被测元素的同位素测定产生干扰；③内标元素应有较好的测试灵敏度；④如果选择样品中固有元素作为内标元素，要确保其在样品中有适宜的浓度，使其产生的信号强度不受仪器计数统计的限制；⑤多元素测定可以选择两个或两个以上内标元素。In 和 Rh 是常用的两个内标元素，二者的原子量在原子质量范围的中部（质量数分别为 115 和 103），它们在大多数样品中的浓度都很低，而且灵敏度高，电离度几乎为 100%，而且不受同质异位素重叠干扰，都是单同位素（^{103}Rh 占 100%）或具有一个丰度很高的主同位素（^{115}In 为 95.7%）。其他可用作内标元素的元素的有^{45}Sc、^{89}Y、^{69}Ga、^{72}Ge、^{133}Cs、^{159}Tb、^{169}Tm、^{185}Re、^{193}Ir、^{205}Tl、^{209}Bi 等。通常样品和内标物两者的电流或电子计数强度之比在几个数量级范围内与待测元素的浓度都有线性关系，也可以采用对数曲线（log/log）进行定量分析。

3）同位素稀释法 稳定同位素稀释法是一种非常实用的元素分析方法，其基本原理是在样品中掺入已知量的某一被测元素的浓缩同位素后，测定该浓缩同位素与该元素的另一参考同位素的信号强度的比值变化。从加入和未加入浓缩同位素稀释剂样品中的同位素的比值变化上可计算出样品中该元素的浓度。该方法可用于至少具有两个稳定同位素的元素分析。其定量依据是：

$$c_X = [m_s K(A_s - B_s R)] / [W(BR - A)] \tag{10-10}$$

式中，c_X 为样品中被测元素的浓度；m_s 为掺入物的质量；W 为样品质量；K 为被测元素原子量与浓缩物原子量的比值；A 为参考同位素的天然丰度；B 为浓缩同位素的天然丰度；A_s 为参考同位素在浓缩物中的丰度；B_s 为浓缩同位素在浓缩物中的丰度；R 为加入浓缩物后样品中参考同位素和浓缩同位素的比值。

实训一　气相色谱－质谱联用法测定化妆品中二噁烷含量

本方法规定了气相色谱－质谱联用法测定化妆品中二噁烷的含量。本方法适用于液态水基类、凝胶类、膏霜乳液类化妆品中二噁烷含量的测定。样品在顶空瓶中经过加热提取后，经气相色谱－质谱法测定，采用离子相对丰度比进行定性，以选择离子监测模式进行测定，以标准加入单点法定量。

本方法对二噁烷的检出限为 2μg，定量下限为 6μg；取样量为 2.0g 时，检出浓度为 1μg/g，最低定量浓度为 3μg/g。

【试剂和材料】

除另有规定外，本方法所用试剂均为分析纯或以上规格，水为 GB/T 6682 规定的一级水。

（1）标准品　二噁烷标准品信息详见本实训附表 A。

（2）标准储备溶液　称取二噁烷 0.1g（精确到 0.0001g），置 100ml 容量瓶中，用去离子水配制成浓度为 1000μg/ml 的标准储备溶液。

（3）氯化钠。

【仪器和设备】

气相色谱仪，配有质谱检测器（MSD）；顶空进样器，或气密针；20ml 顶空瓶；天平；超声波清洗器。

【分析步骤】

1. 标准系列溶液的制备

（1）标准系列溶液　用去离子水将标准储备液分别配成二噁烷浓度为 0 、4、10、20 、50、100μg/ml 的二噁烷标准系列溶液。

（2）二噁烷定性标准溶液　取 50μg/ml 二噁烷标准溶液 1ml，置于顶空进样瓶中，加入 1g 氯化钠，加入 7ml 去离子水，密封后超声，轻轻摇匀，作为二噁烷定性标准溶液。

2. 样品处理　称取样品 2g（精确到 0.001g），置于顶空进样瓶中，加入 1g 氯化钠，加入 7ml 去离子水，分别精密加入二噁烷标准系列溶液 1ml，密封后超声，轻轻摇匀，作为加二噁烷标准系列溶液的样品。置于顶空进样器中，待测。

3. 仪器参考条件

（1）顶空条件

汽化室温度：70℃。

定量管温度：150℃。

传输线温度：200℃。

振荡情况：振荡。

汽液平衡时间：40 分钟。

进样时间：1 分钟。

（2）气相色谱－质谱条件

色谱柱：交联 5% 苯基甲基硅烷毛细管柱（30m×0.25mm×025μm），或等效色谱柱。

色谱柱温度：40℃（5 分钟）$\xrightarrow{50℃/min}$ 50℃（2 分钟），可根据实验室情况适当调整升温程序。

进样口温度：210℃。

色谱－质谱接口温度：280℃。

载气：氦气，纯度大于等于 99.999%，流速 1.0ml/min。

电离方式：EI。

电离能量：70eV。

测定方式：选择离子检测（SIM），选择检测离子 m/z 见表 10-6。

进样方式：分流进样，分流比为 10：1。

进样量：1.0ml。

4. 测定

（1）定性　用气相色谱－质谱仪对加二噁烷标准浓度为 0μg/ml 的样品、二噁烷定性标准溶液进行定性测定，如果检出的色谱峰的保留时间与二噁烷定性标准溶液相一致，并且在扣除背景后样品的质谱图中，所选择的检测离子均出现，而且检测离子相对丰度比与标准样品的离子相对丰度比相一致（见表10-6），则可以判断样品中存在二噁烷。

表 10-6　检测离子和离子相对丰度比

检测离子（m/z）	离子相对丰度比（%）	允许相对偏差（%）
88	100	
58	应用标准品测定离子相对丰度比	±20
43	应用标准品测定离子相对丰度比	±25

（2）定量　用加标准系列溶液的样品分别进样，以检测离子 m/z 88 为定量离子，以二噁烷峰面积为纵坐标，二噁烷标准加入量为横坐标进行线性回归，建立标准曲线，其线性相关系数应大于 0.99。按下述计算样品中二噁烷的含量。

【分析结果的表述】

1. 确定标准加入单点法中用于计算的标准参考量　选择加标为 0μg/ml 的样品作为样品取样量（m），根据样品（m）的峰面积（A_i），选择加入二噁烷标准品后二噁烷的峰面积（A_s）与 $2A_i$ 相当的加标样品（m_i）作为计算用标准（m_s），应用标准加入单点法对样品进行计算。

2. 计算

$$\omega = \frac{m_s}{\left[\,(A_s/A_i) - (m_i/m)\,\right] \times m}$$

式中，ω—样品中二噁烷的含量，$\mu g/g$；m_s—加入二噁烷标准品的量，μg；A_i—样品中二噁烷的峰面积；A_s—加入二噁烷标准品后样品中二噁烷的峰面积；m—样品取样量，g；m_i—加入二噁烷标准品的样品取样量，g。

在重复性条件下获得的两次独立测定结果的绝对差值不得超过算术平均值的 10%。

3. 回收率和精密度　多家实验室验证的平均回收率为 84.9% ~ 113%，相对标准偏差小于 13.3%（n＝6）。

【图谱】

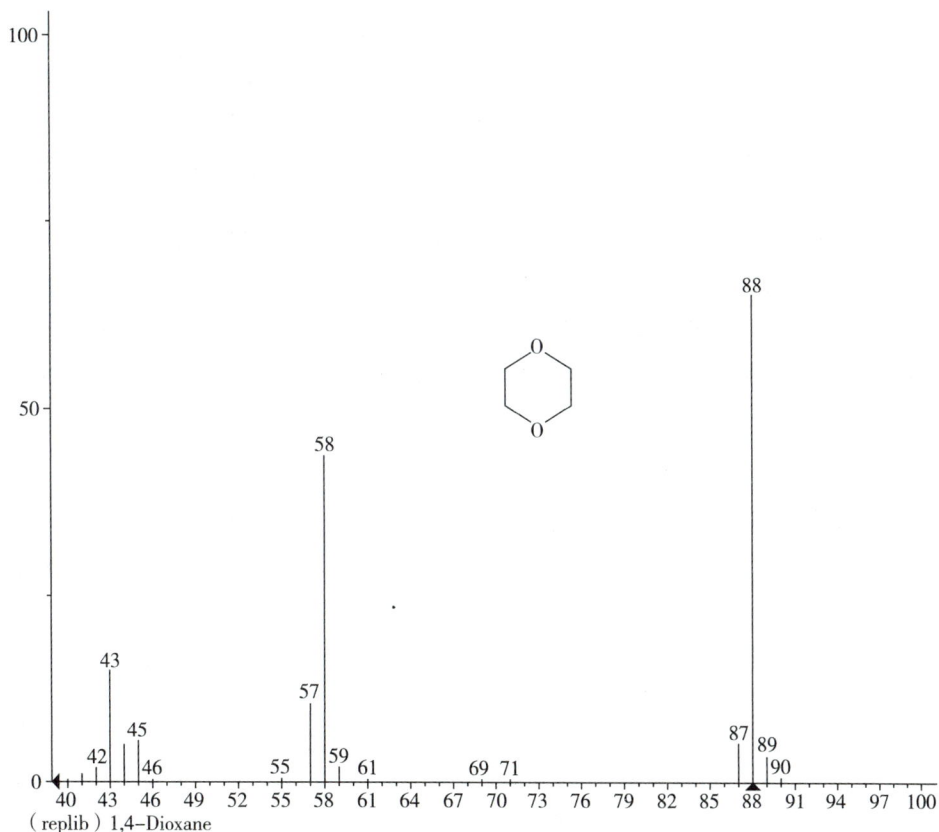

图 10 - 13　二噁烷标准溶液质谱图

注：此图引自《化妆品安全技术规范》（2015 版）

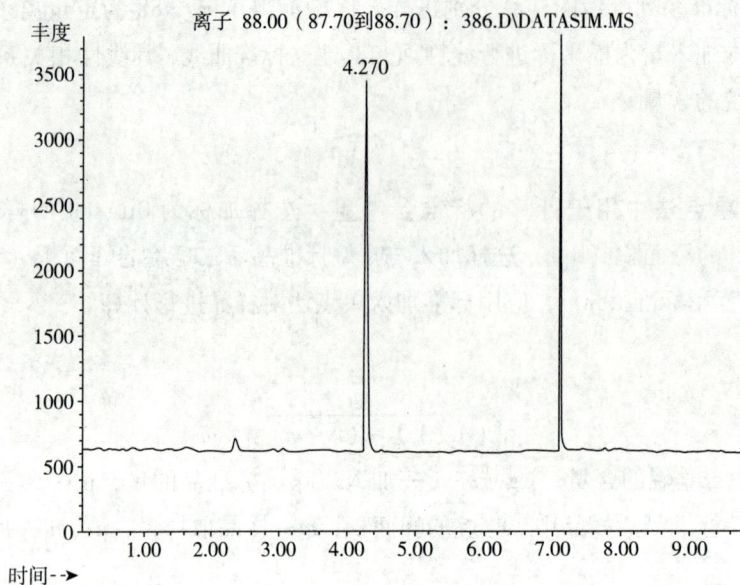

图 10 – 14 空白样品加二噁烷的 GC – MS 提取离子图（*m/z* 88）

二噁烷（4.270min）

注：此图引自《化妆品安全技术规范》（2015 版）

附录 A 二噁烷标准品信息表

序号	中文名称	CAS 号	分子式	分子量	纯度（%）
1	二噁烷	123 – 91 – 1	$C_4H_8O_2$	88.11	> 99

实训二　液相色谱 – 质谱联用法测定化妆品中氟康唑等禁用原料

本方法规定了液相色谱 – 串联质谱法测定化妆品中氟康唑等原料的含量。本方法适用于化妆品中氟康唑等 9 种原料含量的测定，其中所指的 9 种原料为氟康唑、酮康唑、萘替芬、联苯苄唑、克霉唑、益康唑、灰黄霉素、咪康唑、环吡酮胺。样品提取后（其中环吡酮胺的测定需要进行硫酸二甲酯衍生化处理），用液相色谱 – 串联质谱法测定，以多反应离子监测模式进行监测，采用特征离子丰度比进行定性，峰面积定量，以标准曲线法计算含量。

本方法的检出限、定量下限和取样量为 0.5g 时的检出浓度、最低定量浓度见表 10 – 7。

表 10 – 7 氟康唑等 9 种原料的检出限、定量下限、检出浓度和最低定量浓度

测定原料	检出限（ng）	定量下限（ng）	检出浓度（μg/g）	最低定量浓度（μg/g）
氟康唑	0.004	0.04	0.25	1
酮康唑	0.02	0.1	0.5	2.5
萘替芬	0.0008	0.004	0.02	0.1
联苯苄唑	0.0008	0.004	0.02	0.1
克霉唑	0.004	0.008	0.15	0.25
益康唑	0.004	0.04	0.15	1
咪康唑	0.004	0.008	0.15	0.25
灰黄霉素	0.008	0.02	0.25	0.5
环吡酮胺	0.004	0.02	0.15	0.5

【试剂和材料】

除另有规定外，本方法所用试剂均为分析纯或以上规格，水为 GB/T 6682 规定的一级水。

（1）标准品　氟康唑等 9 种原料标准品信息详见本实训附录 A。

（2）乙腈（色谱纯）。

（3）硫酸二甲酯。

（4）三乙胺。

（5）乙酸（色谱纯）。

（6）氯化钠。

（7）氢氧化钠。

（8）饱和氯化钠溶液　称取 40g 氯化钠，置于 250ml 磨口锥形瓶中，加入 100ml 水，超声 15 分钟，即得。

（9）0.3mol/L 氢氧化钠溶液　称取 1.2g 氢氧化钠，置于 250ml 烧杯中，加入 100ml 水，用玻璃棒搅拌至溶解，即得。

（10）0.1% 乙酸溶液　量取乙酸 1ml，加水稀释至 1000ml。

（11）乙腈（含 0.1% 乙酸）　量取 200ml 乙腈于 500ml 容量瓶中，加入 0.5ml 乙酸，用乙腈稀释并定容至刻度，摇匀。

（12）混合标准储备溶液：分别称取灰黄霉素、酮康唑、克霉唑、益康唑、咪康唑、氟康唑、联苯苄唑、环吡酮胺、萘替芬各 10mg（精确到 0.00001g）置于同一 10ml 容量瓶中，加乙腈使溶解并定容至刻度，摇匀，即得浓度为 1mg/ml 的混合标准储备溶液。

【仪器和设备】

液相色谱 – 三重四极杆质谱联用仪；天平；超声波清洗器；离心机；涡旋混合仪。

【分析步骤】

1. 混合标准系列溶液的制备　取混合标准储备溶液，用乙腈分别配制得浓度为 10、25、50、100、300、500μg/ml 的混合标准系列溶液

2. 样品处理

（1）未衍生化样品处理（用于测定除环吡酮胺外的 8 种原料）　称取样品 0.5g（精确到 0.001g），置于 25ml 具塞比色管中，加入饱和氯化钠溶液 1ml，涡旋 30 秒，加入乙腈 1ml，涡旋 30 秒，加入乙腈 20ml，涡旋 30 秒，超声提取 30 分钟，涡旋 30 秒，加入乙腈定容至刻度，4500r/min 离心 5 分钟，取上清液经 0.45μm 微孔滤膜过滤后，滤液作为未衍生化待测溶液，用于测定除环吡酮胺外的 8 种原料。

（2）衍生化样品处理（仅用于测定环吡酮胺）　精密吸取上述未衍生化待测备用溶液 1ml 于玻璃试管中，加入 0.3mol/L 氢氧化钠溶液 0.5ml，而后加入 50μl 硫酸二甲酯，涡旋 30 秒，置于 37℃ 水浴 15 分钟，最后加入 50μl 三乙胺，涡旋 30 秒后，经 0.45μm 微孔滤膜过滤，滤液作为衍生化待测溶液，仅用于测定环吡酮胺。

注：硫酸二甲酯毒性强，使用时最好佩戴防毒面具，保持实验室通风，并密封贮存于干燥通风处，远离火种、热源，防止阳光直射。

3. 基质标准系列溶液的制备

（1）未衍生化基质标准系列溶液的制备　称取空白样品 0.5g（精确到 0.001g），置于 25ml 具塞比色管中，分别加入混合标准系列溶液 50μl，按照"样品处理"步骤进行前处理，即得浓度为 1、2.5、

5、10、30、50μg/g 的未衍生化基质标准系列溶液，用于测定除环吡酮胺外的 8 种原料（基质标准曲线采用的空白样品的性状应与待测化妆品基本一致）。

（2）衍生化基质标准系列溶液的制备　精密吸取上述未衍生化基质标准系列溶液 1ml 于玻璃试管中，加入 0.3mol/L 氢氧化钠溶液 0.5ml，而后加入 50μl 硫酸二甲酯，涡旋 30 秒，置于 37℃ 水浴 15 分钟，最后加入 50μl 三乙胺，涡旋 30 秒后，经 0.45μm 微孔滤膜过滤后，即得浓度为 1、2.5、5、10、30、50μg/g 的衍生化基质标准系列溶液，仅用于测定环吡酮胺。

4. 仪器参考条件

（1）色谱条件

色谱柱：C_8 柱（100mm × 2.1mm × 3.5μm），或等效色谱柱。

流动相：A 为 0.1% 乙酸；B 为乙腈（含 0.1% 乙酸）；梯度程序详见表 10-8。

表 10-8　流动相梯度洗脱程序

时间/min	V（A）/%	V（B）/%
0.0	85	15
1.0	85	15
2.0	55	45
4.0	40	60
4.8	20	80
5.0	85	15
9.0	85	15

流速：0.4ml/min。

柱温：30℃。

进样量：2μl。

（2）质谱条件

离子源：电喷雾离子源（ESI 源）。

监测模式：正离子监测模式；监测离子对及相关电压参数设定见表 10-9。

喷雾压力：40psi。

干燥气流速：10L/min。

干燥气温度：350℃。

毛细管电压：4000V。

0~1.5 分钟不进入质谱仪分析，1.5~9 分钟进入质谱仪分析。

表 10-9　三重四极杆离子对及相关电压参数设定表

编号	原料名称	母离子（m/z）	Frag.（V）	子离子（m/z）	CE（V）
1	灰黄霉素	353.0	130	165.0*	20
			130	215.0	20
			130	489.0*	50
2	酮康唑	531.0	130	255.0	40
			110	165.0*	20
3	克霉唑	277.0	110	241.0	20
			130	125.0*	40

续表

编号	原料名称	母离子（m/z）	Frag.（V）	子离子（m/z）	CE（V）
4	益康唑	381.0	130	193.0	20
			130	159.0*	40
5	咪康唑	417.0	130	161.0	30
			130	238.0*	15
6	氟康唑	307.0	130	220.0	15
			90	243.0*	35
7	联苯苄唑	311.0	90	165.0	10
			110	136.1*	25
8	环吡酮胺	222.2	110	162.2	30
			110	117.0*	25
9	萘替芬	288.0	110	141.0	15

注："*"为定量离子对。

5. 定性判定 用液相色谱 – 串联质谱法对样品进行定性判定，在相同试验条件下，样品中应呈现定量离子对和定性离子对的色谱峰，被测原料的质量色谱峰保留时间与标准溶液中对应原料的质量色谱峰保留时间一致；样品色谱图中所选择的监测离子对的相对丰度比与相当浓度标准溶液的离子对相对丰度比的偏差不超过表 10 – 10 规定范围，则可以判断样品中存在对应的原料。

表 10 – 10 定性确证时相对离子丰度的最大允许偏差

相对离子丰度（k）	k＞50%	50%≥k＞20%	20%≥k＞10%	k≤10%
允许的最大偏差	±20%	±25%	±30%	±50%

6. 测定

（1）未衍生化样品定量测定 在上述液相色谱 – 三重四极杆质谱联用条件下，用未衍生化基质标准系列溶液分别进样，以系列浓度为横坐标、峰面积为纵坐标，进行线性回归，绘制基质标准曲线，其线性相关系数应大于 0.99。

取处理得到的待测溶液进样，峰面积代入基质标准曲线，得到原料的浓度，按式（10 – 12），计算样品中除环吡酮胺外 8 种原料的质量分数。

（2）衍生化样品定量测定 在上述液相色谱 – 三重四极杆质谱联用分析条件下，用衍生化基质标准系列溶液分别进样，以系列浓度为横坐标、峰面积为纵坐标，进行线性回归，绘制基质标准曲线，其线性相关系数应大于 0.99。

取处理得到的待测溶液进样，峰面积代入基质标准曲线，得到原料的浓度，按式（10 – 12），计算样品中环吡酮胺的质量分数。

【分析结果的表述】

1. 计算

$$\omega = D \times f \times \rho \qquad (10 - 12)$$

式中，ω—化妆品中氟康唑等 9 种原料的质量分数，$\mu g/g$；f—样品称量重量校正系数，$0.5g/m$（m—样品取样量，g）；ρ—从标准曲线得到待测原料的浓度，$\mu g/g$；D——稀释倍数（不稀释则为 1）。

在重复性条件下获得的两次独立测试结果的绝对差值不得超过算术平均值的 15%。

2. 回收率和精密度 低浓度的方法回收率为 84.7% ~113.5%，相对标准偏差小于 14.9%，中、高浓度的方法回收率为 84.8% ~ 115.1%，相对标准偏差小于 13.0%。

【图谱】

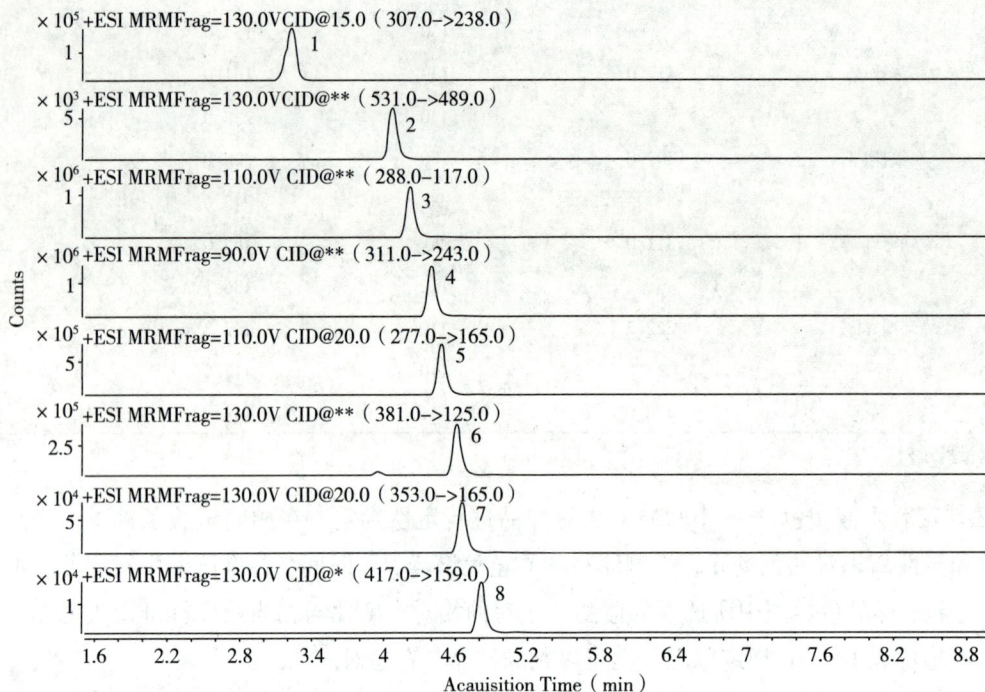

图 10 – 15　未经过衍生化处理的混合对照品溶液的 HPLC – MS/MS 质谱图

1：氟康唑；2：酮康唑；3：萘替芬；4：联苯苄唑；5：克霉唑；6：益康唑；7：灰黄霉素；8：咪康唑

注：此图引自《化妆品安全技术规范》（2015 版）

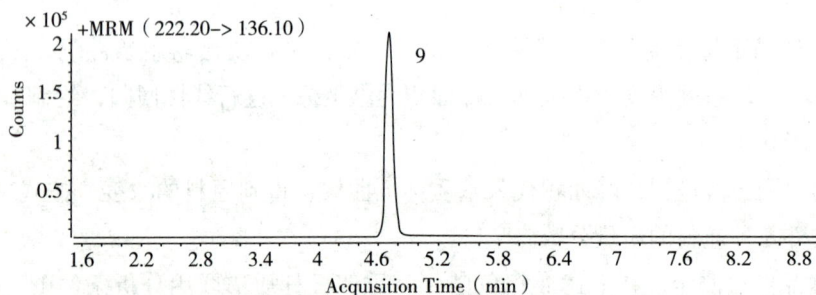

图 10 – 16　衍生化后混合对照品溶液的 HPLC – MS/MS 质谱图

9：环吡酮胺

注：此图引自《化妆品安全技术规范》（2015 版）

附录 A　氟康唑等 9 种原料标准品信息表

序号	中文名称	CAS 号	分子式	分子量	纯度（%）
1	氟康唑	86386 – 73 – 4	$C_{13}H_{12}F_2N_6O$	306. 27	>97
2	酮康唑	65277 – 42 – 1	$C_{26}H_{28}Cl_2N_4O_4$	531. 43	>97
3	萘替芬	65472 – 88 – 0	$C_{21}H_{21}N$	287. 40	>97
4	联苯苄唑	60628 – 96 – 8	$C_{22}H_{18}N_2$	310. 39	>97
5	克霉唑	23593 – 75 – 1	$C_{22}H_{17}ClN_2$	344. 84	>97
6	益康唑	27220 – 47 – 9	$C_{18}H_{15}Cl_3N_2O$	381. 68	>97

续表

序号	中文名称	CAS 号	分子式	分子量	纯度（%）
7	咪康唑	22916 – 47 – 8	$C_{18}H_{14}Cl_4N_2O$	416.43	>97
8	灰黄霉素	126 – 07 – 8	$C_{17}H_{17}ClO_6$	352.77	>97
9	环吡酮胺	29342 – 05 – 0	$C_{12}H_{17}NO_2$	207.27	>97

实训三　电感耦合等离子体 – 质谱法测定化妆品中锂等元素的含量

本方法规定了电感耦合等离子体 – 质谱法测定化妆品中锂等元素的含量。本方法适用于化妆品中锂等 37 种元素的测定，所指的 37 种元素为锂（Li）、铍（Be）、钪（Sc）、钒（V）、铬（Cr）、锰（Mn）、钴（Co）、镍（Ni）、铜（Cu）、砷（As）、铷（Rb）、锶（Sr）、银（Ag）、镉（Cd）、铟（In）、铯（Cs）、钡（Ba）、汞（Hg）、铊（Tl）、铅（Pb）、铋（Bi）、钍（Th）、镧（La）、铈（Ce）、镨（Pr）、钕（Nd）、镝（Dy）、铒（Er）、铕（Eu）、钆（Gd）、钬（Ho）、镥（Lu）、钐（Sm）、铽（Tb）、铥（Tm）、钇（Y）和镱（Yb）。

样品经酸消解处理成溶液后，经气动雾化器以气溶胶的形式进入氩气为基质的高温射频等离子体中，经过蒸发、解离、原子化、电离等过程，转化为带正电荷的正离子，经离子采集系统进入质谱仪，质谱仪根据质荷比进行分离，质谱积分面积与进入质谱仪中的离子数成正比。即被测元素浓度与各元素产生的信号强度 CPS 成正比，与标准系列比较定量。

若取 0.5g 样品，定容体积（25ml），本方法定量下限和最低定量浓度见表 10 – 11。

表 10 – 11　各种金属元素的检出限、定量下限、检出浓度和最低定量浓度

	检出限（μg/L）	定量下限（μg/L）	检出浓度（μg/kg）	最低定量浓度（μg/kg）
锂（Li）	0.1	0.3	5	15
铍（Be）	0.04	0.13	2	6.7
钪（Sc）	0.06	0.2	3	10
钒（V）	0.1	0.3	5	15
铬（Cr）	0.3	1	15	50
锰（Mn）	1	3.3	50	167
钴（Co）	0.03	0.09	1.5	4.5
镍（Ni）	0.2	0.6	10	30
铜（Cu）	1.6	5.3	80	267
砷（As）	0.02	0.07	1	3.3
铷（Rb）	0.08	0.27	4	13
锶（Sr）	0.3	0.9	15	45
银（Ag）	0.02	0.07	1	3.3
镉（Cd）	0.02	0.07	1	3.3
铟（In）	0.02	0.07	1	3.3
铯（Cs）	0.02	0.07	1	3.3
钡（Ba）	0.65	2.2	32	108
汞（Hg）	0.02	0.07	1	3.3
铊（Tl）	0.02	0.07	1	3.3
铅（Pb）	0.6	1.8	30	90

续表

	检出限（μg/L）	定量下限（μg/L）	检出浓度（μg/kg）	最低定量浓度（μg/kg）
铋（Bi）	0.12	0.4	6	20
钍（Th）	0.08	0.27	4	13
镧（La）	0.1	0.3	5	15
铈（Ce）	0.03	0.09	1.5	4.5
镨（Pr）	0.02	0.07	1	3.3
钕（Nd）	0.02	0.07	1	3.3
镝（Dy）	0.02	0.07	1	3.3
铒（Er）	0.02	0.07	1	3.3
铕（Eu）	0.02	0.07	1	3.3
钆（Gd）	0.02	0.07	1	3.3
钬（Ho）	0.02	0.07	1	3.3
镥（Lu）	0.02	0.07	1	3.3
钐（Sm）	0.02	0.07	1	3.3
铽（Tb）	0.02	0.07	1	3.3
铥（Tm）	0.02	0.07	1	3.3
钇（Y）	0.05	0.15	2.5	7.5
镱（Yb）	0.02	0.07	1	3.3

【试剂和材料】

除另有规定外，本方法所用试剂均为分析纯或以上规格，水为 GB/T 6682 规定的一级水。

（1）硝酸（p20 = 1.42g/ml，优级纯）。

（2）高氯酸（优级纯）。

（3）过氧化氢（优级纯）。

（4）硝酸（0.5mol/L） 取硝酸 3.2ml 加入 50ml 水中，稀释至 100ml。

（5）混合酸 硝酸和高氯酸按 3 + 1 混合。

（6）混合标准储备液 锂（Li）、铍（Be）、钪（Sc）、钒（V）、铬（Cr）、锰（Mn）、钴（Co）、镍（Ni）、铜（Cu）、砷（As）、铷（Rb）、锶（Sr）、银（Ag）、镉（Cd）、铟（In）、铯（Cs）、钡（Ba）、铊（Tl）、铅（Pb）、铋（Bi）、钍（Th）、镧（La）、铈（Ce）、镨（Pr）、钕（Nd）、镝（Dy）、铒（Er）、铕（Eu）、钆（Gd）、钬（Ho）、镥（Lu）、钐（Sm）、铽（Tb）、铥（Tm）、钇（Y）、镱（Yb）［ρ = 10.0mg/L］。选用相应浓度的持证混合标准溶液；汞（Hg）标准溶液［ρ = 10.0mg/L］。

（7）混合标准使用液 取混合标准储备液 10ml，用硝酸定容至 100ml，摇匀，配成质量浓度为 1000μg/L 的混合标准使用液。准确移取汞（Hg）标准溶液 1.0ml，用硝酸定容至 100ml，摇匀，配成质量浓度为 100μg/L 的汞标准溶液。

（8）内标储备溶液 Re［ρ = 10.0mg/L］、Rh［ρ = 10.0mg/L］。选用相应浓度的持证混合标准溶液。

（9）① 内标使用液 用硝酸配成浓度为 20μg/L 的（Re + Rh）混合内标使用液。

---

① 可根据不同型号仪器选用合适浓度的内标溶液，采用在线加入方式。

（10）① 质谱调谐液 锂（Li）、钴（Co）、铟（In）、铀（U）、钡（Ba）、铈（Ce）混合溶液为质谱调谐液，浓度为 1.0μg/L。

【仪器和设备】

电感耦合等离子体质谱仪（ICP－MS），微机工作站；微波消解仪及其配件；具塞比色管，10ml、25ml、50ml；水浴锅（或敞开式电加热恒温炉）；天平。

【分析步骤】

1. 标准系列溶液的制备 分别取混合标准使用液 0.00、0.10、0.50、1.00、5.00、10.0ml 于 100ml 容量瓶中，加硝酸溶液至刻度，摇匀，配制成浓度分别为 0.00、1.00、5.00、10.0、50.0、100μg/L 的混合标准系列溶液。分别取汞标准溶液 0.00、0.50、1.00、2.00、4.00、5.00ml 于 100ml 容量瓶中，加硝酸溶液至刻度，摇匀，配制成浓度分别为 0.00、0.50、1.00、2.00、4.00、5.00μg/L 汞元素标准系列溶液。根据待测元素的实际含量，可在此范围内选取合适的标准曲线范围。

说明：汞元素的标准溶液应现用现配，防止吸附。其他元素标液可配制后放入 4℃ 冰箱中（建议用塑料材质容量瓶储存），有效期为一周。

2. 样品处理（可任选一种方法）

（1）湿式消解法 称取样品 0.5～1.0g（精确到 0.001g），置于三角瓶中，同时做试剂空白对照。样品如含有乙醇等有机溶剂，先在水浴或电热板上低温挥发。若为膏霜型样品，可预先在水浴中加热使瓶壁上样品融化流入瓶的底部。加入数粒玻璃珠，然后加入混合酸 10～15ml，由低温至高温加热消解，不时缓缓摇动使均匀，消解至冒白烟，消解液呈淡黄色或无色。浓缩消解液至 2～3ml。冷至室温后定量转移至 25ml 具塞比色管中，以水定容至刻度，备用。对于某些粉质化妆品消解后存在一些沉淀物或悬浊物，定容后过滤，待测。

（2）微波消解法 称取样品 0.3～0.5g（精确到 0.0001g），置于清洗好的聚四氟乙烯消解罐内，同时做试剂空白对照。含乙醇等挥发性原料的化妆品如香水、摩丝、沐浴液、染发剂、精华素、刮胡水、面膜等，先放入温度可调的 100℃ 恒温电加热器或水浴中挥发（不得蒸干）。油脂类和膏粉类等干性物质，如唇膏、睫毛膏、眉笔、胭脂、唇线笔、粉饼、眼影、爽身粉、痱子粉等，取样后先加水 0.5～1.0ml，润湿摇匀。

根据样品消解难易程度，样品或经预处理的样品，先加入硝酸 3.0～5.0ml，静止过夜，充分作用。然后再依次加入过氧化氢 1.0～2.0ml，将消解罐晃动几次，使样品充分浸没。放入沸水浴或温度可调的恒温电加热设备中，100℃ 加热约 30 分钟，取下，冷却。把装有样品的消解罐拧上罐盖，放进微波消解仪中。同时严格按照微波消解系统操作手册进行操作。

表 10－12 为一般样品电感耦合等离子体－质谱法消解时温度－时间的程序②。如果化妆品是油脂类、中草药类、洗涤类，可适当提高防爆系统灵敏度，以增加安全性。

根据样品消解难易程度，可在 20～40 分钟内消解完毕，取出冷却，开罐，将消解好的含样品的消解罐放入沸水浴或温度可调的 100℃ 电加热器中数分钟，驱除样品中多余的氮氧化物，以免干扰测定。

---

① 可根据不同型号仪器选用合适的质谱调谐液。
② 可根据不同型号微波消解仪器的特点选择适量的消解液及最佳消解条件进行样品消解。

表 10 −12　消解时温度时间程序

温度（℃）	升温时间（min）	保持时间（min）
120	5	3
160	5	3
180	5	20

　　将样品移至 25ml 具塞比色管中，用水洗涤消解罐数次，合并洗涤液，用水定容至 25ml，备用。对于某些粉质化妆品消解后存在一些沉淀物或悬浊物，定容后过滤，待测。

　　说明：汞元素为极易挥发元素，在样品测定前处理过程中，应尽量降低预消解温度和赶酸温度（建议 100℃ 以下），同时也应减少赶酸时间，赶酸至氮氧化物除去即可。

　　3. 仪器参考条件　用质谱调谐液调整仪器各项指标，使仪器灵敏度、氧化物、双电荷、分辨率等指标达到要求。

　　射频功率：1550W。等离子体氩气流速：14L/min。雾化器氩气流速：1mL/min。采样深度：5mm。雾化器：Barbinton。雾化室温度：4℃。采样锥与截取锥类型：镍锥。

　　模式：碰撞反应模式①。

　　4. 测定　在上述仪器条件下，引入在线内标溶液，标准和样品同时进行 ICP – MS 分析。每一样品定量需三次积分，取平均值。以各元素标准溶液浓度为横坐标，各元素与相应内标计数值的比值为纵坐标，绘制标准曲线，由工作站直接计算出待测溶液的浓度。

　　对每一元素，应测定可能影响数据的每一同位素，以减少干扰造成的分析误差（推荐测定的元素同位素见表 10 –13）。

表 10 –13　每一元素推荐测定的同位素

元素	质量数	元素	质量数	元素	质量数
Li	7	Ag	107	Sm	147
Be	9	Cd	111	Eu	153
Sc	45	In	115	Gd	157
V	51	Cs	133	Tb	159
Cr	52	Ba	137	Dy	163
Mn	55	La	139	Ho	165
Co	59	Hg	202	Er	166
Ni	60	Tl	205	Tm	169
Cu	63	Pb	208	Yb	172
As	75	Bi	209	Lu	175
Rb	85	Ce	140	Th	232
Sr	88	Pr	141		
Y	89	Nd	146		

【计算】

$$\omega(元素) = \frac{(\rho_1 - \rho_0) \times V \times 1000}{m \times 1000 \times 1000}$$

---

① 根据仪器型号的不同，选择适合的仪器最佳测定条件。

式中，ω（元素）—样品中锂等 37 种元素的质量分数，mg/kg；ρ_1—测试溶液中待测元素的质量浓度，μg/L；ρ_0—空白溶液中待测元素的质量浓度，μg/L；V—样品消化液总体积，ml；m—样品取样量，g。

以重复性条件下获得的两次独立测定结果的算术平均值表示，结果保留两位有效数字。在重复性条件下获得的两次独立测定结果的绝对差值不得超过算术平均值的 20%。

目标检测

答案解析

一、填空题

1. 某化合物分子式为 $C_4H_8O_2$，$M = 88$，质谱图上出现 m/z 60 的基峰。则该化合物最大可能为_____。

2. 考虑到 ^{12}C 和 ^{13}C 的分布，乙烷可能的分子式是_____。这些同位素分子的分子离子值 m/z 分别是_____。

3. 丁苯质谱图上 m/z 134、m/z 91 和 m/z 92 的峰分别由于_____、_____和_____过程产生的峰。

4. 质谱仪的离子源种类很多，挥发性样品主要采用_____离子源。特别适合于分子量大、难挥发或热稳定性差的样品的分析的是_____离子源。工作过程中要引进一种反应气体获得准分子离子的离子源是_____电离源。在液相色谱 - 质谱联用仪中，既作为液相色谱和质谱仪之间的接口装置，同时又是电离装置的是_____电离源。

5. 除同位素离子峰外，如果存在分子离子峰，则其一定是 m/z _____的峰，它是分子失去_____生成的，故其 m/z 是该化合物的_____，它的相对强度与分子的结构及_____有关。

二、选择题

1. 在丁烷的质谱图中，M 对（$M+1$）的比例是
   A. 100∶1.1 　　　 B. 100∶2.2 　　　 C. 100∶3.3 　　　 D. 100∶4.4

2. $R—X \cdot^+ \longrightarrow R^+ + X \cdot$ 的断裂方式为
   A. 均裂 　　　 B. 异裂 　　　 C. 半异裂 　　　 D. 异裂或半异裂

3. 下列化合物含 C、H 或 O、N，试指出哪一种化合物的分子离子峰为奇数
   A. C_6H 　　　 B. $C_6H_5NO_2$ 　　　 C. $C_4H_2N_6O$ 　　　 D. $C_9H_{10}O_2$

4. 用质谱法分析无机材料时，宜采用下述哪一种或几种电离源
   A. 化学电离源 　　　 B. 电子轰击源 　　　 C. 高频火花源 　　　 D. B 或 C

5. 某化合物的质谱图上出现 m/z 31 的强峰，则该化合物不可能为
   A. 醚 　　　 B. 醇 　　　 C. 胺 　　　 D. 醚或醇

三、判断题

1. 质谱图中 m/z 最大的峰一定是分子离子峰。

2. 由 C、H、O、N 组成的有机化合物，N 为奇数，M 一定是奇数；N 为偶数，M 也为偶数。

3. 在质谱仪中，各种离子通过离子交换树脂分离柱后被依次分离。

4. 由于产生了多电荷离子，使质荷比下降，所以可以利用常规的质谱检测器来分析大分子质量的

化合物。

5. 单聚焦磁场分离器由于只能进行能量聚焦不能进行方向聚焦所以分辨率较。

四、简答题

1. 以单聚焦质谱仪为例,说明组成仪器各个主要部分的作用及原理。

2. 双聚焦质谱仪为什么能提高仪器的分辨率?

五、计算题

1. 在某烃的质谱图中 m/z 57 处有峰, m/z 32.5 处有一较弱的扩散峰。则 m/z 57 的碎片离子在离开电离室后进一步裂解,生成的另一离子的质荷比应是多少?

2. 在一可能含 C、H、N 的化合物的质谱图上,M:M+1 峰为 100:24,试计算该化合物的碳原子数。

书网融合……

项目小结　　　　习题

参考文献

［1］董慧茹．仪器分析［M］．4 版．北京：化学工业出版社．2022.

［2］容蓉，邓赟．仪器分析［M］．2 版．北京：中国中医药科技出版社．2022.

［3］胡坪，王氢．仪器分析［M］．5 版．北京：高等教育出版社．2019.

［4］柴逸峰，邸欣．分析化学［M］．8 版．北京：人民卫生出版社．2019.

［5］赵红．化妆品质量分析检测实验［M］．8 版．北京：科学出版社．2017.

［6］国家药品监督管理局化妆品标准专家委员会．化妆品安全技术规范［M］．2015 版．北京：人民卫生出版社，2018.

［7］李明梅，吴琼林，方苗利．分析化学［M］．武汉：华中科技大学出版社．2017.

［8］牟世芬，朱岩，刘克纳．离子色谱方法及应用［M］．3 版．北京：化学工业出版社，2018.

［9］康维钧．现代卫生化学［M］．3 版．北京：人民卫生出版社，2020.

［10］韩长秀，毕成良，唐雪娇．环境仪器分析［M］．2 版．北京：化学工业出版社，2019.

［11］张汉辉．波谱学原理及应用［M］．北京：化学工业出版社，2016.

［12］高向阳．新编仪器分析［M］．4 版．北京：科学出版社，2016.

［13］李磊，高希宝．仪器分析［M］．北京：人民卫生出版社，2015.

［14］刘密新．仪器分析［M］．2 版．北京：清华大学出版社，2016.

［15］郑国经．分析化学手册原子光谱分析［M］．3 版，北京：化学工业出版社，2016.

［16］毋福海，张加玲．卫生化学［M］．2 版．北京：科学出版社，2016.

［17］许国旺．分析化学手册［M］．3 版．北京：化学工业出版社，2016.

［18］郭伟强，张培敏，边平凤．分析化学手册［M］．3 版．北京：化学工业出版社，2016.

［19］郭旭明，韩建国．仪器分析［M］．北京：化学工业出版社，2014.

［20］呼小洲，程小红，夏德强．实验室标准化与质量管理［M］．北京：中国石化出版社，2013.

［21］杨剑．检测实验室管理［M］．北京：中国轻工业出版社，2012.

［22］杜晓燕．现代卫生化学［M］．2 版．北京：人民卫生出版社，2009.

［23］夏玉宇．化学实验手册［M］．3 版．北京：化学工业出版社，2015.

［24］中国标准出版社．气相色谱－质谱分析技术标准汇编/分析测试技术系列标准汇编［M］．北京：中国标准出版社，2013.

［25］和彦岑．实验室管理［M］．北京：人民卫生出版社，2008.

［26］李发美．分析化学［M］．6 版．北京：人民卫生出版社，2008.

［27］张玉奎．分析化学手册6 液相色谱分析［M］．北京：化学工业出版社，2016.

［28］张凌．分析化学［M］．北京：中国中医药科技出版社．2021.

［29］武汉大学．分析化学（下册）［M］．5 版．北京：高等教育出版社，2007.

［30］吴性良．分析化学原理［M］．北京：化学工业出版社，2008.

［31］ 胡琴，黄庆华．分析化学［M］．北京：科学出版社，2009．

［32］ 杨根元．实用仪器分析［M］．4 版．北京：北京大学出版社，2010．

［33］ 周春山，符斌．分析化学简明手册［M］．北京．化学工业出版社．2010．

［34］ 苏立强．色谱分析法［M］．北京：清华大学出版社．2009．

［35］ 北京大学化学系仪器分析教学组．仪器分析教程［M］．北京：北京大学出版社．2007．

［36］ 盛龙生，苏焕华．色谱质谱联用技术［M］．北京：化学工业出版社．2006．

［37］ 李昌厚．高效液相色谱仪器及其应用［M］．北京：科学出版社，2014．

［38］ 欧俊杰，邹汉法．液相色谱分离材料：制备与应用［M］．北京：化学工业出版社，2016．

［39］ 李金英，石磊，鲁盛会，等．电感耦合等离子体质谱（ICP－MS）及其联用技术研究进展［J］．中国无机化学，2012，2（2）：1－5．

［40］ 张更宇，吴超，邓宇杰．电感耦合等离子体质谱（ICP－MS）联用技术的应用及展望［J］．中国无机化学，2016，6（3）：19－26．

［41］ Svec F. , Lv Y. Advances and recent trends in the field of monolithic columns for chromatography［J］. Anal. Chem. , 2015, 87, 250 – 273.

［42］ L. Z Qiao, X. Z Shi, G. W Xu. Recent advances in development and characterization of stationary phases for hydrophilic interaction chromatography［J］. TrAC Trends Anal. Chem. 2016, 81：23 – 33.

［43］ D. V. McCalley. Understanding and manipulating the separation in hydrophilic interaction liquid chromatography［J］. J. Chromatogr. A, 2017, 1523：49 – 71.

［44］ Cavalheiro J, Preud'Home H, Amouroux D, et al. Comparison between GC – MS and GC – ICPMS using isotope dilution for the simultancous monitoring of inorgnic and methyl mercury, butyl and phenyltin compounds in biological tissues［J］. Anal Bioanal Chem, 2014, 406：1253.